高等职业教育通识类课程教材

应 用 数 学

主 编 刘东海 刘丽瑶
副主编 郭 辉 朱彬彬 戚育军

 中国水利水电出版社
www.waterpub.com.cn
·北京·

内容提要

本书是在认真分析、总结、吸收部分高等院校数学课程教学改革经验的基础上,根据教育部高等教育教学课程的基本要求,以课程改革精神及人才培养目标为依据编写完成的。本书适度降低了知识点难度,遵循了循序渐进、融会贯通的教学原则。

本书内容包括函数、极限与连续,导数及其应用,积分学及其应用,常微分方程的求解及应用,矩阵与行列式,MATLAB 数学实验,数学建模。

本书适合作为高职高专院校学生学习高等数学基础知识及用数学知识解决实际问题的实践教材,也可作为 MATLAB 数学实验和数学建模的入门教材。

本书配有电子教案,读者可以从中国水利水电出版社网站(www.waterpub.com.cn)或万水书苑网站(www.wsbookshow.com)免费下载。

图书在版编目(CIP)数据

应用数学/刘东海,刘丽瑶主编. —北京:中国
水利水电出版社,2021.8(2021.11重印)
高等职业教育通识类课程教材
ISBN 978-7-5170-9843-0

Ⅰ.①应…　Ⅱ.①刘…　②刘…　Ⅲ.①应用数学-高
等职业教育-教材　Ⅳ.①O29

中国版本图书馆 CIP 数据核字(2021)第 165576 号

策划编辑　周益丹　责任编辑　高　辉　加工编辑　刘　瑜　封面设计　李　佳	
书　　名	高等职业教育通识类课程教材 应用数学 YINGYONG SHUXUE
作　　者	主　编　刘东海　刘丽瑶 副主编　郭　辉　朱彬彬　戚育军
出版发行	中国水利水电出版社 (北京市海淀区玉渊潭南路 1 号 D 座　100038) 网址:www.waterpub.com.cn E-mail:sales@waterpub.com.cn 电话:(010)68367658(营销中心)
经　　售	北京科水图书销售中心(零售) 电话:(010)88383994、63202643、68545874 全国各地新华书店和相关出版物销售网点
排　　版	京华图文制作中心
印　　刷	三河市德贤弘印务有限公司
规　　格	184mm×260mm　16 开本　17.5 印张　425 千字
版　　次	2021 年 8 月第 1 版　2021 年 11 月第 2 次印刷
印　　数	3001—4000 册
定　　价	49.00 元

序

教育是国之大计，党之大计。职业教育作为一种教育类型，与普通教育具有同等重要地位。在以国内大循环为主体、国内国际双循环相互促进的新发展格局下，实体经济高质量发展，共同富裕背景下"人人出彩"，职业教育正在发挥越来越重要的作用。

不管是哪一种教育类型，素质教育永远是重中之重。作为一名教育工作者，我始终认为，对于个人的成长来说，首先，基础十分重要。基础，包括通识基础、专业基础、技术技能基础等，这些都是发展的基础。没有基础，一切都是空中楼阁，"基础不牢，地动山摇"。然后，能力更加重要。在知识更新迅猛、技术日新月异的当今，大学生学习能力的培养远比知识技能教育更为重要。但最终，人的素质最为重要。素质，小则关乎个人的成长成才、成仁成功，大则关乎祖国的希望和民族的未来。

湖南铁道职业技术学院一直高度重视学生的素质教育，建校70周年来，为国家铁路事业和地方经济社会建设培养了一大批高素质技术技能人才，据不完全统计，毕业生成长为"高铁工匠""铁路工匠"，获"火车头奖章"及全国、全路技术能手称号者125人。2019年我院立项为"中国特色高水平高职学校建设单位"以来，学校把学生的素质教育放在更加突出的位置。我们着力构建"厚基础、重复合、强素养"的育人体系，重新修订专业人才培养方案，开展"主修专业+辅修专业"培养试点，组织实施《学生素质教育创新发展行动方案》。我们重构了公共基础课程体系，加强了模块化课程改革，增设了"铁道概论""人工智能""幸福人生""跨文化交互"等特色素质教育课程，实施"湖南铁道大体美劳工程"，培养具有"家国情怀、宽广视野、阳光心态、火车头精神"的湖南铁道特质学生，致力为轨道交通行业和地方培养基础扎实、德技并修的发展型、复合型、创新型、国际化高素质技术技能人才。

教材是课程教学的重要支撑，是实施教学改革的重要载体。国家的新要求、产业的变革及教育教学的改革引导了教材的创新。这些年，学校组织公共课教师、专业教师和企业兼职教师将时代主题融入教材，结合近年来公共课程改革与实践，借鉴和汲取职业教育新理念与学科领域最新研究成果，编写了《大学语文》《应用数学》《信息技术》《大学生入学教育》《新时代大学生劳动教育》《大学体育与健康教程》《大学生心理健康教程》《大学美育》《大学生安全教育》等模块化公共课程系列教材。以期进一步推动公共课程革新，推进课堂革命，提升学生素养。

谨以此序，拉开湖南铁道职业技术学院公共课程改革的序幕，让更多的精品课程和教材精彩呈现，让广大学子从中获益，成为国家和社会需要的、行业和企业欢迎的职场精英和人生赢家！

2021. 7. 3

前　　言

应用数学是高等职业教育各专业必修的一门公共基础课程，在培养高技能型人才的综合素质以及可持续发展能力方面具有重要作用。近年来，我们根据高等职业教育的人才培养目标以及高职高专学生的学习与认知规律，经过不断探索与大胆创新，在教材的编排模式、教学流程以及方式上都有了新的突破，打造出具有特色的、体现信息时代发展要求的高职高专数学教材。本书具体特色如下：

1. **层次分明，语言简练**

本书内容分为基础篇、拓展篇和实践篇三个模块，每个章节的内容都是由易到难，层层深入。针对高职高专学生，本书在叙述上浅显易懂，注重数学概念的直观解释和数学方法的渗透，定理的表述自然、简明，可让学生无障碍学习。

2. **引例导入，贴近生活**

本书每个知识章节内容都通过引例导入，让学生带着问题学习，能有效激发学生的学习兴趣。这些实例来源于各专业和生活，加强了数学与生活的联系，有利于培养学生的数学应用意识，提高学生对数学知识的应用能力。

3. **趣味阅读，开拓视野**

本书每章节开头都附有趣味阅读材料，对章节内容或知识起源进行拓展，介绍相关数学知识起源、数学文化或人文趣事，展现数学的魅力和奥妙，有效地提升学生对数学的学习兴趣。

4. **数学实践，服务专业**

本书最后模块为数学实践篇，本模块包含数学实验和数学建模，精心设计了相关知识点的建模应用及用计算软件来解决数学计算问题，融入了数学建模的思想和方法，体现数学在各领域的广泛应用。

5. **资源丰富，高效教学**

本书配有高质量的教学资源、习题集、微课及在线教学平台。

（1）丰富的教学资源。本书配有课件、教案、练习、习题答案等丰富的教学资源。

（2）精心录制的微课资源。为了体现现代化学习方式的互动性、移动性、随时性，丰富教师的教学手段，提高学生的学习效率，本书就各知识点精心配备了相应的微课视频，学生可以随时随地通过扫描二维码进行视频学习，巩固知识，加深理解。

（3）提供随时随地交互式学习平台（https://www.icourse163.org/course/HNRPC - 1003366037）。线上教学平台课程视频覆盖课程教学中的重点和难点，能体现良好的教学设计思路，内容准确、完整。视频采用颗粒化的方式组织，录制围绕知识点展开，能够清晰表达知识框架。视频画面清晰、声音宏亮、播放流畅，方便回放或定点播放。随堂测验和单元测试题覆盖所有教学单元，且能在线测试和评阅。通过课程平台，能为学习者提供测试、答疑、讨论等教学活动，及时开展在线指导与测评，师生互动充分，能有效促进师生之间、学生之间进行资源共享、互动交流和自主式与协作式学习。

　　本教材由刘东海和刘丽瑶担任主编，由郭辉、朱彬彬、戚育军担任副主编。其中郭辉负责第 1 章的编写；刘丽瑶负责第 2 章的编写；朱彬彬负责第 3 章的编写；刘东海负责第 4、6、7 章的编写；戚育军负责第 5 章的编写；刘东海负责全书的统稿审核工作。

　　由于编者水平有限加之时间紧迫，书中难免有疏漏之处，敬请专家与读者批评指正，以便我们进行修订和完善。

编　者

2021 年 5 月

目　录

第二篇 拓展篇

第三篇 实 践 篇

第一篇

基础篇

第1章　函数、极限与连续

趣味阅读——阿基里斯追龟（芝诺悖论）

　　　　古希腊的哲学家芝诺创造了一个著名的悖论故事. 阿基里斯是古希腊神话中善跑的英雄，让阿基里斯和乌龟展开一场比赛，芝诺提出让乌龟在阿基里斯前面 1000 m 处开始，并且假定阿基里斯的速度是乌龟的 10 倍. 比赛开始后，若阿基里斯跑了 1000 m 所用的时间为 t，此时乌龟领先他 100 m；当阿基里斯跑完下一个 100 m 时，他所用的时间为 $t/10$，乌龟仍然超前于他 10 m；当阿基里斯跑完下一个 10 m 时，他所用的时间为 $t/100$，乌龟仍然超前于他 1 m……芝诺据此认为，阿基里斯只能越来越逼近乌龟，但是永远也追不上乌龟.

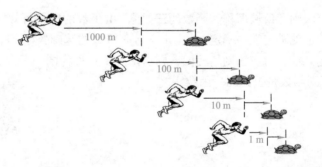

　　这种结论显然是错误的，但奇怪的是，从逻辑上看这种推理却没有问题. 通过本章的学习，我们将用高等数学的方法，科学地解释上述问题.

【导学】

　　函数是高等数学研究的主要对象，而极限是学习微积分的基础，也是研究微积分的重要工具，其思想和方法贯穿整个微积分，连续函数是微积分研究的主要对象. 本章主要讨论函数、函数极限与连续性.

§1.1 函　　数

1.1.1 函数的概念与性质

1. 函数的定义

定义1　设有两个变量 x 和 y，D 是一个非空数集，若当变量 x 在集合 D 内任取一个值，变量 y 依照一定法则 f，总有确定的值与之对应，则称变量 y 是 x 的函数，记作

$$y = f(x) , \quad x \in D ,$$

其中，D 称为函数的**定义域**，x 称为**自变量**，y 称为**因变量**.

对于确定的 $x_0 \in D$，与之对应的 y_0 称为函数 $y = f(x)$ 在点 x_0 处的函数值，记作

$$y_0 = y|_{x=x_0} = f(x_0) .$$

当 x 取遍 D 中的一切数值时，对应的函数值 y 的集合称为函数 $y = f(x)$ 的值域，记作

$$M = \{ y | y = f(x) , \ x \in D \}.$$

例1　设函数 $f(x) = 3x^2 - 2x - 1$，求 $f(0)$，$f(1)$ 及 $f(-x)$.

解
$$f(0) = 3 \times 0^2 - 2 \times 0 - 1 = -1 ;$$
$$f(1) = 3 \times 1^2 - 2 \times 1 - 1 = 0 ;$$
$$f(-x) = 3(-x)^2 - 2(-x) - 1 = 3x^2 + 2x - 1 .$$

2. 函数的三要素

定义域、对应法则和值域简称为函数的**三要素**. 由函数的定义可知，定义域与对应法则一旦确定，函数也就随之唯一确定. 其中定义域是函数的基础，对应法则是函数的关键. 如果两个函数的定义域、对应法则均相同，则这两个函数称为同一函数.

例2　判断下列函数是否为同一函数：

（1）函数 $y = \dfrac{x^2}{x}$ 和 $y = x$；

（2）函数 $y = |x|$ 与 $y = \sqrt{x^2}$.

函数

解　（1）因为函数 $y = \dfrac{x^2}{x}$ 的定义域为 $x \in \mathbf{R}$ 且 $x \neq 0$，而函数 $y = x$ 的定义域为 $x \in \mathbf{R}$，它们的定义域不同，所以函数 $y = \dfrac{x^2}{x}$ 与 $y = x$ 不同.

（2）易知函数 $y = |x|$ 与 $y = \sqrt{x^2}$ 的定义域都是 $x \in \mathbf{R}$，而 $y = \sqrt{x^2} = |x|$，因此函数 $y = |x|$ 与 $y = \sqrt{x^2}$ 有相同的定义域和对应法则，所以函数 $y = |x|$ 与 $y = \sqrt{x^2}$ 表示相同的函数关系式.

例3　求下列函数的定义域：

（1）$f(x) = \dfrac{1}{2x - x^2}$；（2）$f(x) = \sqrt{x+3} + \ln(2-x)$.

解　（1）因 $2x - x^2 \neq 0$，解得 $x \neq 0$ 且 $x \neq 2$. 所以函数的定义域为

$$(-\infty, 0) \cup (0, 2) \cup (2, +\infty).$$

（2）因为 $\begin{cases} x + 3 \geqslant 0, \\ 2 - x > 0, \end{cases}$ 解得 $-3 \leqslant x < 2$，所以函数的定义域为 $[-3, 2)$.

3. 函数的表示法

函数通常有三种不同的表示方法：解析法、表格法和图形法.

（1）解析法：用数学式子表示函数，也称公式法. 由于表达简单，便于理论推导和运算，它是高等数学中最常见的函数表示法.

（2）表格法：用表格的形式表示函数，表 1-1 给出了国内生产总值与年份之间的函数关系.

表 1-1　国内生产总值与年份之间的函数关系　　　　　　单位：亿元

年份	2011	2012	2013	2014	2015	2016
生产总值	489 300.6	540 367.4	595 244.4	643 974.0	685 505.8	744 127.0

（3）图形法：用图形表示函数，其优点是形象直观，可以看到函数的变化趋势，如某地一天的气温变化曲线图、股票的 K 线图等.

4. 函数的几种特性

（1）函数的单调性.

定义 2　设函数 $f(x)$ 在某区间 I 上有定义，如果 $x_1, x_2 \in I$，当 $x_1 < x_2$ 时，有 $f(x_1) < f(x_2)$，那么称函数 $f(x)$ 在 I 上是单调增加的；当 $x_1 < x_2$ 时，有 $f(x_1) > f(x_2)$，那么称函数 $f(x)$ 在 I 上是单调减少的.

例如，$y = x^2$ 在 $(-\infty, 0)$ 内单调减少，在 $(0, +\infty)$ 内单调增加，$(-\infty, 0)$ 称为函数的单调减少区间，$(0, +\infty)$ 称为函数的单调增加区间，它们统称为函数 $y = x^2$ 的单调区间.

单调增加函数的图形沿着 x 轴的正向而上升，单调减少函数的图形沿着 x 轴的正向而下降.

注意　证明函数单调的方法一般可用"作差法"或"作商法".

作差法就是在定义域内任取 $x_1 < x_2$，证明

$$f(x_1) - f(x_2) < 0 \text{ 或 } f(x_1) - f(x_2) > 0.$$

作商法就是在定义域内任取 $x_1 < x_2$，证明

$$\frac{f(x_1)}{f(x_2)} < 1 \text{ 或 } \frac{f(x_1)}{f(x_2)} > 1, f(x_2) \neq 0.$$

（2）函数的奇偶性.

定义 3　设函数 $f(x)$ 的定义域 I 关于原点对称，若对任意 $x \in I$，都有 $f(-x) = -f(x)$，那么称函数 $f(x)$ 为奇函数；若对任意 $x \in I$，都有 $f(-x) = f(x)$，那么称函数 $f(x)$ 为偶函数. 既不是奇函数又不是偶函数的函数称为非奇非偶函数.

例如，$y = \sin x$、$y = x^3 - x$ 是奇函数，$y = \cos x$、$y = x^4 + x^2$ 是偶函数，$y = 2^x$、$y = \arccos x$ 既不是奇函数也不是偶函数.

奇函数的图形关于原点对称，偶函数的图形关于 y 轴对称.

特别地，函数 $y = 0$ 既是奇函数也是偶函数.

（3）函数的周期性.

定义 4 设函数 $f(x)$ 的定义域为 I，如果存在一个不为零的常数 l，对任意 $x \in I$，有 $x + l \in I$，且使 $f(x + l) = f(x)$ 恒成立，那么称函数 $f(x)$ 为周期函数，满足上式的最小正数 l 称为函数 $f(x)$ 的最小正周期.

通常所说的周期函数的周期是指它的最小正周期，并且用 T 表示.

例如，由于 $\sin(x + 2\pi) = \sin x$，所以 $\sin x$ 的周期是 $T = 2\pi$.

一个以 l 为周期的周期函数，在定义域内每个长度为 l 的区间上，函数图形有相同的形状.

注意 有的周期函数有无穷多个周期，但它没有最小正周期，如常数函数 $y = C$.

（4）函数的有界性.

定义 5 设函数 $y = f(x)$ 在区间 I 上有定义. 如果存在正数 M，使得对于区间 I 上的任意 x 值，有 $|f(x)| \leqslant M$，则称函数 $f(x)$ 在区间 I 上为有界函数；否则称函数 $f(x)$ 在区间 I 上为无界函数.

有界函数的图形介于两条平行直线 $y = \pm M$ 之间. 例如，$y = \arctan x$ 是有界函数，其图形介于两平行直线 $y = \pm \dfrac{\pi}{2}$ 之间，而 $y = \log_2 x$ 是一个无界函数.

5. 反函数

定义 6 设函数 $y = f(x)$，如果把 y 当作自变量，把 x 当作因变量，则由关系式 $y = f(x)$ 所确定的函数 $x = \varphi(y)$ 叫作函数 $f(x)$ 的反函数，而 $f(x)$ 叫作直接函数.

由于习惯上用字母 x 表示自变量，而用字母 y 表示因变量，因此，往往把函数 $x = \varphi(y)$ 改写成 $y = \varphi(x)$.

若在同一坐标平面上作出直接函数 $y = f(x)$ 和反函数 $y = \varphi(x)$ 的图形，则这两个图形关于直线 $y = x$ 对称. 例如，函数 $y = a^x$ 和它的反函数 $y = \log_a x$ 的图形就关于直线 $y = x$ 对称，如图 1-1 所示.

如果自变量取定值时对应的函数值是唯一的，称这样的函数为单值函数，例如 $y = \cos x$ 是单值函数；如果自变量取定值时对应的函数值有两个或两个以上，则称这样的函数为多值函数，例如 $\dfrac{x^2}{a^2} + \dfrac{y^2}{b^2} = 1$ 是多值函数. 如果没有特别说明，以后提到的函数都是单值函数.

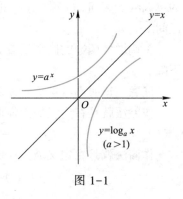

图 1-1

注意 （1）直接函数与其反函数互称为反函数；
（2）只有单调函数才具有反函数；
（3）求反函数时要注明其定义域.

6. 基本初等函数

幂函数、指数函数、对数函数、三角函数和反三角函数统称为基本初等函数. 函数的表达式如下：

（1）幂函数 $y = x^{\alpha}$（α 是常数）及常数函数 $y = C$.

（2）指数函数 $y = a^x$（$a > 0$ 且 $a \neq 1$）及 $y = e^x$.

（3）对数函数 $y = \log_a x$（$a > 0$ 且 $a \neq 1$）及 $y = \ln x$.

基本初等函数

（4）三角函数 $y = \sin x$，$y = \cos x$，$y = \tan x\,(\,x \neq k\pi + \dfrac{\pi}{2}\,)$，$y = \cot x\,(\,x \neq k\pi\,)$，$y = \sec x\,(x \neq k\pi + \dfrac{\pi}{2}\,)$，$y = \csc x\,(\,x \neq k\pi\,)$．

（5）反三角函数 $y = \arcsin x\,(-1 \leqslant x \leqslant 1)$，$y = \arccos x\,(-1 \leqslant x \leqslant 1)$，$y = \arctan x$，$y = \operatorname{arccot} x$．

1.1.2　复合函数和初等函数

1. 复合函数

在实际问题中，常会遇到由几个较简单的函数组合而成较复杂的函数的情况．例如，由函数 $y = u^2$ 和 $u = \sin x$ 可以组合成 $y = \sin^2 x$；又如，由函数 $y = \ln u$ 和 $u = \mathrm{e}^x$ 可以组合成 $y = \ln \mathrm{e}^x$，这种组合称为函数的复合．

如果 y 是 u 的函数 $y = f(u)$，而 u 又是 x 的函数 $u = \varphi(x)$，并且 $\varphi(x)$ 的函数值的全部或部分在 $f(u)$ 的定义域内，那么 y 通过 u 构成 x 的函数称为 x 的复合函数，记作 $y = f[\varphi(x)]$，其中 u 叫作中间变量．

值得注意的是，不是任何两个函数都可以复合成一个函数，如 $y = \arccos u$ 和 $u = 2 + x^2$ 就不能复合成一个函数，因为对于 $u = 2 + x^2$ 中的任何 u 值，都不能使 $y = \arccos u$ 有意义．另外，复合函数也可以由两个以上的函数复合成一个函数，例如，$y = \ln u$、$u = \sin v$ 及 $v = \sqrt{x}$ 可以复合成函数 $y = \ln \sin \sqrt{x}$．

正确分析复合函数的构成是相当重要的，它在很大程度上决定了以后是否能熟练掌握微积分的方法和技巧．分解复合函数的方法是将复合函数分解成基本初等函数或基本初等函数之间（或与常数）的和、差、积、商．

例 4　指出下列复合函数的复合过程．

（1）$y = \mathrm{e}^{\sin x}$；　　　　　　（2）$y = \ln \cos x^2$；

（3）$y = \cos^2(3x + 1)$；　　　（4）$y = a^{\ln \sqrt{1+2x}}$．

解　（1）$y = \mathrm{e}^{\sin x}$ 是由 $y = \mathrm{e}^u$，$u = \sin x$ 复合而成的；

（2）$y = \ln \cos x^2$ 是由 $y = \ln u$，$u = \cos v$，$v = x^2$ 复合而成的；

（3）$y = \cos^2(3x + 1)$ 是由 $y = u^2$，$u = \cos v$，$v = 3x + 1$ 复合而成的；

（4）$y = a^{\ln \sqrt{1+2x}}$ 是由 $y = a^u$，$u = \ln v$，$v = \sqrt{t}$，$t = 1 + 2x$ 复合而成的．

例 5　将下列各题中的 y 表示为 x 的函数．

（1）$y = \cos u$，$u = 3^x$；（2）$y = \ln u$，$u = \sin v$，$v = 2x$．

解　（1）$y = \cos 3^x$；（2）$y = \ln \sin 2x$．

2. 初等函数

由基本初等函数和常数经过有限次四则运算或有限次的复合所构成的，并能用一个式子表示的函数叫作初等函数．

例如，$y = \arccos \sqrt{\dfrac{1}{x + 2}}$，$y = x \ln \mathrm{e}^x - 3x + 2$，$y = \tan^3 \dfrac{x^2 + 3}{2}$ 等都是初等函数．本书中所讨论的函数绝大多数都是初等函数．

注意　分段函数不一定是初等函数．例如，分段函数

$$f(x) = \begin{cases} 1, & x \geq 0, \\ -1, & x < 0, \end{cases}$$

就不是初等函数,因为它不可以由基本初等函数经过有限次的四则运算或有限次的复合得到.但分段函数

$$f(x) = \begin{cases} x, & x \geq 0, \\ -x, & x < 0, \end{cases}$$

可以表示为 $f(x) = \sqrt{x^2}$,它可以看作由 $f(x) = \sqrt{u}$ 与 $u = x^2$ 复合而成的复合函数,因此它是初等函数.

1.1.3 函数关系的建立

在解决实际问题时,往往要先建立问题中的函数关系,然后进行分析和计算.下面举例说明建立函数关系的过程.

例 6 求球的任意内接圆锥体的体积.

解 如图 1-2 所示,设球的半径为 R,球心到圆锥底面中心的距离为 x,则

$$V = \frac{1}{3}\pi r^2 h = \frac{1}{3}\pi(R^2 - x^2)(R + x).$$

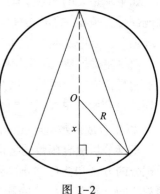

例 7 市场上某商品的需求量 Q 是价格 p 的线性函数.当价格 p 为 50 元时,可售出 150 件;当价格 p 为 60 元时,可售出 120 件.试求需求函数和价格函数.

解 设线性需求函数为 $Q = a - bp$,$(a > 0, b > 0)$.根据题意,需确定函数中的 a 和 b.

图 1-2

根据已知,当 $p = 50$ 时,$Q = 150$.将其代入所设函数中,有 $150 = a - 50b$.同理,有 $120 = a - 60b$.这就得到一个方程组:

$$\begin{cases} 150 = a - 50b, \\ 120 = a - 60b, \end{cases}$$

解得 $a = 300$,$b = 3$.于是所求的需求函数为 $Q = 300 - 3p$.

由上式解出 p,即得价格函数 $p = 100 - \dfrac{Q}{3}$.

例 8 已知一单三角脉冲信号,其波形如图 1-3 所示.试建立电压 U(伏)与时间 t(微秒)之间的函数关系.

解 由图可以看出:

$$U = \begin{cases} \dfrac{2E}{\tau}t, & 0 \leq t < \dfrac{\tau}{2}; \\ -\dfrac{2E}{\tau}(t - \tau), & \dfrac{\tau}{2} \leq t < \tau; \\ 0, & \text{其他}. \end{cases}$$

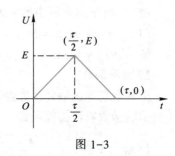

图 1-3

这是单一三角脉冲电压,是非周期性的.

这就是电压 U 与时间 t 之间的函数关系.

上述函数在不同的定义范围内有不同的函数关系式，这样的函数叫作分段函数．

习题 1.1

习题 1.1 答案

1. 求下列函数的定义域．

(1) $y = \dfrac{2x}{x^2 - x}$ ；

(2) $y = \lg \sqrt{\dfrac{1 - x}{1 + x}}$ ；

(3) $y = \arcsin \dfrac{x - 2}{3} + \sqrt{x - 1}$ ；

(4) $y = \sqrt{\sin x} + \dfrac{1}{\ln(2 + x)}$ ．

2. 判断下列函数的奇偶性．

(1) $f(x) = 2x^2 - 5\cos x$ ；

(2) $f(x) = x + \sin x + e^x$ ；

(3) $f(x) = x\sin \dfrac{1}{x}$ ；

(4) $f(x) = \tan x + \cos x$ ．

3. 下列函数哪些是周期函数？对于周期函数，指出其周期．

(1) $y = \sin^2 x$ ；

(2) $y = 3\sin\left(\dfrac{1}{2}x + \dfrac{\pi}{6}\right)$ ；

(3) $y = \sin x + \dfrac{1}{2}\sin 2x$ ；

(4) $y = x\sin x$ ．

4. 求下列函数的反函数．

(1) $y = \sqrt[3]{2x - 1}$ ；

(2) $y = \dfrac{1 - x}{1 + x}$ ；

(3) $y = \dfrac{e^x - 1}{e^x + 1}$ ；

(4) $y = \sqrt{1 - x^3}$ ．

5. 指出下列函数的复合过程．

(1) $y = \sqrt[3]{2x - 1}$ ；

(2) $y = e^{\sqrt{x-2}}$ ；

(3) $y = \arccos(1 - x^2)$ ；

(4) $y = \sin e^{-x}$ ；

(5) $y = \ln(3x^2 + 2)$ ；

(6) $y = \ln \ln \ln^4 x$ ．

6. 写出下列函数的复合函数．

(1) $y = u^3$ ，$u = \cos v$ ，$v = x + 2$ ；

(2) $y = \sqrt{u}$ ，$u = \cos x$ ．

7. 有一块边长为 a 的正方形薄片，将它的四个角截去边长相等的小正方形，然后折起做成一个无盖盒子．试求它的容积 V 与小正方形边长 x 的函数关系．

8. 某厂生产车床，总成本函数为 $C(q) = 900 + 20q + q^2$（千元），求生产 200 个该产品时的总成本和平均成本．

§1.2 极 限

1.2.1 极限的概念

极限思想产生于求某些实际问题的精确值，如古代数学家刘徽的"割圆术"，就是根据极限的思想利用圆内接正多边形来推算圆面积;《庄子·天下》中的"一尺之棰,日取其半,万世不竭",也隐含了深刻的极限思想. 现在,极限广泛应用于社会生活和科学研究的各个方面. 本节我们将学习函数极限的概念.

1. 函数的极限

为了方便,先作如下规定:当 x 取正值且无限增大时,记作 $x\to+\infty$;当 x 取负值且 $|x|$ 无限增大时,记作 $x\to-\infty$;当 $|x|$ 无限增大时,记作 $x\to\infty$(包括 $x\to-\infty$ 和 $x\to+\infty$);当 x 从 x_0 左边无限接近于 x_0 时,记作 $x\to x_0^-$(或 $x\to x_0-0$);当 x 从 x_0 右边无限接近于 x_0 时,记作 $x\to x_0^+$(或 $x\to x_0+0$);当 x 从 x_0 左右两边无限接近于 x_0 时,记作 $x\to x_0$(包含 $x\to x_0^+$ 和 $x\to x_0^-$).

(1) 当 $x\to\infty$ 时,函数 $f(x)$ 的极限.

定义 1　如果当 x 的绝对值无限增大(即 $x\to\infty$)时,函数 $f(x)$ 无限接近于一个确定的常数 A,那么 A 称为函数 $f(x)$ 当 $x\to\infty$时的极限,记作

$$\lim_{x\to\infty} f(x) = A \ 或当 \ x\to\infty时, f(x)\to A.$$

类似地,可以定义当 $x\to+\infty$ 或 $x\to-\infty$ 时函数 $f(x)$ 的极限.

例如,由图 1-4 知

$$\lim_{x\to\infty}\frac{2}{x} = 0.$$

又如,由图 1-5 知

$$\lim_{x\to+\infty}\arctan x = \frac{\pi}{2} \quad 及 \quad \lim_{x\to-\infty}\arctan x = -\frac{\pi}{2}.$$

函数极限

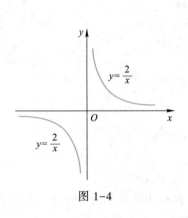

图 1-4

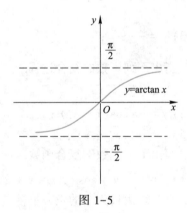

图 1-5

由于当 $x\to+\infty$ 和 $x\to-\infty$时,函数 $\arctan x$ 不是无限接近于同一个确定的常数,所以 $\lim\limits_{x\to\infty}\arctan x$ 不存在.

由上面的讨论,我们得出下面的定理:

定理 1　$\lim\limits_{x\to\infty}f(x)=A$ 的充要条件是 $\lim\limits_{x\to+\infty}f(x)=\lim\limits_{x\to-\infty}f(x)=A$.

证明从略.

例 1　求 $\lim\limits_{x\to+\infty}\mathrm{e}^{-x}$ 和 $\lim\limits_{x\to-\infty}\mathrm{e}^{x}$.

解　由图 1-6 可知, $\lim\limits_{x\to+\infty}\mathrm{e}^{-x}=0$, $\lim\limits_{x\to-\infty}\mathrm{e}^{x}=0$.

例 2　讨论当 $x \to \infty$ 时，函数 $y = \operatorname{arccot} x$ 的极限.

解　因为 $\lim\limits_{x \to +\infty} \operatorname{arccot} x = 0$，$\lim\limits_{x \to -\infty} \operatorname{arccot} x = \pi$.

这两个极限存在但不相等，所以 $\lim\limits_{x \to \infty} \operatorname{arccot} x$ 不存在.

（2）当 $x \to x_0$ 时，函数 $f(x)$ 的极限.

如图 1-7 所示，当 $x \to 2$ 时，$f(x) = \dfrac{x}{2} + 5$ 的值无限地接近于 6，这种变化趋势是明显的，当 $x \to 2$ 时，直线上的点沿着直线从两个方向逼近点 $(2, 6)$.

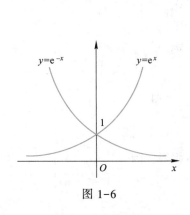

图 1-6

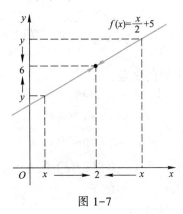

图 1-7

定义 2　如果当 x 无限接近于定值 x_0，即 $x \to x_0$ 时，函数 $f(x)$ 无限接近于一个确定的常数 A，则称 A 为函数 $f(x)$ 当 $x \to x_0$ 时的极限，记为

$$\lim\limits_{x \to x_0} f(x) = A \text{ 或当 } x \to x_0 \text{ 时，} f(x) \to A.$$

由定义知，当 $x \to 2$ 时，$f(x) = \dfrac{x}{2} + 5$ 的极限是 6，即

$$\lim\limits_{x \to 2} \left(\dfrac{x}{2} + 5 \right) = 6.$$

函数极限
（当 $x \to x_0$ 时）

例 3　考查极限 $\lim\limits_{x \to x_0} C$（$C$ 为常数）和 $\lim\limits_{x \to x_0} x$.

解　因为当 $x \to x_0$ 时，$f(x)$ 的值恒为 C，所以 $\lim\limits_{x \to x_0} f(x) = \lim\limits_{x \to x_0} C = C$.

因为当 $x \to x_0$ 时，$\varphi(x) = x$ 的值无限接近于 x_0，所以 $\lim\limits_{x \to x_0} \varphi(x) = \lim\limits_{x \to x_0} x = x_0$.

（3）当 $x \to x_0$ 时，$f(x)$ 的左、右极限.

因为 $x \to x_0$ 有左、右两种趋势，而当 x 仅从某一侧趋于 x_0 时，只需讨论函数的单边趋势，于是有下面的定义：

定义 3　如果当 $x \to x_0 - 0$ 时，函数 $f(x)$ 无限接近于一个确定的常数 A，则称 A 为函数 $f(x)$ 当 $x \to x_0$ 时的左极限，记作

$$\lim\limits_{x \to x_0 - 0} f(x) = A \quad \text{或} \quad f(x_0 - 0) = A \quad \text{或} \quad \lim\limits_{x \to x_0^-} f(x) = A.$$

如果当 $x \to x_0 + 0$ 时，函数 $f(x)$ 无限接近于一个确定的常数 A，则称 A 为函数 $f(x)$ 当 $x \to x_0$ 时的右极限，记作

$$\lim\limits_{x \to x_0 + 0} f(x) = A \quad \text{或} \quad f(x_0 + 0) = A \quad \text{或} \quad \lim\limits_{x \to x_0^+} f(x) = A.$$

由函数 $f(x)=\dfrac{x}{2}+5$ 当 $x\to2$ 时的变化趋势可知：$f(2-0)=f(2+0)=\lim\limits_{x\to2}\left(\dfrac{x}{2}+5\right)=6$.

由此我们得出下面的定理：

定理 2 $\lim\limits_{x\to x_0}f(x)=A$ 的充要条件是 $f(x_0-0)=f(x_0+0)=A$.

证明从略.

例 4 讨论函数

$$f(x)=\begin{cases}x-1, & x<0;\\ 0, & x=0;\\ x+1, & x>0,\end{cases}$$

当 $x\to0$ 时的极限.

解 观察图 1-8 可知：

$$f(0-0)=\lim\limits_{x\to0-0}f(x)=\lim\limits_{x\to0-0}(x-1)=-1,$$
$$f(0+0)=\lim\limits_{x\to0+0}f(x)=\lim\limits_{x\to0+0}(x+1)=1.$$

因此，当 $x\to0$ 时，$f(x)$ 的左、右极限存在但不相等，因此极限 $\lim\limits_{x\to0}f(x)$ 不存在.

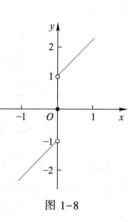

图 1-8

2. 无穷小量

在实际问题中，我们经常遇到极限为零的变量.例如，单摆离开铅直位置而摆动，由于空气阻力和机械摩擦力的作用，它的振幅随着时间的增加而逐渐减小并趋于零.对于这样的变量，有下面的定义.

（1）无穷小量的定义.

定义 4 如果当 $x\to x_0$（或 $x\to\infty$）时，函数 $f(x)$ 的极限为零，那么函数 $f(x)$ 叫作当 $x\to x_0$（或 $x\to\infty$）时的无穷小量，简称为无穷小.

例如，因为 $\lim\limits_{x\to1}(x-1)=0$，所以函数 $x-1$ 是当 $x\to1$ 时的无穷小；

又如，因为 $\lim\limits_{x\to\infty}\dfrac{1}{x}=0$，所以函数 $\dfrac{1}{x}$ 是当 $x\to\infty$ 时的无穷小.

无穷小

但是 $\lim\limits_{x\to0}(x-1)=-1$ 和 $\lim\limits_{x\to2}\dfrac{1}{x}=\dfrac{1}{2}$ 都不是无穷小.

注意 （1）判断函数 $f(x)$ 是否为无穷小，必须指明自变量的变化趋势；

（2）无穷小是一个极限为零的函数，而不是一个绝对值很小的数；

（3）常数中只有 0 可以看成是无穷小，因为 $\lim\limits_{\substack{x\to\infty\\(x\to x_0)}}0=0$.

（2）无穷小的性质.

性质 1 有限个无穷小的代数和仍是无穷小.

注意 此性质特别强调"有限个"，因为无限个无穷小之和可能不是无穷小.例如，当 $x\to\infty$ 时，$\dfrac{1}{x}$ 是无穷小，但是 $\underbrace{\dfrac{1}{x}+\dfrac{1}{x}+\cdots+\dfrac{1}{x}}_{x\text{个}}$ 的值并不是无穷小，而是 1.

性质 2　有限个无穷小的乘积仍是无穷小.

性质 3　有界函数与无穷小的乘积仍是无穷小.

推论　常数与无穷小的乘积是无穷小.

例 5　求 $\lim\limits_{x \to 0} x^3 \sin \dfrac{1}{x}$.

解　因为 x^3 是当 $x \to 0$ 时的无穷小, 而 $\sin \dfrac{1}{x}$ 是一个有界函数, 所以 $\lim\limits_{x \to 0} x^3 \sin \dfrac{1}{x} = 0$.

（3）函数极限与无穷小的关系.

定理 3　在自变量的同一变化过程 $x \to x_0$（或 $x \to \infty$）中, 具有极限的函数等于它的极限与一个无穷小之和; 反之, 如果函数可表示为常数与无穷小之和, 那么该常数就是这个函数的极限.

证　设 $\lim\limits_{x \to x_0} f(x) = A$, 令 $\alpha = f(x) - A$, 则

$$\lim_{x \to x_0} \alpha = \lim_{x \to x_0} [f(x) - A] = \lim_{x \to x_0} f(x) - \lim_{x \to x_0} A = 0.$$

这说明 α 是当 $x \to x_0$ 时的无穷小. 由于 $\alpha = f(x) - A$, 所以 $f(x) = A + \alpha$.
请读者证明第二部分.

（4）无穷大量的定义.

定义 5　如果当 $x \to x_0$（或 $x \to \infty$）时, 函数 $f(x)$ 的绝对值无限增大, 那么函数 $f(x)$ 叫作当 $x \to x_0$（或 $x \to \infty$）时的无穷大量, 简称为无穷大.

无穷大

例如, 当 $x \to 0$ 时, $\dfrac{1}{x}$ 是一个无穷大; 又如, 当 $x \to \infty$ 时, $x^2 - 1$ 是一个无穷大.

注意　（1）无穷大是一个函数, 而不是一个绝对值很大的常数;

　　　　（2）判断一个函数是否为无穷大, 必须指明自变量的变化趋势.

（5）无穷大与无穷小的关系.

在自变量的同一变化过程中, 如果 $f(x)$ 为无穷大, 则 $\dfrac{1}{f(x)}$ 是无穷小; 反之, 如果 $f(x)$ 为无穷小, 且 $f(x) \neq 0$, 则 $\dfrac{1}{f(x)}$ 是无穷大.

利用这个关系, 可以求一些函数的极限.

例 6　求 $\lim\limits_{x \to 1} \dfrac{x+1}{x-1}$.

解　因为 $\lim\limits_{x \to 1} \dfrac{x-1}{x+1} = 0$, 所以 $\lim\limits_{x \to 1} \dfrac{x+1}{x-1} = \infty$.

例 7　求 $\lim\limits_{x \to \infty} \dfrac{x^3 - 2x + 3}{x^2 - 1}$.

解　因为 $\lim\limits_{x \to \infty} \dfrac{x^2 - 1}{x^3 - 2x + 3} = \lim\limits_{x \to \infty} \dfrac{\dfrac{1}{x} - \dfrac{1}{x^3}}{1 - \dfrac{2}{x^2} + \dfrac{3}{x^3}} = 0$, 所以 $\lim\limits_{x \to \infty} \dfrac{x^3 - 2x + 3}{x^2 - 1} = \infty$.

1.2.2 极限的简单运算

1. 极限的运算法则

极限运算 1

定理 4 如果 $\lim\limits_{x \to x_0} f(x) = A$，$\lim\limits_{x \to x_0} g(x) = B$，那么有如下法则：

(1) $\lim\limits_{x \to x_0}[f(x) \pm g(x)] = \lim\limits_{x \to x_0} f(x) \pm \lim\limits_{x \to x_0} g(x) = A \pm B$；

(2) $\lim\limits_{x \to x_0}[f(x)g(x)] = \lim\limits_{x \to x_0} f(x) \cdot \lim\limits_{x \to x_0} g(x) = AB$；

(3) $\lim\limits_{x \to x_0} C \cdot f(x) = C \cdot \lim\limits_{x \to x_0} f(x) = CA$ （C 是常数）；

(4) $\lim\limits_{x \to x_0}\dfrac{f(x)}{g(x)} = \dfrac{\lim\limits_{x \to x_0} f(x)}{\lim\limits_{x \to x_0} g(x)} = \dfrac{A}{B}$ （$B \neq 0$）．

上述法则对于 $x \to \infty$ 时的情形也是成立的，而且法则（1）和（2）可以推广到有限个具有极限的函数的情形．

例 8 求 $\lim\limits_{x \to 1}\left(\dfrac{x}{2} + 1\right)$．

极限运算 2

解 $\lim\limits_{x \to 1}\left(\dfrac{x}{2} + 1\right) = \lim\limits_{x \to 1}\dfrac{x}{2} + \lim\limits_{x \to 1} 1 = \dfrac{1}{2}\lim\limits_{x \to 1} x + 1 = \dfrac{1}{2} \times 1 + 1 = \dfrac{3}{2}$．

例 9 求 $\lim\limits_{x \to 3}\dfrac{x^2 - 9}{x - 3}$．

解 $\lim\limits_{x \to 3}\dfrac{x^2 - 9}{x - 3} = \lim\limits_{x \to 3}\dfrac{(x + 3)(x - 3)}{x - 3} = \lim\limits_{x \to 3}(x + 3) = \lim\limits_{x \to 3} x + \lim\limits_{x \to 3} 3 = 3 + 3 = 6.$

注意 在求极限时，有时分子、分母的极限都是零，当分子、分母都是多项式时，可将其进行因式分解，约去极限为零的因式后再按法则求其极限．

例 10 求 $\lim\limits_{x \to \infty}\dfrac{2x^3 - x^2 - 1}{5x^3 + x + 1}$．

解 $\lim\limits_{x \to \infty}\dfrac{2x^3 - x^2 - 1}{5x^3 + x + 1} = \lim\limits_{x \to \infty}\dfrac{2 - \dfrac{1}{x} - \dfrac{1}{x^3}}{5 + \dfrac{1}{x^2} + \dfrac{1}{x^3}}$

$$= \dfrac{\lim\limits_{x \to \infty}\left(2 - \dfrac{1}{x} - \dfrac{1}{x^3}\right)}{\lim\limits_{x \to \infty}\left(5 + \dfrac{1}{x^2} + \dfrac{1}{x^3}\right)} = \dfrac{\lim\limits_{x \to \infty} 2 - \lim\limits_{x \to \infty}\dfrac{1}{x} - \lim\limits_{x \to \infty}\dfrac{1}{x^3}}{\lim\limits_{x \to \infty} 5 + \lim\limits_{x \to \infty}\dfrac{1}{x^2} + \lim\limits_{x \to \infty}\dfrac{1}{x^3}}$$

$$= \dfrac{2 - 0 - 0}{5 + 0 + 0} = \dfrac{2}{5}.$$

注意 在求极限时，有时分子、分母的极限都是无穷大，当分子、分母都是多项式时，可将分子、分母同时约去自变量的最高次幂后，再按法则求其极限．

例 11 求 $\lim\limits_{x \to \infty}\dfrac{2x^2 - x + 1}{x^3 + x^2 - 3}$．

解　$\lim\limits_{x\to\infty}\dfrac{2x^2-x+1}{x^3+x^2-3}=\lim\limits_{x\to\infty}\dfrac{\dfrac{2}{x}-\dfrac{1}{x^2}+\dfrac{1}{x^3}}{1+\dfrac{1}{x}-\dfrac{3}{x^3}}=\dfrac{0}{1}=0.$

事实上，当 n、m 是非负整数时，对于有理分式函数的极限有下面的结论：

$$\lim_{x\to\infty}\frac{a_nx^n+a_{n-1}x^{n-1}+\cdots+a_1x+a_0}{b_mx^m+b_{m-1}x^{m-1}+\cdots+b_1x+b_0}=\begin{cases}\dfrac{a_n}{b_m},&n=m;\\[2mm]0,&n<m;\\[2mm]\infty,&n>m.\end{cases}$$

无穷小的比较

2. 无穷小的比较

我们已经知道，两个无穷小的和、差及积仍然是无穷小．但是，关于两个无穷小的商却会出现不同的情况，当 $x\to0$ 时，x、$3x$、x^2、$\sin x$ 都是无穷小，而

$$\lim_{x\to0}\frac{x^2}{3x}=\lim_{x\to0}\frac{x}{3}=0,\quad\lim_{x\to0}\frac{3x}{x^2}=\lim_{x\to0}\frac{3}{x}=\infty,\quad\lim_{x\to0}\frac{\sin x}{3x}=\frac{1}{3}.$$

两个无穷小之比的极限的各种不同情况，反映了不同的无穷小趋向零的快慢程度．例如，从表 1-2 中可以看出，当 $x\to0$ 时，$x^2\to0$ 比 $3x\to0$ 要"快些"；反过来，$3x\to0$ 比 $x^2\to0$ 要"慢些"；而 $\sin x\to0$ 与 $3x\to0$ "快慢相近"．

表 1-2　不同的无穷小趋向零的快慢程度

x	1	0.1	0.01	0.001	→	0
$3x$	3	0.3	0.03	0.003	→	0
x^2	1	0.01	0.0001	0.000001	→	0
$\sin x$	0.8415	0.0998	0.0099	0.000999	→	0

我们还可以发现，趋向零较快的无穷小（x^2）与趋向零较慢的无穷小（$3x$）之商的极限为 0；趋向零较慢的无穷小（$3x$）与趋向零较快的无穷小（x^2）之商的极限为 ∞；趋向零快慢相近的两个无穷小（$\sin x$ 与 $3x$）之商的极限为常数（不为零）．

下面就以两个无穷小之商的极限所出现的各种情况来说明两个无穷小的比较．

定义 6　设 α 和 β 都是在同一个自变量的变化过程中的无穷小，又 $\lim\dfrac{\beta}{\alpha}$ 也是在这个变化过程中的极限．

（1）如果 $\lim\dfrac{\beta}{\alpha}=0$，就说 β 是比 α 高阶的无穷小，记作 $\beta=o(\alpha)$；

（2）如果 $\lim\dfrac{\beta}{\alpha}=\infty$，就说 β 是比 α 低阶的无穷小；

（3）如果 $\lim\dfrac{\beta}{\alpha}=C\neq0$，就说 β 与 α 是同阶无穷小，特殊地，若 $C=1$，则说 β 与 α 是等价无穷小，记作 $\alpha\sim\beta$．

注意　在无穷小的比较中，自变量的变化趋势必须一致，否则无法进行比较．例如，在 $x\to0$ 时，x^2 是比 $3x$ 高阶的无穷小；$3x$ 是比 x^2 低阶的无穷小；$\sin x$ 与 $3x$ 是同阶无穷

小；$\sin x$ 与 x 是等价无穷小．

当 $x \to 0$ 时，常用的等价无穷小有：

$\sin x \sim x$；$\tan x \sim x$；

$\arcsin x \sim x$；$\arctan x \sim x$；

$\ln(1 + x) \sim x$；$e^x - 1 \sim x$；

$\sqrt[n]{1 + x} - 1 \sim \dfrac{1}{n}x$；$1 - \cos x \sim \dfrac{1}{2}x^2$．

例 12 比较当 $x \to 0$ 时，无穷小 $\dfrac{1}{1 - x} - 1 - x$ 与 x^2 阶数的高低．

解 因为 $\lim\limits_{x \to 0} \dfrac{\dfrac{1}{1 - x} - 1 - x}{x^2} = \lim\limits_{x \to 0} \dfrac{1 - (1 + x)(1 - x)}{x^2(1 - x)} = \lim\limits_{x \to 0} \dfrac{x^2}{x^2(1 - x)} = 1$，所以 $\dfrac{1}{1 - x} - 1 - x \sim x^2$．

利用等价无穷小求极限有时要用到下面的定理：

定理 5 如果 $\alpha \sim \alpha'$，$\beta \sim \beta'$，且 $\lim \dfrac{\beta'}{\alpha'}$ 存在，那么

$$\lim \frac{\beta}{\alpha} = \lim \frac{\beta'}{\alpha'}.$$

这是因为 $\lim \dfrac{\beta}{\alpha} = \lim \left(\dfrac{\beta}{\beta'} \cdot \dfrac{\beta'}{\alpha'} \cdot \dfrac{\alpha'}{\alpha} \right) = \lim \dfrac{\beta'}{\alpha'}$．这个性质表明，求两个无穷小之比的极限，分子与分母都可用等价无穷小来代替．因此，如果用来代替的无穷小选得适当的话，可以使计算简化．

注意 用等价无穷小相互代替时，必须是整个分子或整个分母用一个等价无穷小进行代替，或是将分子、分母因式分解后用一个无穷小来代替其中的一个因式，切不可用等价无穷小分别代替代数和中的各项．

例 13 求极限 $\lim\limits_{x \to 0} \dfrac{\tan 2x}{\sin 5x}$ 及 $\lim\limits_{x \to 0} \dfrac{\sin x}{x^3 + 3x}$．

解 当 $x \to 0$ 时，$\tan 2x \sim 2x$，$\sin 5x \sim 5x$，所以

$$\lim_{x \to 0} \frac{\tan 2x}{\sin 5x} = \lim_{x \to 0} \frac{2x}{5x} = \frac{2}{5};$$

当 $x \to 0$ 时，$\sin x \sim x$，所以

$$\lim_{x \to 0} \frac{\sin x}{x^3 + 3x} = \lim_{x \to 0} \frac{x}{x^3 + 3x} = \lim_{x \to 0} \frac{1}{x^2 + 3} = \frac{1}{3}.$$

1.2.3 两个重要极限

重要极限 1

1. $\lim\limits_{x \to 0} \dfrac{\sin x}{x} = 1$

函数 $y = \dfrac{\sin x}{x}$ 的图形如图 1-9 所示，从图中可以看出，当 $x \to 0$ 时，函数 $y = \dfrac{\sin x}{x}$ 的

值无限趋近于 1.

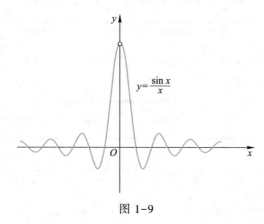

图 1-9

利用上述极限求有关函数的极限时要注意：

（1）自变量必须是趋于 0；

（2）式中所有 x 的系数必须一致；

（3）式中的 x 也可以是函数.

例 14 求极限 $\lim\limits_{x\to 0}\dfrac{\sin 2x}{x}$.

解 $\lim\limits_{x\to 0}\dfrac{\sin 2x}{x}=\lim\limits_{x\to 0}\left(\dfrac{\sin 2x}{2x}\cdot 2\right)=2\lim\limits_{x\to 0}\dfrac{\sin 2x}{2x}$.

设 $t=2x$，当 $x\to 0$ 时，$t\to 0$，所以

$$\lim\limits_{x\to 0}\dfrac{\sin 2x}{x}=2\lim\limits_{t\to 0}\dfrac{\sin t}{t}=2\times 1=2.$$

此极限也可以利用二倍角公式将其展开来求，即

$$\lim\limits_{x\to 0}\dfrac{\sin 2x}{x}=\lim\limits_{x\to 0}\dfrac{2\sin x\cos x}{x}=2\lim\limits_{x\to 0}\dfrac{\sin x}{x}\lim\limits_{x\to 0}\cos x=2.$$

例 15 求极限 $\lim\limits_{x\to 0}\dfrac{\tan x}{x}$.

解 $\lim\limits_{x\to 0}\dfrac{\tan x}{x}=\lim\limits_{x\to 0}\left(\dfrac{\sin x}{x}\cdot\dfrac{1}{\cos x}\right)=\lim\limits_{x\to 0}\dfrac{\sin x}{x}\cdot\lim\limits_{x\to 0}\dfrac{1}{\cos x}=1\times 1=1.$

例 16 求极限 $\lim\limits_{x\to 0}\dfrac{1-\cos x}{x^2}$.

解 $\lim\limits_{x\to 0}\dfrac{1-\cos x}{x^2}=\lim\limits_{x\to 0}\dfrac{2\sin^2\dfrac{x}{2}}{x^2}=\lim\limits_{x\to 0}\dfrac{1}{2}\dfrac{\left(\sin\dfrac{x}{2}\right)^2}{\left(\dfrac{x}{2}\right)^2}=\dfrac{1}{2}.$

重要极限 2

2. $\lim\limits_{x\to\infty}\left(1+\dfrac{1}{x}\right)^x=e$

列表考察当 $x\to\infty$ 时函数 $\left(1+\dfrac{1}{x}\right)^x$ 的变化趋势，如表 1-3 所列.

表 1-3　$x \to \infty$ 时函数 $\left(1+\dfrac{1}{x}\right)^x$ 的变化趋势

x	10	100	1000	10000	100000	1000000	$\cdots \to +\infty$
$\left(1+\dfrac{1}{x}\right)^x$	2.59374	2.70481	2.71692	2.71815	2.71827	2.71828	$\cdots \to e$
x	-10	-100	-1000	-10000	-100000	-1000000	$\cdots \to -\infty$
$\left(1+\dfrac{1}{x}\right)^x$	2.86797	2.73199	2.71964	2.71842	2.71830	2.71828	$\cdots \to e$

从表 1-3 可以看出，当 $x \to -\infty$ 及 $x \to +\infty$ 时，$\left(1+\dfrac{1}{x}\right)^x$ 的值无限趋近于 e $=$ 2.71828$\cdots$，即 $\lim\limits_{x \to \infty}\left(1+\dfrac{1}{x}\right)^x = e$.

如果令 $\dfrac{1}{x} = t$，当 $x \to \infty$ 时，$t \to 0$，公式还可以写成 $\lim\limits_{t \to 0}(1+t)^{\frac{1}{t}} = e$.

利用上面的极限求有关函数的极限时要注意：

（1）括号中的第一项必须化为 1；

（2）括号内第一项与第二项之间必须用"+"号连接；

（3）括号中的第二项与括号外的指数必须互为倒数；

（4）极限中的 x 也可以是函数.

例 17　求极限 $\lim\limits_{x \to \infty}\left(1-\dfrac{1}{x}\right)^x$.

解　令 $t = -x$，则当 $x \to \infty$ 时，$t \to \infty$，从而

$$\lim_{x \to \infty}\left(1-\frac{1}{x}\right)^x = \lim_{t \to \infty}\left(1+\frac{1}{t}\right)^{-t} = \lim_{t \to \infty}\left[\left(1+\frac{1}{t}\right)^t\right]^{-1} = \lim_{t \to \infty}\frac{1}{\left(1+\dfrac{1}{t}\right)^t} = \frac{1}{e}.$$

例 18　求极限 $\lim\limits_{x \to 0}(1+2x)^{\frac{1}{x}}$.

解　令 $t = 2x$，当 $x \to 0$ 时，$t \to 0$，所以

$$\lim_{x \to 0}(1+2x)^{\frac{1}{x}} = \lim_{t \to 0}(1+t)^{\frac{2}{t}} = \lim_{t \to 0}\left[(1+t)^{\frac{1}{t}}\right]^2 = e^2.$$

例 19　求极限 $\lim\limits_{x \to \infty}\left(\dfrac{x}{1+x}\right)^{2x}$.

解　$\lim\limits_{x \to \infty}\left(\dfrac{x}{1+x}\right)^{2x} = \lim\limits_{x \to \infty}\left(\dfrac{1+x}{x}\right)^{-2x} = \lim\limits_{x \to \infty}\left[\left(1+\dfrac{1}{x}\right)^x\right]^{-2} = \left[\lim\limits_{x \to \infty}\left(1+\dfrac{1}{x}\right)^x\right]^{-2} = e^{-2}.$

1.2.4　极限的应用

1. 极限在电学中的应用

例 20　可变电阻控制电压. 如图 1-10 所示，供电电路两端的电压 U 是 10 V，可变电阻 R 变化范围是 500~1500 Ω，固定电阻 $R_1 = 1000$ Ω，求可变电阻在 500~1500 Ω 变化时，

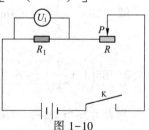
图 1-10

固定电阻两端电压的变化情况，当可变电阻无限地趋向 1000 Ω 时，可变电阻两端的电压是多少？

解 设当可变电阻参与工作的电阻为 R 时，固定电阻两端的电压为 U_1，可变电阻两端的电压为 U_2，由题意可知

$$U_1 = \frac{UR_1}{R + R_1} = \frac{10 \times 1000}{R + 1000} = \frac{10000}{R + 1000},$$

$$U_2 = \frac{UR}{R + R_1} = \frac{10R}{R + 1000},$$

$$\lim_{R \to 1000} U_2 = \lim_{R \to 1000} \frac{10R}{R + 1000} = 5 \ (\text{V})$$

答：当可变电阻无限地趋向 1000 Ω 时，可变电阻两端的电压无限逼近 5 V.

2. 利用求极限的方法探析影子的变化情况

例 21 如图 1-11 所示，当一个人沿着直线向路灯正下方移动时，试求其影子长度如何变化？

解 设路灯的高度为 u，人的高度为 h，人离路灯正下方某一点的距离为 x，人的影子长度为 y，由相似三角形对应边成正比例得 $\dfrac{h}{u} = \dfrac{y}{x + y}$.

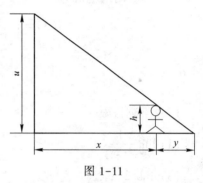

图 1-11

于是 $y = \dfrac{h}{u - h} x$，其中 $\dfrac{h}{u - h}$ 为常数，当人越靠近目标，其影子长度越短.

当人越来越近目标（$x \to 0$）时，显然人影长度越来越短，即 y 逐渐趋于 0，即

$$\lim_{x \to 0} \frac{h}{u - h} x = 0.$$

3. 分析产品利润变化情况

例 22 已知某轮胎公司生产 x 个汽车轮胎的成本函数为 $C(x) = 300 + \sqrt{1 + 10000 x^2}$ 元，生产 x 个汽车轮胎的平均成本为 $\dfrac{C(x)}{x}$ 元，当产量很大时，每个轮胎的成本大致接近多少元？

解 当产量很大时，每个轮胎的成本大致为极限值 $\lim\limits_{x \to \infty} \dfrac{C(x)}{x}$，其值为

$$\lim_{x \to \infty} \frac{C(x)}{x} = \lim_{x \to \infty} \frac{300 + \sqrt{1 + 10000 x^2}}{x} = \lim_{x \to \infty} \frac{300}{x} + \sqrt{\frac{1}{x^2} + 10000}$$

$$= \lim_{x \to \infty} \frac{300}{x} + \lim_{x \to \infty} \sqrt{\frac{1}{x^2} + 10000} = 0 + \sqrt{\lim_{x \to \infty} \frac{1}{x^2} + 10000} = 100 \ (\text{元}).$$

4. 预测人口数量的变化趋势

例 23 已知某地区时刻 t 的人口数量满足 $N(t) = 200 \mathrm{e}^{-2\mathrm{e}-0.5t}$，请预测该地区人口数量的变化趋势.

解 当时间趋向于无穷大时，该地区人口数量大致为极限值 $\lim\limits_{t \to \infty} N(t)$，其值为

$$\lim_{t \to \infty} N(t) = 200 \lim_{t \to \infty} \frac{1}{e^{2e+0.5t}} = 0$$

5. 分析电路的平均电流强度与瞬时电流强度

例 24 已知某时刻电路电流中的电量为 $q(t) = t^3 - 2t$，求：

（1）从 $t = 3$ 到任何稍后一点的时间 $t = 3 + h$（$h > 0$）的区间上的平均电流；

（2）当 $t = 3$ 时的电流.

解 （1）由题意可知，电流的平均值为

$$\bar{i} = \frac{\Delta q}{\Delta t} = \frac{q(t_0 + \Delta t) - q(t_0)}{\Delta t} = \frac{q(3 + h) - q(3)}{h}$$
$$= h^2 + 9h + 25;$$

（2）$t = 3$ 时的电流为

$$i(3) = \lim_{\Delta t \to 0} \bar{i} = \lim_{h \to 0}(h^2 + 9h + 25) = 25.$$

习题 1.2

1. 求下列极限.

（1）$\lim\limits_{x \to \infty} \dfrac{1}{x^3 + 1}$ ；

（2）$\lim\limits_{x \to +\infty} \left(\dfrac{1}{10}\right)^x$ ；

（3）$\lim\limits_{x \to -\infty} 2^x$ ；

（4）$\lim\limits_{x \to \frac{\pi}{4}} \tan x$ ；

（5）$\lim\limits_{n \to \infty} \dfrac{1}{2^n}$ ；

（6）$\lim\limits_{n \to \infty} \dfrac{3n}{2n + 1}$ ；

（7）$\lim\limits_{x \to +\infty} e^{-3x}$ ；

（8）$\lim\limits_{x \to 1} \arctan x$.

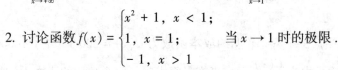

习题 1.2 答案

2. 讨论函数 $f(x) = \begin{cases} x^2 + 1, & x < 1; \\ 1, & x = 1; \\ -1, & x > 1 \end{cases}$ 当 $x \to 1$ 时的极限.

3. 讨论函数 $y = \dfrac{x^2 - 1}{x + 1}$ 当 $x \to -1$ 时的极限.

4. 设函数 $f(x) = \begin{cases} a + \sin x, & x > 0, \\ 1 + x^2, & x < 0, \end{cases}$ 且极限 $\lim\limits_{x \to 0} f(x)$ 存在，求 a 的值.

5. 下列函数在自变量怎样变化时是无穷小？无穷大？

（1）$y = e^x$ ；

（2）$y = \dfrac{1}{x + 1}$ ；

（3）$y = \tan x$ ；

（4）$y = \ln(x + 2)$.

6. 求下列各极限.

（1）$\lim\limits_{x \to 0} \sin 2x \cdot \tan 3x$ ；

（2）$\lim\limits_{x \to \infty} \dfrac{\cos x}{x^3}$ ；

（3）$\lim\limits_{x \to 1} \dfrac{2x + 3}{x - 1}$ ；

（4）$\lim\limits_{x \to 2} \dfrac{x^3 + 2x^2}{(x - 2)^2}$ ；

(5) $\lim\limits_{x \to \infty}(2x^3 - x + 1)$;

(6) $\lim\limits_{x \to 0} x^2 \sin \dfrac{1}{x}$;

(7) $\lim\limits_{x \to \infty}\dfrac{x^3 + x^2 - 3x + 1}{x^2 + 7x - 2}$;

(8) $\lim\limits_{x \to 0} x \sin x \cos \dfrac{1}{x}$;

(9) $\lim\limits_{x \to \infty}\left(\tan \dfrac{1}{x} \cdot \arctan x\right)$;

(10) $\lim\limits_{x \to \infty}\dfrac{\arctan x}{x}$.

7. 计算下列各极限.

(1) $\lim\limits_{x \to 1}(3x^2 + 5x + 1)$;

(2) $\lim\limits_{x \to 1}\left(1 - \dfrac{1}{2x - 1}\right)$;

(3) $\lim\limits_{x \to 3}\dfrac{x^2 + x - 12}{x - 3}$;

(4) $\lim\limits_{x \to 4}\dfrac{x - 4}{\sqrt{x} - 2}$.

8. 计算下列各极限.

(1) $\lim\limits_{x \to \infty}\dfrac{2x^2 + x + 1}{x^2 - 5x + 3}$;

(2) $\lim\limits_{x \to \infty}\dfrac{3x^2 + 1}{x^3 + x + 7}$;

(3) $\lim\limits_{x \to \infty}\dfrac{8x^3 - 1}{6x^2 - 5x + 1}$;

(4) $\lim\limits_{x \to 1}\left(\dfrac{1}{1 - x} - \dfrac{3}{1 - x^3}\right)$;

(5) $\lim\limits_{x \to \infty}\dfrac{(1 + x)^5}{(2x + 1)^4(1 - x)}$;

(6) $\lim\limits_{h \to 0}\left[\dfrac{1}{h(x + h)} - \dfrac{1}{hx}\right]$;

(7) $\lim\limits_{n \to \infty}\left(1 + \dfrac{1}{2} + \dfrac{1}{4} + \cdots + \dfrac{1}{2^{n-1}}\right)$;

(8) $\lim\limits_{n \to \infty}\dfrac{1 + 2 + 3 + \cdots + (n - 1)}{n^2}$.

9. 当 $x \to 0$ 时, $2x - x^2$ 与 $x^2 - x^3$ 相比, 哪一个是高阶无穷小?

10. 当 $x \to 1$ 时, 无穷小 $1 - x$ 与

(1) $1 - x^3$;

(2) $\dfrac{1}{2}(1 - x^2)$

是否同阶? 是否等价?

11. 计算下列极限.

(1) $\lim\limits_{x \to 0}\dfrac{\tan 3x}{2x}$;

(2) $\lim\limits_{x \to 0}\dfrac{\tan x - \sin x}{\sin^3 x}$;

(3) $\lim\limits_{x \to 0}\dfrac{\sin(x^n)}{(\sin x)^m}(m, n \in \mathbf{N})$;

(4) $\lim\limits_{x \to 0}\dfrac{x}{\sqrt[4]{1 + 2x} - 1}$ $\left(\text{提示: 利用} \sqrt[n]{1+x} - 1 \sim \dfrac{1}{n}x\right)$;

(5) $\lim\limits_{x \to 0-0}\dfrac{\sqrt{1 - \cos 2x}}{\tan x}$;

(6) $\lim\limits_{x \to e}\dfrac{\ln x - 1}{x - e}$;

(7) $\lim\limits_{x \to 0}\dfrac{\cos mx - \cos nx}{x^2}(m, n \in \mathbf{N})$;

(8) $\lim\limits_{x\to 0}\dfrac{1-\cos x^2}{x^2\sin^2 x}$.

12. 利用重要极限求下列极限.

(1) $\lim\limits_{x\to 0}\dfrac{\sin 2x}{\sin 5x}$；

(2) $\lim\limits_{x\to 0}\dfrac{x^2}{\sin^2\dfrac{x}{3}}$；

(3) $\lim\limits_{x\to 0}\dfrac{1-\cos 2x}{x\sin x}$；

(4) $\lim\limits_{x\to \infty}2^x\sin\dfrac{1}{2^x}$；

(5) $\lim\limits_{x\to 0}(1-3x)^{\frac{1}{x}}$；

(6) $\lim\limits_{x\to \frac{\pi}{2}}(1+\cot x)^{3\tan x}$；

(7) $\lim\limits_{x\to \infty}\left(1+\dfrac{2}{x}\right)^{3x}$；

(8) $\lim\limits_{x\to 0}\left(\dfrac{3x+1}{2x+1}\right)^{\frac{1}{x}}$.

§1.3 函数的连续性

函数连续性

1.3.1 函数连续的概念

自然界中有许多现象，如气温的变化、河水的流动、植物的生长等，都是在连续地变化着．这种现象在函数关系上的反映，就是函数的连续性．下面我们先引入增量的概念，然后运用极限来定义函数的连续性．

1. 函数的增量

设变量 x 从它的初值 x_1 变到终值 x_2，则终值与初值的差叫作自变量 x 的增量，记为 Δx，即

$$\Delta x = x_2 - x_1.$$

假定函数 $y=f(x)$ 在点 x_0 的某一邻域内有定义，当自变量 x 从 x_0 变到 $x_0+\Delta x$ 时，函数 y 相应地从 $f(x_0)$ 变到 $f(x_0+\Delta x)$，此时称 $f(x_0+\Delta x)$ 与 $f(x_0)$ 的差为函数的增量，记为 Δy，即

$$\Delta y = f(x_0+\Delta x) - f(x_0).$$

这个关系式的几何解析如图 1-12 所示.

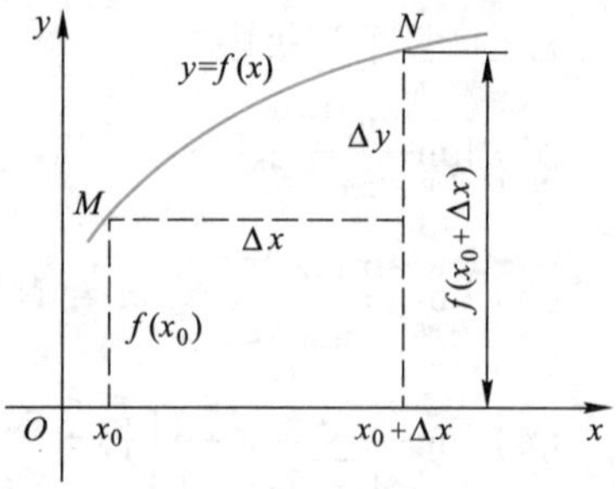

注意 增量可以是正值，也可以是负值，还可以是零.

2. 函数的连续性

（1）函数在一点处的连续性.

定义 1 设函数 $y=f(x)$ 在点 x_0 的某一邻域内有定义，如果当自变量的增量 $\Delta x = x - x_0$ 趋于零时，对应的函数的增量 $\Delta y = f(x_0+\Delta x) - f(x_0)$ 也趋于零，那么就称函数 $y=f(x)$ 在点 x_0 处连续，用极限表示就是

$$\lim\limits_{\Delta x\to 0}\Delta y = 0 \quad 或 \quad \lim\limits_{\Delta x\to 0}[f(x_0+\Delta x) - f(x_0)] = 0. \tag{1-1}$$

图 1-12

上述定义也可改用另一种方式来叙述：

设 $x = x_0 + \Delta x$，则 $\Delta x \to 0$，就是 $x \to x_0$；$\Delta y \to 0$，就是 $f(x) \to f(x_0)$．因此式（1-1）就是

$$\lim_{x \to x_0} f(x) = f(x_0) .$$

所以，函数 $y = f(x)$ 在点 x_0 处连续又可叙述如下：

定义 2　设函数 $y = f(x)$ 在点 x_0 的某一邻域内有定义，如果函数 $f(x)$ 当 $x \to x_0$ 时的极限存在，且等于它在点 x_0 处的函数值 $f(x_0)$，即

$$\lim_{x \to x_0} f(x) = f(x_0) , \tag{1-2}$$

那么称函数 $f(x)$ 在点 x_0 处连续．

（2）函数在区间上的连续性．若 $f(x)$ 在开区间 (a, b) 内的每一点都连续，则称 $f(x)$ 在 (a, b) 内连续，(a, b) 就是函数 $f(x)$ 的连续区间．

下面说明左连续与右连续的概念：

• 如果左极限 $\lim_{x \to x_0^-} f(x)$ 存在且等于 $f(x_0)$，即 $\lim_{x \to x_0^-} f(x) = f(x_0)$，则称函数 $f(x)$ 在点 x_0 处左连续．

• 如果右极限 $\lim_{x \to x_0^+} f(x)$ 存在且等于 $f(x_0)$，即 $\lim_{x \to x_0^+} f(x) = f(x_0)$，则称函数 $f(x)$ 在点 x_0 处右连续．

定理 1　函数 $f(x)$ 在点 x_0 处连续的充要条件是 $\lim_{x \to x_0^-} f(x) = f(x_0) = \lim_{x \to x_0^+} f(x)$．

如果 $f(x)$ 在 $[a, b]$ 上有定义，在 (a, b) 内连续，且 $f(x)$ 在右端点 b 处左连续，在左端点 a 处右连续，即 $\lim_{x \to b-0} f(x) = f(b)$，$\lim_{x \to a+0} f(x) = f(a)$，那么称函数 $f(x)$ 在 $[a, b]$ 上连续．

（3）函数的间断点．

定义 3　设点 x_0 的任何邻域内总存在异于 x_0 而属于函数 $f(x)$ 的定义域的点．如果函数 $f(x)$ 有下列三种情形之一：

1）在 $x = x_0$ 处没有定义，

2）虽在 $x = x_0$ 处有定义，但 $\lim_{x \to x_0} f(x)$ 不存在，

3）虽在 $x = x_0$ 处有定义，且 $\lim_{x \to x_0} f(x)$ 存在，但 $\lim_{x \to x_0} f(x) \neq f(x_0)$，

那么称函数 $f(x)$ 在点 x_0 处不连续，而点 x_0 称为函数 $f(x)$ 的**不连续点**或**间断点**．

例 1　求函数 $f(x) = \dfrac{x^2 - 1}{x - 1}$ 的间断点．

解　由于函数 $f(x)$ 在 $x = 1$ 处没有定义，故 $x = 1$ 是函数的一个间断点，如图 1-13 所示．

例 2　求函数 $f(x) = \begin{cases} x + 1, & x > 1 \\ 0, & x = 1 \\ x - 1, & x < 1 \end{cases}$ 的间断点．

解　分界点 $x = 1$ 虽在函数的定义域内，但

$$\lim_{x \to 1+0} f(x) = \lim_{x \to 1+0} (x + 1) = 2, \quad \lim_{x \to 1-0} f(x) = \lim_{x \to 1-0} (x - 1) = 0 ,$$

即极限 $\lim_{x \to 1} f(x)$ 不存在，故 $x = 1$ 是函数的一个间断点，如图 1-14 所示．

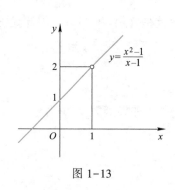

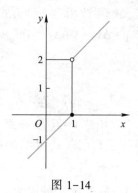

图 1–13   图 1–14

例 3 求函数 $f(x) = \begin{cases} x + 1, & x \neq 1, \\ 0, & x = 1 \end{cases}$ 的间断点.

解 函数 $f(x)$ 在点 $x = 1$ 处有定义，且 $\lim\limits_{x \to 1} f(x) = \lim\limits_{x \to 1}(x + 1) = 2$，但 $f(1) = 0$，故 $\lim\limits_{x \to 1} f(x) \neq f(1)$，所以 $x = 1$ 是函数 $f(x)$ 的一个间断点，如图 1–15 所示.

例 4 讨论函数

$$f(x) = \begin{cases} 1 + x, & x \geq 1, \\ 2 - x, & x < 1 \end{cases}$$

在点 $x = 1$ 处的连续性.

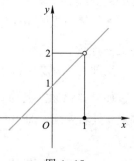

解 函数 $f(x)$ 的定义域是 $(-\infty, +\infty)$，因为

$$\lim_{x \to 1+0} f(x) = \lim_{x \to 1+0}(1 + x) = 2，$$
$$\lim_{x \to 1-0} f(x) = \lim_{x \to 1-0}(2 - x) = 1，$$

左、右极限存在但不相等，所以 $\lim\limits_{x \to 1} f(x)$ 不存在，即函数 $f(x)$ 在点 $x = 1$ 处不连续.

图 1–15

注意 求分段函数的极限时，函数的表达式必须与自变量所在的范围相对应.

1.3.2 初等函数的连续性

定理 2 设函数 $f(x)$ 和 $g(x)$ 在点 x_0 处连续，则函数 $f(x) \pm g(x)$，

初等函数的连续性

$f(x) \cdot g(x)$，$\dfrac{f(x)}{g(x)}[g(x_0) \neq 0]$ 在点 x_0 处连续.

定理 3 函数 $x = \varphi(y)$ 与它的反函数 $y = f(x)$ 在对应区间内有相同的单调性.

例如，因为函数 $y = 2^x$ 在区间 $(-\infty, +\infty)$ 内单值、单调增加且连续，所以其反函数 $y = \log_2 x$ 在区间 $(0, +\infty)$ 内单值、单调增加且连续.

定理 4 两个连续函数复合而成的复合函数仍是连续函数.

例如，因为 $u = 2x$ 在 $x = \dfrac{\pi}{4}$ 处连续，$y = \sin u$ 在 $u = \dfrac{\pi}{2}$ 处连续，所以 $y = \sin 2x$ 在 $x = \dfrac{\pi}{4}$ 处连续.

定理 4 说明了复合函数的连续性，也提供了求初等函数极限的一种方法：

如果函数 $u = g(x)$ 在点 x_0 处连续，$u_0 = g(x_0)$，且函数 $y = f(u)$ 在点 u_0 处连续，那么

$$\lim_{x \to x_0} f[g(x)] = f[g(x_0)] = f[\lim_{x \to x_0} g(x)].$$

也就是说，极限符号 $\lim\limits_{x \to x_0}$ 可以与函数符号 f 互换顺序.

定理 5　一切初等函数在其定义区间内都是连续的.

初等函数的连续区间就是它的定义区间，分段函数在每一个分段区间内都是连续的，分段点可能是连续点也可能是它的间断点，需用定义考查.

连续函数的图形是一条连续不间断的曲线.

函数连续的性质

1.3.3　闭区间上连续函数的性质

1. 最大值和最小值性质

定理 6（最大值和最小值定理）　在闭区间上连续的函数一定有最大值与最小值.

这就是说，如果函数 $f(x)$ 在闭区间 $[a, b]$ 上连续，如图 1-16 所示，那么在 $[a, b]$ 上至少有一点 $\xi_1(a \leq \xi_1 \leq b)$，使得 $f(\xi_1)$ 为最大，即

$$f(\xi_1) \geq f(x)\,(a \leq x \leq b);$$

又至少有一点 $\xi_2(a \leq \xi_2 \leq b)$，使得 $f(\xi_2)$ 为最小，即

$$f(\xi_2) \leq f(x)\,(a \leq x \leq b).$$

2. 介值性质

定理 7（介值定理）　如果函数 $f(x)$ 在闭区间 $[a, b]$ 上连续，且在该区间的端点取不同的函数值

图 1-16

$f(a) = A$ 与 $f(b) = B$，如图 1-17 所示，那么不论 C 是 A 与 B 之间的怎样一个数，在开区间 (a, b) 内至少有一点 ξ，使得

$$f(\xi) = C\,(a < \xi < b).$$

特别地，如果 $f(a)$ 与 $f(b)$ 异号，那么在 (a, b) 内至少有一点 ξ，使得

$$f(\xi) = 0\,(a < \xi < b),$$

如图 1-18 所示.

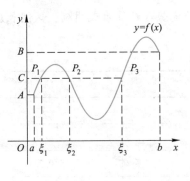

图 1-17

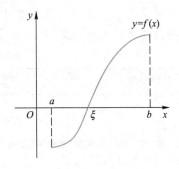

图 1-18

由定理 7 可知，在闭区间上连续的函数必取得介于最大值与最小值之间的任何值.

例 5　证明方程 $x^5 + 3x - 1 = 0$ 在 $(0, 1)$ 内至少有一个根.

证　设 $f(x) = x^5 + 3x - 1$，它在 $[0, 1]$ 上是连续的，并且在区间端点的函数值为

$$f(0) = -1 < 0, \quad f(1) = 3 > 0,$$

根据介值定理可知,在 $(0, 1)$ 内至少有一点 ξ 使得

$$f(\xi) = 0,$$

即 $\qquad \xi^5 + 3\xi - 1 = 0 \ (0 < \xi < 1),$

这说明方程 $x^5 + 3x - 1 = 0$ 在 $(0, 1)$ 内至少有一个根 ξ.

1.3.4 求方程近似根的二分法

例 6 求方程 $x^2 - 2x - 1 = 0$ 的一个近似解(精确到 0.1).

解 设 $f(x) = x^2 - 2x - 1$,先画出函数图形的简图,如图 1-19 所示.

因为

$$f(2) = -1 < 0, \quad f(3) = 2 > 0,$$

所以在区间 $(2, 3)$ 内,方程 $x^2 - 2x - 1 = 0$ 有一解,记为 x_1. 取 2 与 3 的平均数 2.5,因为 $f(2.5) = 0.25 > 0$,所以 $2 < x_1 < 2.5$.

再取 2 与 2.5 的平均数 2.25,因为 $f(2.25) = -0.4375 < 0$,所以 $2.25 < x_1 < 2.5$.

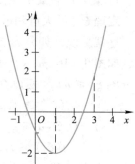

图 1-19

如此继续下去,得

$f(2) < 0, f(3) > 0 \Rightarrow x_1 \in (2, 3)$,

$f(2) < 0, f(2.5) > 0 \Rightarrow x_1 \in (2, 2.5)$,

$f(2.25) < 0, f(2.5) > 0 \Rightarrow x_1 \in (2.25, 2.5)$,$f(2.375) < 0, f(2.5) > 0 \Rightarrow x_1 \in (2.375, 2.5)$,$f(2.375) < 0, f(2.4375) > 0 \Rightarrow x_1 \in (2.375, 2.4375)$,因为 2.375 与 2.4375 精确到 0.1 的近似值都为 2.4,所以此方程的近似解为 $x_1 \approx 2.4$.

利用同样的方法,还可以求出方程的另一个近似解.

注意 (1)第一步确定零点所在的大致区间 (a, b),可利用函数性质,也可借助计算机或计算器,但尽量取端点为整数的区间,尽量缩短区间长度,通常可确定一个长度为 1 的区间;

(2)建立列表,其样式见表 1-4. 建立此列表的优势:计算步数明确,区间长度小于精度时即为计算的最后一步.

表 1-4 例 6 表

零点所在区间	区间中点函数值	区间长度
$[2, 3]$	$f(2.5) > 0$	1
$[2, 2.5]$	$f(2.25) < 0$	0.5
$[2.25, 2.5]$	$f(2.375) < 0$	0.25
$[2.375, 2.5]$	$f(2.4375) > 0$	0.125

例 7 求方程 $2^x + x = 4$ 的近似解(精确到 0.1).

解 方程 $2^x + x = 4$ 可以化为 $2^x = 4 - x$.

分别画函数 $y = 2^x$ 与 $y = 4 - x$ 的图形,如图 1-20 所示.

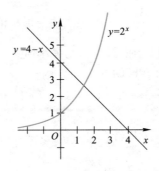

图 1-20

由图形可以知道，方程 $2^x + x = 4$ 的解在区间 $(1，2)$ 内，那么对于区间 $(1，2)$，利用二分法就可以求得它的近似解为 $x \approx 1.4$.

习题 1.3

习题 1.3 答案

1. 讨论函数 $f(x) = \begin{cases} x^2 - 1，& 0 \leqslant x \leqslant 1， \\ x + 3，& x > 1 \end{cases}$ 在 $x = \dfrac{1}{2}$，$x = 1$，$x = 2$ 各点的连续性.

2. 求函数 $f(x) = \dfrac{x^3 + 2x^2 - x - 2}{x^2 - x - 2}$ 的连续区间，并求极限 $\lim\limits_{x \to -1} f(x)$，$\lim\limits_{x \to 1} f(x)$ 及 $\lim\limits_{x \to 2} f(x)$.

3. 求下列函数的间断点：

(1) $y = \dfrac{x}{x^3 - 1}$；

(2) $y = \dfrac{3x}{x^2 + 5x - 6}$；

(3) $y = \dfrac{1}{(x + 2)^2}$；

(4) $y = \dfrac{\cot x}{x}$；

(5) $y = \dfrac{\sin x}{x^2 - 1}$；

(6) $y = x \arctan \dfrac{1}{x - 1}$.

4. 求下列各极限：

(1) $\lim\limits_{x \to 0} \sqrt{x^2 - 2x + 5}$；

(2) $\lim\limits_{t \to -2} \dfrac{e^t - 1}{t}$；

(3) $\lim\limits_{x \to \frac{\pi}{4}} \dfrac{\sin 2x}{2\cos(\pi - x)}$；

(4) $\lim\limits_{x \to 0} \dfrac{\sqrt{x + 1} - 1}{x}$；

(5) $\lim\limits_{x \to 0} \dfrac{x^2}{1 - \sqrt{1 + x^2}}$；

(6) $\lim\limits_{x \to 1} \dfrac{\sqrt{5x - 4} - \sqrt{x}}{x - 1}$；

(7) $\lim\limits_{x \to 0} \dfrac{x}{\sqrt{x + 2} - \sqrt{2}}$；

(8) $\lim\limits_{x \to 1} \dfrac{x^2 - 1}{x^2 + 2x - 3}$；

(9) $\lim\limits_{x \to 2} \arcsin(x - 1)$；

(10) $\lim\limits_{x \to +\infty} \left(\dfrac{\pi}{2} - \arctan \sqrt{x + 2} \right)$.

5. 指出函数 $y = \cos x$ 在 $\left[0, \dfrac{3\pi}{2}\right]$ 上的最大值与最小值.

6. 指出函数 $y = e^x$ 在 $[2, 4]$ 上的最大值与最小值.

7. 证明方程 $x^5 - 3x - 1 = 0$ 在区间 $(1, 2)$ 内至少有一个根.

8. 证明三次方程 $2x^3 - 3x^2 - 3x + 2 = 0$ 在区间 $(-2, 0)$，$(0, 1)$，$(1, 3)$ 内各有一个实根.

9. 设 $f(x)$、$g(x)$ 在 $[a, b]$ 上连续，且 $f(a) > g(a)$，$f(b) < g(b)$，证明方程 $f(x) = g(x)$ 在 (a, b) 内必有根.

本章小结

一、初等函数

（1）基本初等函数：幂函数、指数函数、对数函数、三角函数、反三角函数.

（2）函数的几种特性：函数的单调性、函数的奇偶性、函数的周期性、函数的有界性.

（3）复合函数.

二、函数的极限

函数极限的概念如下.

（1）当 $x \to \infty$ 时，函数 $f(x)$ 的极限.

当 x 的绝对值无限增大时，函数 $f(x)$ 无限趋于一个确定的常数 A，则称 A 为函数 $f(x)$ 在 $x \to \infty$ 的极限，记作 $\lim\limits_{x \to \infty} f(x) = A$.

$\lim\limits_{x \to \infty} f(x) = A$ 的充要条件是 $\lim\limits_{x \to -\infty} f(x) = \lim\limits_{x \to +\infty} f(x) = A$.

（2）当 $x \to x_0$ 时，函数 $f(x)$ 的极限.

当 x 无限趋于 x_0 时，函数 $f(x)$ 无限趋于一个确定的常数 A，则称常数 A 为函数 $f(x)$ 在 $x \to x_0$ 的极限，记作 $\lim\limits_{x \to x_0} f(x) = A$.

$\lim\limits_{x \to x_0} f(x) = A$ 的充要条件是 $\lim\limits_{x \to x_0^-} f(x) = \lim\limits_{x \to x_0^+} f(x) = A$.

三、无穷小与无穷大

1. 无穷小的概念：极限为零的变量，称为无穷小量，简称无穷小.

2. 无穷小的性质：

（1）有限个无穷小的代数和是无穷小；

（2）有限个无穷小的乘积是无穷小；

（3）有界函数与无穷小的乘积是无穷小.

3. 无穷大的概念

当 $x \to x_0$（或 $x \to \infty$）时，函数 $f(x)$ 的绝对值无限增大，则称函数 $f(x)$ 为当 $x \to x_0$（或 $x \to \infty$）时的无穷大量，简称无穷大.

4. 无穷小与无穷大的关系

在自变量的同一变化过程中，若 $\lim f(x) = 0$，则 $\lim \dfrac{1}{f(x)} = \infty$.

5. 无穷小的比较.

设 α 和 β 都是在自变量的同一变化过程中的无穷小，且 $\lim \dfrac{\alpha}{\beta}$ 是在这一变化过程中的极限，则

（1）如果 $\lim \dfrac{\alpha}{\beta} = 0$，则称 α 是比 β 高阶的无穷小；

（2）如果 $\lim \dfrac{\alpha}{\beta} = \infty$，则称 α 是比 β 低阶的无穷小；

（3）如果 $\lim \dfrac{\alpha}{\beta} = C$，则称 α 和 β 是同阶无穷小（其中 $C \neq 0$ 为常数）；

（4）如果 $\lim \dfrac{\alpha}{\beta} = 1$，则称 α 和 β 是等价无穷小，记作 $\alpha \sim \beta$.

四、函数极限的四则运算

设 $\lim f(x) = A$，$\lim g(x) = B$（自变量趋于 x_0 或 ∞），则
$\lim[f(x) \pm g(x)] = \lim f(x) \pm \lim g(x) = A \pm B$；
$\lim[f(x) g(x)] = \lim f(x) \lim g(x) = AB$；
$\lim \dfrac{f(x)}{g(x)} = \dfrac{\lim f(x)}{\lim g(x)} = \dfrac{A}{B}$（$B \neq 0$）.

五、两个重要极限

（1）极限 $\lim\limits_{x \to 0} \dfrac{\sin x}{x} = 1$；

（2）极限 $\lim\limits_{x \to \infty} \left(1 + \dfrac{1}{x}\right)^x = e$.

六、函数的连续性

（1）设函数 $y = f(x)$ 在点 x_0 处及其附近有定义，如果当自变量的增量趋于零时，函数的相应增量也趋于零，即
$$\lim\limits_{\Delta x \to 0} \Delta y = \lim\limits_{\Delta x \to 0}[f(x + \Delta x) - f(x)] = 0,$$
则称函数 $y = f(x)$ 在点 x_0 处连续，否则称函数 $y = f(x)$ 在点 x_0 处间断.

（2）如果函数 $y = f(x)$ 在点 x_0 处满足：

1）$y = f(x)$ 在点 x_0 处有定义；

2）$\lim\limits_{x \to x_0} f(x)$ 存在；

3）$\lim\limits_{x \to x_0} f(x) = f(x_0)$，

则称函数 $y = f(x)$ 在点 x_0 处连续. 若三个条件中任一条不满足，则称函数 $y = f(x)$ 在点 x_0

处间断.

测试题一

一、判断题

1. 若 $\lim\limits_{x \to 0} f(x) = 2$，则 $f(0) = 2$.   (   )

2. 如果 $f(x)$ 在点 x_1 处无定义，则 $\lim\limits_{x \to x_1} f(x)$ 必不存在.   (   )

3. $\lim\limits_{x \to 1} \dfrac{\sin x}{x} = 1$.   (   )

4. $\lim\limits_{x \to 0} (1 + x)^{\frac{1}{x}} = \infty$.   (   )

5. 函数 $f(x) = \ln(x + 1)$ 的定义域是 $x > 0$.   (   )

二、填空题

1. 函数 $f(x) = e^{\cos(2x+1)}$ 的复合过程是_____.

2. $\lim\limits_{\Delta x \to 0} \dfrac{\sqrt{x + \Delta x} - \sqrt{x}}{\Delta x} = $ _____.

3. $\lim\limits_{n \to \infty} \left(1 - \dfrac{1}{n}\right)^n = $ _____.

4. $\lim\limits_{x \to \infty} \dfrac{(x + 1)(x + 2)(x + 3)}{3x^3} = $ _____.

5. 如果函数 $y = f(x)$ 在点 x_0 处连续，那么 $\lim\limits_{x \to x_0}[f(x) - f(x_0)] = $ _____.

三、选择题

1. 函数 $y = \ln(\sqrt{x^2 + 1} + x)$ 是 (   ).

A. 奇函数   B. 偶函数

C. 非奇非偶函数   D. 不确定

2. 如果函数 $y = f(x)$ 在点 x 处间断，那么 (   ).

A. $\lim\limits_{x \to x_0} f(x)$ 不存在   B. $f(x_0)$ 不存在

C. $\lim\limits_{x \to x_0} f(x) \neq f(x_0)$ D. 以上三种情况至少有一种发生

3. 当 $x \to 0$ 时，下列变量是无穷小的是 (   ).

A. $\sin x$ B. $\ln(x + 3)$

C. e^x D. $x^3 - 1$

4. $\lim\limits_{x \to 0} \left(1 + \dfrac{x}{2}\right)^{\frac{x-1}{x}}$ 的值是 (   ).

A. e^2 B. $e^{\frac{1}{2}}$

C. $e^{-\frac{1}{2}}$ 　　　　　　D. e^{-2}

5. 下列极限存在的是（　　）．

A. $\lim\limits_{x\to\infty}\dfrac{x^2}{x^2-1}$ 　　　　　B. $\lim\limits_{x\to 0}\dfrac{1}{2^x-1}$

C. $\lim\limits_{x\to\infty}\sin x$ 　　　　　　D. $\lim\limits_{x\to\infty}\operatorname{arccot} x$

四、解答题

1. 指出下列函数的复合过程：

（1）$y=\sqrt{\arctan(x+1)}$ ；　　（2）$y=\tan^2\dfrac{x}{2}$ ．

2. 求下列函数的极限：

（1）$\lim\limits_{x\to 1}\dfrac{x^4-1}{x^3-1}$ ；　　　　　（2）$\lim\limits_{x\to +\infty}x(\sqrt{x^2+1}-x)$ ；

（3）$\lim\limits_{x\to\infty}\left(1-\dfrac{1}{2x}\right)^x$ ；　　　　（4）$\lim\limits_{x\to 1}\dfrac{x^2-3x+2}{x^2-1}$ ；

（5）$\lim\limits_{x\to\infty}\dfrac{x\arctan x}{x^2+1}$ ；　　　　（6）$\lim\limits_{x\to 0}\dfrac{\sin x}{x^2+2x}$ ．

3. 讨论函数 $f(x)=\begin{cases}x, & x\leqslant 0, \\ x\sin\dfrac{1}{x}, & x>0\end{cases}$ 在 $x=0$ 处的连续性．

4. 证明方程 $\sin x+x+1=0$ 在区间 $\left(-\dfrac{\pi}{2}, \dfrac{\pi}{2}\right)$ 内至少有一个根．

5. 某工厂生产计算机的日生产能力为 $0\sim 100$ 台，工厂维持生产的日固定费用为 4 万元，生产一台计算机的直接费用（含材料费和劳务费）是 4250 元．求该厂日生产 x 台计算机的总成本，并指出其定义域．

6. 某工厂生产某产品的总成本函数为 $C(p)=p^3-9p^2+33p+10$，该产品的需求函数为 $p=75-p$（p 为价格），求：（1）产量为 10 时的平均成本；（2）产量为 10 时的利润．

测试题一答案

第 2 章　导数及其应用

趣味阅读——微积分产生的历史背景

微积分在科学史上具有划时代的意义，它的产生有着深刻的社会背景. 17 世纪中叶，有许多重大科学问题需要解决，这些问题也就成了促使微积分产生的因素，归结起来有以下四类.

第一类：瞬时速度问题. 17 世纪中叶，人们已经知道，自由落体运动、炮弹的运动等许多物体的运动不是匀速运动. 已知物体运动的距离可表示为时间的函数，怎样求物体在任意时刻的速度和加速度呢？

第二类：切线问题. 17 世纪光学成为重要的研究领域，为了应用光的反射定律和折射定律，必须知道光线射入透镜的角度（入射角），而入射角就是光线与镜面曲线法线的夹角，法线是过切点垂直于切线的. 另外在研究物体作曲线运动时，如何确定其轨迹上任一点的运动方向（也即轨迹的切线方向）等，这些都涉及求切线问题.

第三类：函数的最值问题. 早在 16 世纪，西欧军事强国的火炮制造技术已经非常先进了，一个现实的问题就是，发射角多大时炮弹获得最大射程. 研究行星运动也涉及最值问题，如求行星离太阳最近和最远的距离等.

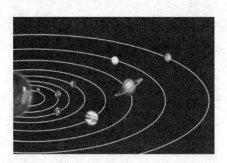

第四类：求曲线围成的图形的面积和体积、曲线弧长、物体的重心等问题. 随着天文学的发展，这些问题变得更为突出. 例如，开普勒三大定律及许多天文学问题，都涉及行星运行的轨道、行星矢量扫过的面积以及物体重心等计算.

基于以上问题的研究和解决，并且在众多科学家研究的基础上，英国大科学家牛顿和德国数学家莱布尼茨分别在自己的国度里独自研究和完成了微积分的创立工作.

【导学】

导数与微分是微分学的两个基本概念. 导数的概念最初是为寻找平面曲线的切线以及确定变速运动的瞬时速度而产生的. 其中导数反映函数相对于自变量的变化快慢程度, 即函数对自变量的变化率; 而微分则反映当自变量有微小改变时, 函数就有微小的改变量. 本章在极限、连续等概念的基础上建立导数与微分的概念, 并介绍它们的计算方法及应用.

§2.1　导数的概念

2.1.1　引例

引例 1　自由落体的瞬时速度.

如果物体在真空中自由下落, 则它的运动方程为

$$s = f(t) = \frac{1}{2}gt^2,$$

其中 g 为常量. 试求物体在 t_0 时刻的瞬时速度 v.

分析　我们知道, 当物体作匀速直线运动时, 它在任意时刻的速度可用公式

$$\text{速度} = \frac{\text{路程}}{\text{时间}}$$

来计算. 上式中的速度只能反映物体在某段时间内的平均速度, 而不能精确地描述运动过程中任一时刻的瞬时速度. 但引列中物体是作变速直线运动, 因此, 求物体在 t_0 时刻的瞬时速度需要采用新的方法. 下面我们用求极限的方法来解决这个问题.

如图 2-1 所示, 给定时间变量 t 在 t_0 时的一个增量 Δt, 则在从时刻 t_0 到 $t_0 + \Delta t$ 这段时间间隔内, 物体运动路程的增量为

$$\Delta s = f(t_0 + \Delta t) - f(t_0)$$

$$= \frac{1}{2}g(t_0 + \Delta t)2 - \frac{1}{2}gt_0^2$$

$$= gt_0\Delta t + \frac{1}{2}g(\Delta t)^2,$$

从而可以求得物体在时间段 Δt 内的平均速度为

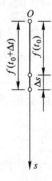

图 2-1

$$\bar{v} = \frac{\Delta s}{\Delta t} = \frac{f(t_0 + \Delta t) - f(t_0)}{\Delta t} = gt_0 + \frac{1}{2}g\Delta t.$$

显然, 当 $|\Delta t|$ 无限变小时, 平均速度 $\bar{v}$ 无限接近于物体在 t_0 时刻的瞬时速度 v. 因此, 平均速度的极限值就是物体在 t_0 时刻的瞬时速度 v, 即可定义

$$v = \lim_{\Delta t \to 0} \bar{v} = \lim_{\Delta t \to 0} \frac{\Delta s}{\Delta t} = \lim_{\Delta t \to 0} \frac{f(t_0 + \Delta t) - f(t_0)}{\Delta t}$$

$$= \lim_{\Delta t \to 0} \left[g t_0 + \frac{1}{2} g \Delta t \right] = g t_0.$$

可以看到，上述定义与物理学中自由落体的瞬时速度公式是一致的.

从数学观点看，引例 1 的实质就是求一个函数在某一点处的增量与其自变量的增量之比的极限. 在实际中，许多问题都可以归结为这样一种求增量比的极限问题. 在数学上，我们把这类问题定义为导数.

引例 2 平面曲线的切线斜率.

设曲线 C 所对应的函数为 $y = f(x)$，求曲线 C 在点 $M[x_0, f(x_0)]$ 处的切线的斜率.

圆的切线可定义为"与曲线只有一个交点的直线". 但是对于其他曲线，用"与曲线只有一个交点的直线"作为切线的定义就不一定合适. 实际上，包括圆在内的各种平面曲线的切线的严格定义如下：

定义 1 设 M、N 是曲线 $C[y = f(x)]$ 上的两点，过这两点作割线 MN，当点 N 沿曲线 C 无限趋近于点 M 时，如果割线 MN 绕点 M 旋转而趋于极限位置 MT 时，则称直线 MT 为曲线 C 在点 M 处的切线，如图 2-2 所示.

根据图 2-2 可知，曲线 C 的割线 MN 的斜率为

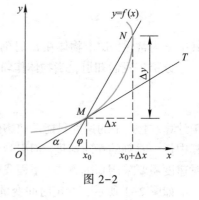

$$\tan \varphi = \frac{\Delta y}{\Delta x} = \frac{f(x_0 + \Delta x) - f(x_0)}{\Delta x},$$

其中 φ 为割线 MN 的倾斜角.

显然，当点 N 沿曲线 C 趋近于点 M 时，$\Delta x \to 0$，此时 $\varphi \to \alpha$，$\tan \varphi \to \tan \alpha$.

如果当 $\Delta x \to 0$ 时，割线的斜率 $\tan \varphi$ 的极限存在，则曲线 C 在点 $M(x_0, y_0)$ 处的切线斜率为

图 2-2

$$\tan \alpha = \lim_{\varphi \to \alpha} \tan \varphi = \lim_{\Delta x \to 0} \frac{\Delta y}{\Delta x} = \lim_{\Delta x \to 0} \frac{f(x_0 + \Delta x) - f(x_0)}{\Delta x}.$$

引例 3 产品总成本的变化率.

设某产品的总成本 C 是产量 Q 的函数，即 $C = C(Q)$，当产量由 Q_0 变到 $Q_0 + \Delta Q$ 时，总成本相应的改变量为 $\Delta C = C(Q_0 + \Delta Q) - C(Q_0)$. 则产量由 Q_0 变到 $Q_0 + \Delta Q$ 时，总成本的平均变化率为

$$\frac{\Delta C}{\Delta Q} = \frac{C(Q_0 + \Delta Q) - C(Q_0)}{\Delta Q}.$$

当 ΔQ 趋近于零时，如果极限

$$\lim_{\Delta Q \to 0} \frac{\Delta C}{\Delta Q} = \lim_{\Delta Q \to 0} \frac{C(Q_0 + \Delta Q) - C(Q_0)}{\Delta Q}$$

存在，则称此极限是产量为 Q_0 时总成本对产量的变化率，又称为产量为 Q_0 时的边际成本. 它表示产量为 Q_0 时，再多生产一件产品时，成本要增加多少.

上面所讨论的三个引例，虽然实际意义不同，但具有相同的数学表达形式：归结为求当自变量的增量趋于零时函数的增量与自变量的增量之比的极限. 把这种形式的极限抽象出来，就是函数的导数概念.

导数

2.1.2　导数的定义

1. 函数在一点处的导数与导函数

定义 2　设函数 $y = f(x)$ 在点 x_0 的某一邻域内有定义，当自变量 x 在 x_0 处有增量 Δx 时，相应地，函数 y 也取得增量

$$\Delta y = f(x_0 + \Delta x) - f(x_0),$$

如果 Δy 与 Δx 之比当 $\Delta x \to 0$ 时的极限

$$\lim_{\Delta x \to 0} \frac{\Delta y}{\Delta x} = \lim_{\Delta x \to 0} \frac{f(x_0 + \Delta x) - f(x_0)}{\Delta x}$$

存在，那么称此极限值为函数 $y = f(x)$ 在点 x_0 处的导数，并且说，函数 $y = f(x)$ 在点 x_0 处可导，记为 $y' \big|_{x=x_0}$、$f'(x_0)$、$\dfrac{\mathrm{d}y}{\mathrm{d}x}\bigg|_{x=x_0}$ 或 $\dfrac{\mathrm{d}f(x)}{\mathrm{d}x}\bigg|_{x=x_0}$，即

$$y' \big|_{x=x_0} = \lim_{\Delta x \to 0} \frac{\Delta y}{\Delta x} = \lim_{\Delta x \to 0} \frac{f(x_0 + \Delta x) - f(x_0)}{\Delta x}.$$

函数 $f(x)$ 在点 x_0 处可导有时也说成 $f(x)$ 在点 x_0 处具有导数或导数存在.

说明

- 在导数定义中比值 $\dfrac{\Delta y}{\Delta x}$ 是函数 $y = f(x)$ 在区间 $[x_0, x_0 + \Delta x]$ 的平均变化率.

- 导数 $f'(x_0) = \lim\limits_{\Delta x \to 0} \dfrac{\Delta y}{\Delta x}$ 则是函数 $y = f(x)$ 在点 x_0 处的变化率，它反映了函数随自变量的变化而变化的快慢程度.

- 若 $f'(x_0) = \lim\limits_{\Delta x \to 0} \dfrac{\Delta y}{\Delta x}$ 存在，则称函数 $y = f(x)$ 在点 x_0 处可导；若极限不存在，则称函数 $y = f(x)$ 在点 x_0 处不可导.

有了导数的概念，2.1.1 中讨论的 3 个引例可以分别叙述如下：

（1）变速直线运动的速度 $v(t_0)$ 是路程 $s = s(t)$ 在 t_0 时刻的导数，即

$$v(t_0) = s'(t_0);$$

（2）曲线 C 在点 $M(x_0, f(x_0))$ 处的切线的斜率等于函数 $f(x)$ 在点 x_0 处的导数，即

$$k_{切} = \tan \alpha = f'(x_0);$$

（3）产品总成本的变化率等于总成本 $C(Q)$ 在点 Q_0 处的导数，即边际成本 $C'(Q_0)$.

定义 3　如果函数 $f(x)$ 在区间 (a, b) 内的每一点都可导，就称函数 $f(x)$ 在区间 (a, b) 内可导. 这时，函数 $f(x)$ 对于 (a, b) 内的每一个确定的 x 值，都对应着一个确定的导数，这就构成了一个新的函数，这个函数叫作 $f(x)$ 的导函数，记作 y'、$f'(x)$、$\dfrac{\mathrm{d}y}{\mathrm{d}x}$ 或 $\dfrac{\mathrm{d}f(x)}{\mathrm{d}x}$，即

$$y' = \lim_{\Delta x \to 0} \frac{\Delta y}{\Delta x} = \lim_{\Delta x \to 0} \frac{f(x + \Delta x) - f(x)}{\Delta x}.$$

注意　$f'(x)$ 是 x 的函数，而 $f'(x_0)$ 是一个常数，二者的关系为 $f'(x_0) = f'(x)\big|_{x=x_0}$. 在不致发生混淆的情况下，导函数也简称为导数.

2. 利用定义求函数的导数

由导数定义可知，求函数 $y = f(x)$ 的导数 $f'(x)$ 可按以下三个步骤进行：

（1）求增量：$\Delta y = f(x + \Delta x) - f(x)$ ；

（2）算比值：$\dfrac{\Delta y}{\Delta x} = \dfrac{f(x + \Delta x) - f(x)}{\Delta x}$ ；

（3）取极限：$f'(x) = \lim\limits_{\Delta x \to 0} \dfrac{\Delta y}{\Delta x} = \lim\limits_{\Delta x \to 0} \dfrac{f(x + \Delta x) - f(x)}{\Delta x}$.

下面，利用以上三个步骤求一些基本初等函数的导数.

例 1　求 $f(x) = C(C$ 是常数$)$ 的导数.

解　（1）求增量：$\Delta y = C - C = 0$；

（2）算比值：$\dfrac{\Delta y}{\Delta x} = 0$；

（3）取极限：$f'(x) = \lim\limits_{\Delta x \to 0} \dfrac{\Delta y}{\Delta x} = \lim\limits_{\Delta x \to 0} 0 = 0$.

例 2　求 $f(x) = x^3$ 的导数.

解　（1）求增量：$\Delta y = f(x + \Delta x) - f(x) = (x + \Delta x)^3 - x^3$
$$= 3x^2 \Delta x + 3x(\Delta x)^2 + (\Delta x)^3 ;$$

（2）算比值：
$$\dfrac{\Delta y}{\Delta x} = \dfrac{3x^2 \Delta x + 3x(\Delta x)^2 + (\Delta x)^3}{\Delta x} = 3x^2 + 3x(\Delta x) + (\Delta x)^2 ;$$

（3）取极限：
$$f'(x) = \lim\limits_{\Delta x \to 0} \dfrac{\Delta y}{\Delta x} = \lim\limits_{\Delta x \to 0} \big[3x^2 + 3x(\Delta x) + (\Delta x)^2 \big] = 3x^2 ,$$

即 $(x^3)' = 3x^2$.

一般地，对任意幂函数 $y = x^\alpha$ （α 是任意常数），都有
$$(x^\alpha)' = \alpha x^{\alpha - 1}.$$

当计算方法掌握熟练后，以上三个步骤可以不用列出.

例 3　求 $f(x) = \sin x$ 的导数.

解
$$f'(x) = \lim\limits_{\Delta x \to 0} \dfrac{\sin(x + \Delta x) - \sin x}{\Delta x}$$

$$= \lim\limits_{\Delta x \to 0} \dfrac{2\cos\left(x + \dfrac{\Delta x}{2}\right)\sin\left(\dfrac{\Delta x}{2}\right)}{\Delta x}$$

$$= \lim\limits_{\Delta x \to 0} \dfrac{\sin\left(\dfrac{\Delta x}{2}\right)}{\dfrac{\Delta x}{2}} \cdot \cos\left(x + \dfrac{\Delta x}{2}\right) = \cos x ,$$

即 $(\sin x)' = \cos x$.

类似地可以求得 $(\cos x)' = -\sin x$.

例 4 求 $f(x) = \log_a x \ (a > 0,\ a \neq 1,\ x > 0)$ 的导数.

解
$$
f'(x) = \lim_{\Delta x \to 0} \frac{\log_a(x + \Delta x) - \log_a x}{\Delta x}
$$

$$
= \lim_{\Delta x \to 0} \frac{\log_a\left(1 + \dfrac{\Delta x}{x}\right)}{\Delta x} = \lim_{\Delta x \to 0} \log_a\left(1 + \frac{\Delta x}{x}\right)^{\frac{1}{\Delta x}}
$$

$$
= \lim_{\Delta x \to 0} \frac{1}{x} \log_a\left(1 + \frac{\Delta x}{x}\right)^{\frac{x}{\Delta x}} = \log_a \lim_{\Delta x \to 0} \left[\left(1 + \frac{\Delta x}{x}\right)^{\frac{x}{\Delta x}}\right]^{\frac{1}{x}}
$$

$$
= \frac{1}{x} \log_a \mathrm{e} = \frac{1}{x \ln a},
$$

即 $(\log_a x)' = \dfrac{1}{x \ln a}$.

特别地，当 $a = \mathrm{e}$ 时，可得 $(\ln x)' = \dfrac{1}{x}$.

2.1.3 导数的应用分析——变化率模型

在各个领域的实际问题中，数学上的导数概念表示的是各种各样的变化率问题. 为了更深刻地理解变化率，掌握用导数表示变化率的方法，下面通过几个应用案例进行说明.

（1）切线的斜率.

设曲线 $y = f(x)$ 在点 $M[x_0, f(x_0)]$ 处有切线且斜率存在，求曲线 $y = f(x)$ 在点 $M[x_0, f(x_0)]$ 处的切线斜率.

由引例 2 及导数的定义可知：函数 $y = f(x)$ 在点 x_0 处的导数 $f'(x_0)$ 在几何上表示曲线 $y = f(x)$ 在点 $M(x_0, y_0)$ 处的切线的斜率，即

$$
f'(x_0) = \tan \alpha,
$$

其中 α 是切线的倾斜角.

根据导数的几何意义并应用直线的点斜式方程可知，曲线 $f(x)$ 在点 $M(x_0, y_0)$ 处的切线方程为

$$
y - y_0 = f'(x_0)(x - x_0).
$$

过切点 $M(x_0, y_0)$ 与切线垂直的直线叫作曲线 $f(x)$ 在点 $M(x_0, y_0)$ 处的法线.

若 $f'(x_0) \neq 0$，则法线方程为

$$
y - y_0 = -\frac{1}{f'(x_0)}(x - x_0).
$$

例 5 求曲线 $y = x^3$ 在点 $(2, 8)$ 处的切线斜率，并写出该点处的切线方程和法线方程.

解 由导数的几何意义可知，所求的切线斜率为

$$
k = y'|_{x=2} = 3x^2|_{x=2} = 12,
$$

从而所求的切线方程为

$$
y - 8 = 12(x - 2),
$$

即 $12x - y - 16 = 0$.

所求法线的斜率为

$$-\frac{1}{k} = -\frac{1}{12},$$

于是所求的法线方程为

$$y - 8 = -\frac{1}{12}(x - 2),$$

即 $x + 12y - 98 = 0$.

（2）速度、加速度.

由引例 1 可知，若物体的运动方程为 $s = s(t)$，则物体在时刻 t 的瞬时速度为

$$v = \lim_{\Delta t \to 0} \frac{\Delta s}{\Delta t} = s'(t).$$

因为加速度（用于描述速度变化的快慢程度）是速度关于时间的变化率，所以物体在时刻 t 的加速度为

$$a = \lim_{\Delta t \to 0} \frac{\Delta v}{\Delta t} = v'(t).$$

（3）电流强度.

电路中电荷的定向移动形成电流. 通过导体横截面的电荷量 Q 与所用时间 t 之比称为电流强度，简称电流 i. 已知导体内的电荷随时间变化为 $Q = Q(t)$，那么在时间段 $[t, t + \Delta t]$ 的平均电流 $i = \frac{\Delta Q}{\Delta t}$，时刻 t 的电流 $i = \lim_{\Delta t \to 0} \frac{\Delta Q}{\Delta t} = \frac{\mathrm{d}Q(t)}{\mathrm{d}t}$.

2.1.4　可导与连续的关系

可导性与连续性是函数的两个重要概念，它们之间有什么内在的联系呢？

定理　如果函数 $y = f(x)$ 在点 x_0 处可导，则函数 $y = f(x)$ 在点 x_0 处必连续.

注意　上述定理的逆定理是不成立的，即如果函数 $y = f(x)$ 在点 x_0 处连续，则在该点不一定可导.

例 6　讨论函数 $y = \sqrt[3]{x}$ 在 $x = 0$ 处的可导性.

解　函数 $y = \sqrt[3]{x}$ 在区间 $(-\infty, +\infty)$ 内连续，但在 $x = 0$ 处不可导. 这是因为在 $x = 0$ 处，有

$$\lim_{\Delta x \to 0} \frac{\Delta y}{\Delta x} = \lim_{\Delta x \to 0} \frac{\sqrt[3]{0 + \Delta x} - \sqrt[3]{0}}{\Delta x}$$

$$= \lim_{\Delta x \to 0} (\Delta x)^{-\frac{2}{3}} = \infty.$$

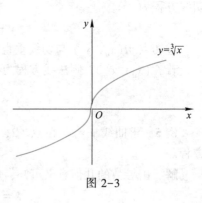

图 2-3

函数 $y = \sqrt[3]{x}$ 在 $x = 0$ 处的导数为无穷大，即极限不存在. 曲线 $y = \sqrt[3]{x}$ 在 $x = 0$ 处具有垂直于 x 轴的切线，如图 2-3 所示.

例 7　函数 $y = |x|$ 在 $x = 0$ 处是否连续？是否可导？

解 （1）连续性.

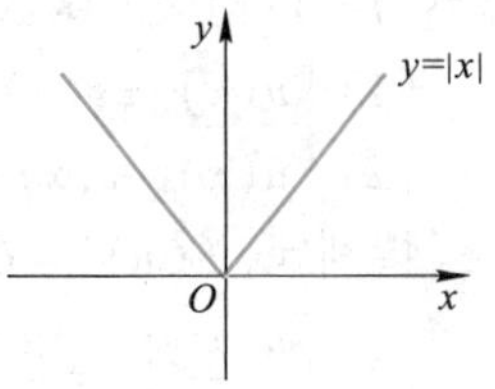

因为 $\Delta y = |0 + \Delta x| - |0| = |\Delta x|$，

于是 $\lim\limits_{\Delta x \to 0} \Delta y = \lim\limits_{\Delta x \to 0} |\Delta x| = 0$，

所以 $y = |x|$ 在 $x = 0$ 处连续.

（2）可导性.

由于 $\lim\limits_{\Delta x \to 0} \dfrac{\Delta y}{\Delta x} = \lim\limits_{\Delta x \to 0} \dfrac{|\Delta x|}{\Delta x}$，所以

$$\lim_{\Delta x \to 0^+} \frac{\Delta y}{\Delta x} = \lim_{\Delta x \to 0^+} \frac{|\Delta x|}{\Delta x} = \lim_{\Delta x \to 0^+} \frac{\Delta x}{\Delta x} = 1 \ ,$$

$$\lim_{\Delta x \to 0^-} \frac{\Delta y}{\Delta x} = \lim_{\Delta x \to 0^-} \frac{|\Delta x|}{\Delta x} = \lim_{\Delta x \to 0^-} \frac{-\Delta x}{\Delta x} = -1 \ ,$$

故极限 $\lim\limits_{\Delta x \to 0} \dfrac{\Delta y}{\Delta x}$ 不存在，所以函数 $y = |x|$ 在 $x = 0$ 处不可导，如图 2-4 所示.

由上述两例说明，函数连续是可导的必要条件，而非充分条件.

图 2-4

习题 2.1

1. 根据导数的定义求下列函数在指定点的导数：

（1）$f(x) = x^2 - 3$，$x = 3$；　　（2）$f(x) = \dfrac{2}{x}$，$x = 1$.

习题 2.1 答案

2. 一物体作变速直线运动，它所经过的路程和时间的关系是 $s = 6t^2 + 3$，求 $t = 3$ 时的瞬时速度.

3. 求正弦曲线 $y = \sin x$ 在点 $\left(\dfrac{\pi}{3}, \dfrac{\sqrt{3}}{2} \right)$ 处的切线方程和法线方程.

4. 曲线 $y = \ln x$ 上哪一点的切线平行于直线 $x - 2y - 2 = 0$.

5. 某厂生产某种产品，总成本 C 是产量 Q 的函数，$C(Q) = 0.05Q^2 + 4Q + 200$（单位：元），求边际成本函数及产量 $Q = 200$ 时的边际成本.

6. 讨论函数 $f(x) = \begin{cases} x\sin\dfrac{1}{x}, & x \neq 0 \\ 0, & x = 0 \end{cases}$ 在 $x = 0$ 处的连续性与可导性.

§2.2　导数的运算法则

前面根据导数的定义，求出了一些简单函数的导数，但是对于比较复杂的函数，直接根据定义来求其导数往往很困难. 在本节里，我们将介绍一些求导数的基本法则和基本初等函数的求导公式，利用这些法则和公式就能比较方便地求出常见初等函数的导数.

2.2.1　导数的四则运算法则

定理 1　设函数 $u = u(x)$ 和 $v = v(x)$ 在点 x 处都可导，则它们的和、差、积、商（分

母不为零）构成的函数在点 x 处也都可导，且有以下法则：

（1）$[u(x) \pm v(x)]' = u'(x) \pm v'(x)$；

（2）$[u(x) \cdot v(x)]' = u'(x)v(x) + u(x)v'(x)$；

特别地，$(Cu)' = Cu'$（C 是常数）；

函数的求导法则

（3）$\left[\dfrac{u(x)}{v(x)}\right]' = \dfrac{u'(x)v(x) - u(x)v'(x)}{v^2(x)}$ $\quad [v(x) \neq 0]$；

特别地，$\left[\dfrac{C}{v(x)}\right]' = \dfrac{-Cv'(x)}{v^2(x)}$ $\quad [v(x) \neq 0]$．

其中，（1）、（2）两式均可推广到有限多个函数运算的情形．例如，设 $u = u(x)$、$v = v(x)$、$w = w(x)$ 均可导，则有

$$(u - v + w)' = u' - v' + w'$$；

$$(uvw)' = u'vw + uv'w + uvw'$$．

例 1　已知 $f(x) = x^3 - \dfrac{3}{x^2} + 2x - \ln x$，求 $f'(x)$．

解　$f'(x) = \left(x^3 - \dfrac{3}{x^2} + 2x - \ln x\right)'$

$= (x^3)' - \left(\dfrac{3}{x^2}\right)' + (2x)' - (\ln x)'$

$= 3x^2 + \dfrac{6}{x^3} - \dfrac{1}{x} + 2$．

例 2　已知 $f(x) = x^5 \sin x$，求 $f'(x)$．

解　$f'(x) = (x^5)' \sin x + x^5 (\sin x)'$

$= 5x^4 \sin x + x^5 \cos x$．

例 3　求 $y = x^3 \ln x + 2\cos x$ 的导数．

解　$y' = (x^3 \ln x + 2\cos x)' = (x^3)' \ln x + x^3 (\ln x)' + 2(\cos x)'$

$= 3x^2 \ln x + x^3 \cdot \dfrac{1}{x} + 2(-\sin x) = 3x^2 \ln x + x^2 - 2\sin x$．

例 4　已知 $f(x) = \tan x$，求 $f'(x)$．

解　$f'(x) = (\tan x)' = \left(\dfrac{\sin x}{\cos x}\right)' = \dfrac{(\sin x)' \cos x - \sin x(\cos x)'}{\cos^2 x}$

$= \dfrac{\cos x \cdot \cos x - \sin x(-\sin x)}{\cos^2 x} = \dfrac{1}{\cos^2 x} = \sec^2 x$．

即 $(\tan x)' = \sec^2 x$．

类似地，可得

$$(\cot x)' = -\csc^2 x$$，

$$(\sec x)' = \sec x \tan x$$，

$$(\csc x)' = -\csc x \cot x$$．

2.2.2　反函数的导数

定理 2　如果函数 $x = \varphi(y)$ 在某一区间内单调、可导，且 $\varphi'(y) \neq 0$，则它的反函数

$y = f(x)$ 在对应区间内单调、可导，且有

$$f'(x) = \frac{1}{\varphi'(y)}.$$

也就是说，反函数的导数等于直接函数导数的倒数.

例 5　求函数 $y = a^x$ $(a > 0$ 且 $a \neq 1)$ 的导数.

解　对数函数 $x = \log_a y$ 在区间 $(0, +\infty)$ 内单调、可导，且

$$(\log_a y)' = \frac{1}{y \ln a} \neq 0,$$

由定理 2 知：它的反函数 $y = a^x$ 在对应区间 $(-\infty, +\infty)$ 内单调、可导，且

$$(a^x)' = \frac{1}{(\log_a y)'} = \frac{1}{\dfrac{1}{y \ln a}} = y \ln a = a^x \ln a,$$

即 $(a^x)' = a^x \ln a$.

特别地，当 $a = e$ 时，有 $(e^x)' = e^x$.

例 6　求函数 $y = \arcsin x$ 的导数.

解　函数 $x = \sin y$ 在区间 $\left(-\dfrac{\pi}{2}, \dfrac{\pi}{2}\right)$ 内单调、可导，且

$$(\sin y)' = \cos y > 0,$$

由定理 2 知：它的反函数 $y = \arcsin x$ 在对应区间 $(-1, 1)$ 内单调、可导，且

$$(\arcsin x)' = \frac{1}{(\sin y)'} = \frac{1}{\cos y}.$$

而当 $y \in \left(-\dfrac{\pi}{2}, \dfrac{\pi}{2}\right)$ 时，$\cos y = \sqrt{1 - \sin^2 y} = \sqrt{1 - x^2}$，因此

$$(\arcsin x)' = \frac{1}{\sqrt{1 - x^2}}.$$

类似地，可得 $(\arccos x)' = -\dfrac{1}{\sqrt{1 - x^2}}$.

例 7　求函数 $y = \arctan x$ 的导数.

解　函数 $x = \tan y$ 在区间 $\left(-\dfrac{\pi}{2}, \dfrac{\pi}{2}\right)$ 内单调、可导，且

$$(\tan y)' = \sec^2 y \neq 0,$$

由定理 2 知：它的反函数 $y = \arctan x$ 在对应区间 $(-\infty, \infty)$ 内单调、可导，且

$$(\arctan x)' = \frac{1}{(\tan y)'} = \frac{1}{\sec^2 y} = \frac{1}{1 + \tan^2 y} = \frac{1}{1 + x^2}.$$

即 $(\arctan x)' = \dfrac{1}{1 + x^2}$.

类似地，可得 $(\text{arccot } x)' = -\dfrac{1}{1 + x^2}$.

为了方便学习，将 16 个基本初等函数的求导公式进行归纳，见表 2-1.

表 2-1 导数的 16 个基本公式

公　式	公　式
$(C)' = 0$	$(x^\alpha)' = \alpha x^{\alpha-1}$
$(\sin x)' = \cos x$	$(\cos x)' = -\sin x$
$(\tan x)' = \sec^2 x = \dfrac{1}{\cos^2 x}$	$(\cot x)' = -\csc^2 x = -\dfrac{1}{\sin^2 x}$
$(\sec x)' = \sec x \cdot \tan x$	$(\csc x)' = -\csc x \cdot \cot x$
$(a^x)' = a^x \ln a$	$(e^x)' = e^x$
$(\log_a x)' = \dfrac{1}{x \ln a}$	$(\ln x)' = \dfrac{1}{x}$
$(\arcsin x)' = \dfrac{1}{\sqrt{1-x^2}}$	$(\arccos x)' = -\dfrac{1}{\sqrt{1-x^2}}$
$(\arctan x)' = \dfrac{1}{1+x^2}$	$(\operatorname{arccot} x)' = -\dfrac{1}{1+x^2}$

2.2.3 复合函数的导数

引例 求函数 $y = \sin 2x$ 的导数.

解 因为 $y = \sin 2x = 2\sin x\cos x$，所以

$$y' = (2\sin x\cos x)' = 2\big[(\sin x)'\cos x + \sin x(\cos x)'\big]$$
$$= 2(\cos^2 x - \sin^2 x) = 2\cos 2x.$$

由上述引例的计算结果发现：$(\sin 2x)' \neq \cos 2x$，所以求函数 $y = \sin 2x$ 的导数不能直接应用基本的求导公式.

对于函数 $y = \sin 2x$，很显然它是复合函数，是由 $y = \sin u$ 和 $u = 2x$ 复合而成的.

而 $y = \sin u$ 的导数 $\dfrac{\mathrm{d}y}{\mathrm{d}u} = \cos u$，$u = 2x$ 的导数 $\dfrac{\mathrm{d}u}{\mathrm{d}x} = 2$.

显然，函数 $y = \sin 2x$ 的导数 $\dfrac{\mathrm{d}y}{\mathrm{d}x} = \dfrac{\mathrm{d}y}{\mathrm{d}u} \cdot \dfrac{\mathrm{d}u}{\mathrm{d}x} = 2\cos u = 2\cos 2x$.

对于复合函数的求导问题，有如下定理：

定理 3 若函数 $u = \varphi(x)$ 在点 x 处可导，而函数 $y = f(u)$ 在点 u 处可导，则复合函数 $y = f[\varphi(x)]$ 在点 x 处可导，且有

$$\frac{\mathrm{d}y}{\mathrm{d}x} = \frac{\mathrm{d}y}{\mathrm{d}u} \cdot \frac{\mathrm{d}u}{\mathrm{d}x} \quad \text{或} \quad y'_x = y'_u \cdot u'_x.$$

上式就是复合函数的求导公式，复合函数的导数等于已知函数对中间变量的导数乘以中间变量对自变量的导数.

定理 3 可以推广到有限个中间变量的情形. 例如，设

$$y = f(u),\ u = g(v),\ v = \varphi(x),$$

则复合函数 $y = f\{g[\varphi(x)]\}$ 的导数为

$$y'_x = f'_u \cdot g'_v \cdot \varphi'_x.$$

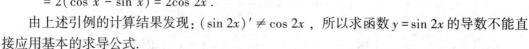

复合函数的求导法则

例 8　求函数 $y = \sqrt{x^2 + 1}$ 的导数.

解　$y = \sqrt{x^2 + 1}$ 可看作由 $y = \sqrt{u}$ 和 $u = x^2 + 1$ 复合而成.

因为　$\dfrac{\mathrm{d}y}{\mathrm{d}u} = \dfrac{1}{2\sqrt{u}}$，$\dfrac{\mathrm{d}u}{\mathrm{d}x} = 2x$，故

$$\frac{\mathrm{d}y}{\mathrm{d}x} = \frac{\mathrm{d}y}{\mathrm{d}u} \cdot \frac{\mathrm{d}u}{\mathrm{d}x} = \frac{1}{2\sqrt{u}} \cdot 2x = \frac{x}{\sqrt{x^2 + 1}}.$$

例 9　求函数 $y = \ln[\sin(\mathrm{e}^x)]$ 的导数.

解　$y = \ln[\sin(\mathrm{e}^x)]$ 可看作由 $y = \ln u$，$u = \sin v$，$v = \mathrm{e}^x$ 复合而成.

因为 $y'_x = y'_u \cdot u'_v \cdot v'_x$，故

$$y'_x = (\ln u)' \cdot (\sin v)' \cdot (\mathrm{e}^x)'$$

$$= \frac{1}{u} \cdot \cos v \cdot \mathrm{e}^x = \frac{\cos(\mathrm{e}^x)}{\sin(\mathrm{e}^x)} \cdot \mathrm{e}^x = \mathrm{e}^x \cdot \cot(\mathrm{e}^x).$$

注意　熟练掌握复合函数求导运算后，可不必再写出中间变量，而直接由外向里、逐层求导即可，但是千万要分清楚函数的复合过程.

例 10　求函数 $y = \tan x^2$ 的导数.

解　$\dfrac{\mathrm{d}y}{\mathrm{d}x} = (\tan x^2)' = \sec^2 x^2 \cdot (x^2)' = 2x\sec^2 x^2.$

例 11　求函数 $y = \sin^2(x^3 + 1)$ 的导数.

解　$y'_x = [\sin^2(x^3 + 1)]' = 2\sin(x^3 + 1) \cdot [\sin(x^3 + 1)]'$

$$= 2\sin(x^3 + 1) \cdot \cos(x^3 + 1) \cdot (x^3 + 1)'$$

$$= 3x^2\sin[2(x^3 + 1)].$$

思考　如何求解初等函数 $y = x \cdot \cos x + \sin x^2$ 的导数？

2.2.4　隐函数的导数

1. 隐函数求导法

前面所遇到的函数都是 $y = f(x)$ 的形式，这样的函数叫作显函数，如

$y = \sin 3x$、$y = \ln x - \tan x$ 等. 有些函数的表达式却不是这样，例如方程 $\cos(xy) + \mathrm{e}^y = y^2$ 也表示一个函数，因为自变量 x 在某个定义域内取值时，变量 y 有唯一确定的值与之对应，这样由方程 $f(x, y) = 0$ 的形式所确定的函数叫作隐函数.

隐函数的导数

例 12　求由方程 $x^3 + y^3 - 3 = 0$ 所确定的隐函数 $y = f(x)$ 的导数.

解　方程两边同时对 x 求导，注意 y 是 x 的函数，得

$$(x^3)' + (y^3)' - (3)' = 0,$$

$$3x^2 + 3y^2y' = 0.$$

从中解出隐函数的导数为

$$y'_x = -\frac{x^2}{y^2} \ (y^2 \neq 0).$$

例 13　求由方程 $\mathrm{e}^y - xy - \sin x = 1$ 所确定的隐函数 $y = f(x)$ 的导数 y'，并求 $y'(0)$.

解　方程两边同时对 x 求导，得

$$(e^y)' - (xy)' - (\sin x)' = (1)',$$
$$e^y y' - y - xy' - \cos x = 0$$
$$y' = \frac{y + \cos x}{e^y - x}.$$

又因为 $x = 0$ 时 $y = 0$，所以 $y'(0) = 1$.

注意 （1）方程两端同时对 x 求导，有时要把 y 当作 x 的复合函数的中间变量看待，用复合函数的求导法则，如 $(\cos y)' = -\sin y \cdot y'$；

（2）从求导后的方程中解出 y'；

（3）在隐函数导数中，允许用 x、y 两个变量来表示，若求导数值，不但要把 x 值代进去，还要把对应的 y 值代进去.

例 14 求由方程 $y = \cos(x + y) + y^4$ 所确定的隐函数 $y = f(x)$ 的导数.

解 方程两边同时对 x 求导，得

$$y' = \cos'(x + y) + (y^4)'$$
$$= -\sin(x + y)(x + y)' + 4y^3 y'$$
$$= -\sin(x + y)(1 + y') + 4y^3 y'$$
$$y' = \frac{-\sin(x + y)}{1 + \sin(x + y) - 4y^3}.$$

2. 对数求导法

幂指函数 $y = u(x)^{v(x)}$ 是没有求导公式的. 对于这类函数，可以先在函数两边取自然对数化幂指函数为隐函数，然后在等式两边同时对自变量 x 求导，最后解出所求导数 y'. 我们把这种求导法称为对数求导法.

同时对于有些由几个因子通过连乘、连除、开方或乘方所构成的比较复杂的函数，虽然可以用运算法则来求导数或微分，但往往比较麻烦，我们也可以通过对数求导法来进行求解.

例 15 求函数 $y = x^{\sin x}(x > 0)$ 的导数.

解法一 利用对数求导法求导.

方程两端同时取对数，得

$$\ln y = \sin x \ln x,$$

上式两边同时对 x 求导，得

$$\frac{1}{y}y' = \cos x \ln x + \sin x \cdot \frac{1}{x},$$

于是

$$y' = y\left(\cos x \ln x + \frac{\sin x}{x}\right)$$
$$= x^{\sin x}\left(\cos x \ln x + \frac{\sin x}{x}\right).$$

解法二 将幂指函数变成复合函数，再求导.

对 $y = e^{\sin x \ln x}$，由复合函数求导法可得

$$y' = (e^{\sin x \ln x})' = e^{\sin x \ln x}(\sin x \cdot \ln x)'$$
$$= e^{\sin x \ln x}(\cos x \cdot \ln x + \frac{1}{x}\sin x)$$

$$= x^{\sin x}\left(\cos x \cdot \ln x + \frac{1}{x}\sin x\right).$$

例 16　求函数 $y = \sqrt{\dfrac{(x-1)(x-2)}{(x-3)(x-4)}}$ 的导数 $(x > 4)$.

解　方程两端同时取对数，得

$$\ln y = \frac{1}{2}\left[\ln(x-1) + \ln(x-2) - \ln(x-3) - \ln(x-4)\right].$$

再两边对 x 求导，得

$$\frac{1}{y} \cdot y' = \frac{1}{2}\left(\frac{1}{x-1} + \frac{1}{x-2} - \frac{1}{x-3} - \frac{1}{x-4}\right).$$

于是得

$$y' = \frac{1}{2}\sqrt{\frac{(x-1)(x-2)}{(x-3)(x-4)}} \cdot \left(\frac{1}{x-1} + \frac{1}{x-2} - \frac{1}{x-3} - \frac{1}{x-4}\right).$$

2.2.5　高阶导数

高阶导数

1. 高阶导数的概念

定义　如果函数 $y = f(x)$ 的导数仍是 x 的可导函数，那么 $y' = f'(x)$ 的导数就叫作原来的函数 $y = f(x)$ 的二阶导数，记作

$$f''(x)、y''、\frac{\mathrm{d}^2 y}{\mathrm{d}x^2} \text{ 或 } \frac{\mathrm{d}^2 f(x)}{\mathrm{d}x^2},$$

即

$$y'' = (y')' \text{ 或 } \frac{\mathrm{d}^2 y}{\mathrm{d}x^2} = \frac{\mathrm{d}}{\mathrm{d}x}\left(\frac{\mathrm{d}y}{\mathrm{d}x}\right).$$

相应地，把 $y = f(x)$ 的导数 $y' = f'(x)$ 称为函数 $y = f(x)$ 的一阶导数.

类似地，二阶导数的导数叫作三阶导数，三阶导数的导数叫作四阶导数，…，一般地，$n-1$ 阶导数的导数叫作 n 阶导数，分别记作 y''', $y^{(4)}$, …, $y^{(n)}$ 或 $\dfrac{\mathrm{d}^3 y}{\mathrm{d}x^3}$, $\dfrac{\mathrm{d}^4 y}{\mathrm{d}x^4}$, …, $\dfrac{\mathrm{d}^n y}{\mathrm{d}x^n}$.

二阶以及二阶以上的导数统称为高阶导数.

由上述定义可知，求函数的高阶导数，只要逐阶求导，直到所要求的阶数即可，所以仍用前面的求导方法来计算高阶导数.

2. 高阶导数的计算

例 17　求函数 $y = \mathrm{e}^{-2x}$ 的二阶导数 y'' 和三阶导数 y'''.

解　$y' = (\mathrm{e}^{-2x})' = \mathrm{e}^{-2x}(-2x)' = -2\mathrm{e}^{-2x}$,

$\quad y'' = (-2\mathrm{e}^{-2x})' = -2\mathrm{e}^{-2x}(-2x)' = 4\mathrm{e}^{-2x}$,

$\quad y''' = (4\mathrm{e}^{-2x})' = 4\mathrm{e}^{-2x}(-2x)' = -8\mathrm{e}^{-2x}$.

例 18　求函数 $y = \mathrm{e}^t \sin t$ 的二阶导数 y''.

解　$y' = (\mathrm{e}^t \sin t)' = \mathrm{e}^t \sin t + \mathrm{e}^t \cos t$

$$= e^t (\sin t + \cos t) ,$$
$$y'' = \left[e^t (\sin t + \cos t) \right]'$$
$$= e^t (\sin t + \cos t) + e^t (\cos t - \sin t)$$
$$= 2e^t \cos t .$$

下面介绍几个求初等函数的 n 阶导数的例子.

例 19　$y = x^{\alpha}$ （$\alpha \in \mathbf{R}$），求 $y^{(n)}$.

解
$$y' = \alpha x^{\alpha-1} , \quad y'' = \alpha \cdot (\alpha - 1) \cdot x^{\alpha-2} ,$$
$$y''' = \alpha \cdot (\alpha - 1) \cdot (\alpha - 2) \cdot x^{\alpha-3} ,$$
$$y^{(4)} = \alpha \cdot (\alpha - 1) \cdot (\alpha - 2) \cdot (\alpha - 3) \cdot x^{\alpha-4} ,$$

一般地，可得
$$y^{(n)} = \alpha \cdot (\alpha - 1) \cdot (\alpha - 2) \cdot (\alpha - 3) \cdot \cdots \cdot (\alpha - n + 1) \cdot x^{\alpha-n} .$$

例 20　$y = \sin x$，求 $y^{(n)}$.

解
$$y' = \cos x = \sin\left(x + \frac{\pi}{2} \right) ,$$
$$y'' = -\sin x = \sin\left(x + 2 \cdot \frac{\pi}{2} \right) ,$$
$$y''' = -\cos x = \sin\left(x + 3 \cdot \frac{\pi}{2} \right) ,$$
$$y^{(4)} = \sin x = \sin\left(x + 4 \cdot \frac{\pi}{2} \right) ,$$

一般地，有
$$y^{(n)} = \sin\left(x + n \cdot \frac{\pi}{2} \right) .$$

类似地，可以求得
$$(\cos x)^{(n)} = \cos\left(x + n \cdot \frac{\pi}{2} \right) .$$

思考　已知 $y = a^x$，如何求 $y^{(n)}$?

3. 二阶导数的物理意义

我们知道，作变速直线运动的物体的速度 $v(t)$ 是路程 $s(t)$ 对时间 t 的导数，即
$$v(t) = s'(t) .$$

而加速度 a 又是速度 v 对时间 t 的变化率，即速度 v 对时间 t 的导数，所以加速度是路程 $s(t)$ 对时间 t 的二阶导数：
$$a = v'(t) = s''(t) .$$

例 21　已知物体作变速直线运动，其运动方程为
$$s = A\cos(\omega t + \varphi)（A、\omega、\varphi \text{是常数}），$$
求物体运动的速度和加速度.

解　因为 $s = A\cos(\omega t + \varphi)$，所以

$$v = s' = -A\omega\sin(\omega t + \varphi) \, ,$$
$$a = s'' = -A\omega^2\cos(\omega t + \varphi) \, .$$

习题 2.2

习题 2.2 答案

1. 求下列函数的导数：

(1) $y = \dfrac{1}{x} - \sqrt{x} - e^2$ ；

(2) $y = \dfrac{x}{4^x}$ ；

(3) $y = \sqrt{x} \cdot \csc x$ ；

(4) $y = x^2\arctan x - \ln x$ ；

(5) $y = e^{\sin x}$ ；

(6) $y = \arcsin(3x^2)$ ；

(7) $y = \sqrt{1 - 2x^2}$ ；

(8) $y = \ln\cos\sqrt{x}$ ；

(9) $y = e^{-3x}\cos 2x$ ；

(10) $y = \ln(\sec x + \tan x)$ ；

(11) $y = \dfrac{x}{\sqrt{1 - x^2}}$ ；

(12) $y = \ln[\ln(\ln x)]$ ；

(13) $y = (x + 1)^{\sin x}$ ；

(14) $y = \dfrac{\sqrt{x + 1}\,(2 - x)^2}{(2x - 1)^3}$.

2. 求由下列方程所确定的隐函数 y 的导数：

(1) $xy - e^x + e^y = 0$；

(2) $y\sin x - \cos(x - y) = 0$；

(3) $x = y + \arctan y$ ；

(4) $e^{xy} + y\ln x = \cos 2x$.

3. 求下列函数的二阶导数：

(1) $y = 2x^2 + \ln x$ ；

(2) $y = e^{2x-1}$ ；

4. 求下列函数的 n 阶导数：

(1) $y = \ln(x + 1)$ ；

(2) $y = xe^x$.

5. 设 $f(x) = x\tan x + \dfrac{1}{2}\cos x$ ，求 $f'\left(\dfrac{\pi}{4}\right)$.

6. 求曲线 $2y^2 = x^2(x + 1)$ 在点（1，1）处的切线方程.

§2.3 函数的微分

2.3.1 微分的定义

引例 一块正方形金属薄片受温度变化的影响，其边长由 x_0 变到 $x_0 + \Delta x$ （图 2-5），问此薄片的面积改变了多少?

解 设正方形边长为 x 时，面积为 A ，则

$$A = x^2 .$$

当正方形边长由 x_0 变到 $x_0 + \Delta x$ 时，面积的改变量

$$\Delta A = A(x_0 + \Delta x) - A(x_0) = (x_0 + \Delta x)^2 - x_0{}^2$$

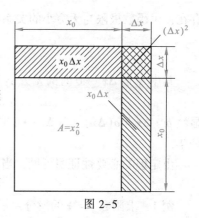

图 2-5

$$= 2x_0\Delta x + (\Delta x)^2.$$

上式中 ΔA 包含两部分：第一部分 $2x_0\Delta x$ 是 Δx 的线性函数，即图 2-5 中带有斜线的两个矩形面积之和；第二部分 $(\Delta x)^2$ 当 $\Delta x \to 0$ 时是比 Δx 高阶的无穷小，即 $(\Delta x)^2 = o(\Delta x)$，它在图 2-5 中是带有交叉斜线的小正方形的面积.

当 Δx 很小时，面积的改变量可近似地用第一部分来代替，而省略第二部分 $(\Delta x)^2$.

根据上面的讨论，ΔA 可以表示为

$$\Delta A = 2x_0\Delta x + o(\Delta x),$$

其中第一部分 $2x_0\Delta x$ 叫作函数 $A = x^2$ 在点 x_0 处的微分.

一般地，有下面的定义：

定义　设函数 $y=f(x)$ 在点 x 的某一邻域内有定义，如果函数的增量 $\Delta y=f(x+\Delta x)-f(x)$ 可以表示为

$$\Delta y = A\Delta x + o(\Delta x),$$

其中 A 不依赖 Δx，而 $o(\Delta x)$ 是比 Δx 高阶的无穷小，则称函数 $y=f(x)$ 在点 x 处可微，且称 $A\Delta x$ 为函数 $y=f(x)$ 在点 x 处相应于自变量增量 Δx 的微分，记作 $\mathrm{d}y$，即

$$\mathrm{d}y = A\Delta x.$$

下面讨论函数可微的条件.

定理　函数 $y=f(x)$ 在点 x 处可微的充分必要条件是它在点 x 处可导.

证　先证必要性. 设 $y=f(x)$ 在点 x 可微，那么按定义有

$$\Delta y = A\Delta x + o(\Delta x),$$

在等式两边除以 Δx，得

$$\frac{\Delta y}{\Delta x} = A + \frac{o(\Delta x)}{\Delta x},$$

因此，极限

$$\lim_{\Delta x \to 0}\frac{\Delta y}{\Delta x} = \lim_{\Delta x \to 0}A + \lim_{\Delta x \to 0}\frac{o(\Delta x)}{\Delta x} = A + 0 = A$$

存在，即 $y=f(x)$ 在点 x 处可导，且 $A = f'(x)$.

再证充分性. 设 $y=f(x)$ 在点 x 处可导，即极限

$$\lim_{\Delta x \to 0}\frac{\Delta y}{\Delta x} = f'(x)$$

存在，由函数极限与无穷小的关系定理可得

$$\frac{\Delta y}{\Delta x} = f'(x) + \alpha,$$

其中 α 是 $\Delta x \to 0$ 时的无穷小. 因此

$$\Delta y = f'(x)\Delta x + \alpha\Delta x,$$

显然 $\alpha \cdot \Delta x = o(\Delta x)$（当 $\Delta x \to 0$ 时），且 $f'(x)$ 不依赖 Δx，故 $f(x)$ 在点 x 处可微. 定理证毕.

由定理的必要性证明可见，当 $f(x)$ 在点 x 处可微时，其微分可表示为

$$\mathrm{d}y = f'(x)\Delta x.$$

例 1　求函数 $y = x$ 的微分.

解 因为 $y' = 1$，所以 $\mathrm{d}y = \mathrm{d}x = y'\Delta x = \Delta x$.

注意到当 $y = x$ 时，$\mathrm{d}x = \Delta x$，这表明自变量的微分等于自变量的改变量，所以函数的微分又可记作

$$\mathrm{d}y = f'(x)\mathrm{d}x.$$

这说明函数的微分是函数的导数与自变量微分的乘积.

由 $\mathrm{d}y = y'\mathrm{d}x$ 可得，$\dfrac{\mathrm{d}y}{\mathrm{d}x} = y'$，所以导数又称为微商.

2.3.2 基本初等函数的微分公式与微分运算法则

根据函数微分的表达式 $\mathrm{d}y = f'(x)\mathrm{d}x$，函数的微分等于函数的导数乘以自变量的微分（改变量），由此可以得到基本初等函数的微分公式和微分运算法则.

1. 基本初等函数的微分公式

16 个基本初等函数的微分公式见表 2-2.

表 2-2 微分的 16 个基本公式

公　式	公　式
$\mathrm{d}(C) = 0$	$\mathrm{d}(x^\alpha) = \alpha x^{\alpha-1}\mathrm{d}x$
$\mathrm{d}(a^x) = a^x\ln a\mathrm{d}x$	$\mathrm{d}(e^x) = e^x\mathrm{d}x$
$\mathrm{d}(\log_a x) = \dfrac{\mathrm{d}x}{x\ln a}$	$\mathrm{d}(\ln x) = \dfrac{\mathrm{d}x}{x}$
$\mathrm{d}(\sin x) = \cos x\mathrm{d}x$	$\mathrm{d}(\cos x) = -\sin x\mathrm{d}x$
$\mathrm{d}(\tan x) = \sec^2 x\mathrm{d}x$	$\mathrm{d}(\cot x) = -\csc^2 x\mathrm{d}x$
$\mathrm{d}(\sec x) = \sec x \cdot \tan x\mathrm{d}x$	$\mathrm{d}(\csc x) = -\csc x \cdot \cot x\mathrm{d}x$
$\mathrm{d}(\arcsin x) = \dfrac{\mathrm{d}x}{\sqrt{1-x^2}}$	$\mathrm{d}(\arccos x) = -\dfrac{\mathrm{d}x}{\sqrt{1-x^2}}$
$\mathrm{d}(\arctan x) = \dfrac{\mathrm{d}x}{1+x^2}$	$\mathrm{d}(\text{arccot } x) = -\dfrac{\mathrm{d}x}{1+x^2}$

2. 函数的和、差、积、商的微分法则

（1）$\mathrm{d}(u \pm v) = \mathrm{d}u \pm \mathrm{d}v$；　　　（2）$\mathrm{d}(C \cdot u) = C \cdot \mathrm{d}u$；

（3）$\mathrm{d}(uv) = u\mathrm{d}v + v\mathrm{d}u$；　　　（4）$\mathrm{d}\left(\dfrac{u}{v}\right) = \dfrac{v\mathrm{d}u - u\mathrm{d}v}{v^2}$.

3. 复合函数的微分法则

我们知道，如果函数 $y = f(u)$ 对 u 是可导的，则

（1）当 u 是自变量时，此时函数的微分为

$$\mathrm{d}y = f'(u)\mathrm{d}u;$$

（2）当 u 不是自变量，而是 $u = \varphi(x)$，为 x 的可导函数时，则 y 为 x 的复合函数. 根据复合函数求导公式，y 对 x 的导数为

$$\frac{\mathrm{d}y}{\mathrm{d}x} = f'(u)\varphi'(x).$$

于是

$$dy = f'(u)\varphi'(x)dx.$$

但是 $\varphi'(x)dx$ 就是函数 $u = \varphi(x)$ 的微分，即 $du = \varphi'(x)dx$，所以

$$dy = f'(u)du.$$

由此可见，对函数 $y = f(u)$ 来说，不论 u 是自变量还是自变量的可导函数，它的微分形式同样都是 $dy = f'(u)du$，这就叫作微分形式的不变性.

例2　求 $y = \cos(3x + 5)$ 的微分.

解　$dy = [\cos(3x + 5)]'dx$

$= -\sin(3x + 5)(3x + 5)'dx$

$= -3\sin(3x + 5)dx.$

例3　求 $y = \ln(1 + e^{2x})$ 的微分.

解　$dy = d[\ln(1 + e^{2x})] = \dfrac{1}{1 + e^{2x}}d(1 + e^{2x}) = \dfrac{2e^{2x}}{1 + e^{2x}}dx.$

例4　在下列等式左边的括号中填入适当的函数，使等式成立.

(1) $d(\quad) = x^2 dx$；　　　　(2) $d(\quad) = \cos 5t dt$.

解　(1) 因为 $d(x^3) = 3x^2 dx$，所以 $x^2 dx = \dfrac{1}{3}d(x^3) = d\left(\dfrac{x^3}{3}\right)$，于是 $d\left(\dfrac{x^3}{3} + C\right) = x^2 dx$（$C$ 为任意常数）；

(2) 因为 $d(\sin 5t) = 5\cos 5t dt$，所以 $\cos 5t dt = \dfrac{1}{5}d(\sin 5t) = d\left(\dfrac{1}{5}\sin 5t\right)$，于是 $d\left(\dfrac{1}{5}\sin 5t + C\right) = \cos 5t dt$（$C$ 为任意常数）.

2.3.3　微分的几何意义

设点 $M(x_0, y_0)$ 和点 $N(x_0 + \Delta x, y_0 + \Delta y)$ 是曲线 $y = f(x)$ 上的两个点，如图 2-6 所示. 从图中可以看出：

$$MQ = \Delta x,\ QN = \Delta y.$$

设切线 MT 的倾斜角为 α，则

$$dy = f'(x_0)\Delta x = \tan\alpha \cdot \Delta x = QP.$$

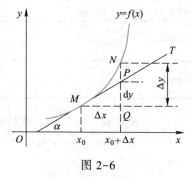

图 2-6

因此，函数 $y = f(x)$ 在点 x_0 处的微分 $dy|_{x=x_0}$ 在几何上表示为曲线 $y = f(x)$ 在点 $M(x_0, y_0)$ 处的切线 MT 的纵坐标的增量.

2.3.4　微分在近似计算中的应用

从前面的讨论知，当 $f'(x_0) \neq 0$ 且 $|\Delta x|$ 很小时，有

$$\Delta y \approx dy = f'(x_0)\Delta x. \tag{2-1}$$

因为 $\Delta y = f(x_0 + \Delta x) - f(x_0)$，故由式 (2-1) 得

$$f(x_0 + \Delta x) \approx f(x_0) + f'(x_0)\Delta x. \tag{2-2}$$

特别地，当式 (2-2) 中 $x_0 = 0$，$f'(0) \neq 0$ 时，则式 (2-2) 变为

$$f(x) \approx f(0) + f'(0)x \ (\,|x| \ \text{很小}\,). \tag{2-3}$$

由式（2-3）易推出下面几个工程上常用的近似公式：

（1）$\sin x \approx x$（x 用弧度作单位）；　　（2）$\tan x \approx x$（x 用弧度作单位）；

（3）$e^x \approx 1 + x$；　　　　　　　　　　（4）$\ln(1 + x) \approx x$；

（5）$\sqrt[n]{1 + x} \approx 1 + \dfrac{1}{n}x$.

1. 计算函数增量的近似值

当 $|\Delta x|$ 很小时，可得

$$\Delta y \approx dy = f'(x_0)\Delta x.$$

例5 求外直径为 10 cm，壳厚为 0.125 cm 的球壳体积的近似值.

解 设球体的直径为 x，体积为 V，则 $V = \dfrac{\pi}{6}x^3$，利用式（2-1），有

$$|\Delta V| \approx |dV| = \frac{\pi}{2}x_0^2 |\Delta x|.$$

取 $x_0 = 10$，$\Delta x = -2 \times 0.125 = -0.25$，得

$$|\Delta V| \approx \frac{\pi}{2}x_0^2 |\Delta x| = \frac{1}{2} \times 3.1416 \times 10^2 \times \frac{1}{4} \approx 39.27 \,(\text{cm}^3).$$

即球壳体积的近似值为 39.27 cm³.

2. 计算函数值的近似值

例6 计算 $\sin 31°$ 的近似值.

解 设 $f(x) = \sin x$，当 $|\Delta x|$ 很小时，利用式（2-2），得

$$\sin(x_0 + \Delta x) \approx \sin x_0 + \cos x_0 \cdot \Delta x.$$

取 $x_0 = \dfrac{\pi}{6}$，$\Delta x = \dfrac{\pi}{180}$，有

$$\sin 31° = \sin\left(\frac{\pi}{6} + \frac{\pi}{180}\right) \approx \sin\frac{\pi}{6} + \cos\frac{\pi}{6} \cdot \frac{\pi}{180}$$

$$= \frac{1}{2} + \frac{\sqrt{3}}{2} \cdot \frac{\pi}{180} \approx 0.5151.$$

例7 计算 $\sqrt[6]{65}$ 的近似值.

解 由式（2-3），有

$$\sqrt[6]{65} = \sqrt[6]{64 + 1} = 2\sqrt[6]{1 + \frac{1}{64}} \approx 2\left(1 + \frac{1}{6} \cdot \frac{1}{64}\right) = 2\frac{1}{192}.$$

例8 求 $e^{-0.001}$ 的近似值.

解 利用公式 $e^x \approx 1 + x$，得

$$e^{-0.001} \approx 1 + (-0.001) = 0.999.$$

在解决实际问题时，为了简化计算，经常要用到一些近似公式. 由微分得到的上述近

似公式，为解决近似计算中的某些问题提供了较好的方法.

3. 误差估计

如果某个量的精确值为 A ，它的近似值为 a ，那么 $|A-a|$ 称为近似值 a 的绝对误差，而绝对误差 $|A-a|$ 与 $|a|$ 的比值 $\dfrac{|A-a|}{|a|}$ 称为近似值 a 的相对误差.

在实际工作中，某个量的精确值往往是无法知道的，于是绝对误差和相对误差也就无法求得. 但是根据测量仪器的精度等因素，有时能够确定误差在某一个范围内. 如果某个量的精确值是 A ，测得它的近似值是 a ，又已知它的误差不超过 δ_A ，$|A-a| \leqslant \delta_A$ ，则 δ_A 叫作测量 A 的绝对误差限（简称绝对误差），$\dfrac{\delta_A}{|a|}$ 叫作测量 A 的相对误差限（简称相对误差）.

例 9 测得圆钢截面的直径 $D=60.03 \ \text{mm}$ ，测量 D 的绝对误差限 $\delta_D=0.05 \ \text{mm}$. 利用公式 $A=\dfrac{\pi}{4}D^2$ 计算圆钢的截面积时，试估计面积的误差.

解 $\Delta A \approx \mathrm{d}A = A'\Delta D = \dfrac{\pi}{2}D\Delta D$, $|\Delta A| \approx |\mathrm{d}A| = \dfrac{\pi}{2}D|\Delta D| \leqslant \dfrac{\pi}{2}D\delta_D$.

已知 $D=60.03 \ \text{mm}$ ，$\delta_D=0.05 \ \text{mm}$ ，所以，面积的绝对误差为

$$\delta_A = \frac{\pi}{2}D\delta_D = \frac{\pi}{2} \times 60.03 \times 0.05 = 4.715 \ (\text{mm}^2),$$

面积的相对误差为

$$\frac{\delta_A}{A} = \frac{\dfrac{\pi}{2}D\delta_D}{\dfrac{\pi}{4}D^2} = 2\frac{\delta_D}{D} = 2 \times \frac{0.05}{60.03} \approx 0.17\% .$$

习题 2.3

习题 2.3 答案

1. 求下列函数的微分：

（1）$y=\left[\ln(1-x)\right]^2$ ；

（2）$y=2^{\ln(\tan x)}$ ；

（3）$y=\tan^2(1+x^2)$ ；

（4）$y=\dfrac{\cos x}{1-x^2}$.

2. 将适当的函数填入下列括号内，使等式成立：

（1）$\mathrm{d}(\quad)=-5\mathrm{d}x$ ；

（2）$\mathrm{d}(\quad)=3x\mathrm{d}x$ ；

（3）$\mathrm{d}(\quad)=\mathrm{e}^{-2x}\mathrm{d}x$ ；

（4）$\mathrm{d}(\quad)=\dfrac{1}{x-2}\mathrm{d}x$ ；

（5）$\mathrm{d}(\quad)=\dfrac{2}{\sqrt{1-4x^2}}\mathrm{d}x$ ；

（6）$\mathrm{d}(\quad)=\sec^2 2x\,\mathrm{d}(2x)$ ；

（7）$\mathrm{d}(\arctan 5x)=(\quad)\mathrm{d}(5x)$ ；

（8）$\mathrm{d}(5^{x^3})=(\quad)\mathrm{d}(x^3)=(\quad)\mathrm{d}x$.

3. 利用微分求下列各数的近似值：

（1）$\sin 59°30'$ ；

（2）$\arctan 1.05$ ；

(3) $\sqrt{0.97}$; (4) $\ln 0.98$.

§2.4 导数的应用

2.4.1 洛必达法则

两个无穷小之比或两个无穷大之比的极限称为未定式极限（或未定型极限），分别记为 $\dfrac{0}{0}$ 型或 $\dfrac{\infty}{\infty}$ 型未定式. 本节将介绍一种求未定式极限的简便而重要的法则——洛必达法则.

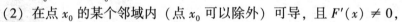

$\dfrac{0}{0}$ 型未定式

1. $\dfrac{0}{0}$ 型未定式

定理 1 如果函数 $f(x)$ 与 $F(x)$ 满足条件：

(1) $\lim\limits_{x \to x_0} f(x) = \lim\limits_{x \to x_0} F(x) = 0$,

(2) 在点 x_0 的某个邻域内（点 x_0 可以除外）可导，且 $F'(x) \neq 0$,

(3) $\lim\limits_{x \to x_0} \dfrac{f'(x)}{F'(x)}$ 存在（或无穷大），

那么有 $\lim\limits_{x \to x_0} \dfrac{f(x)}{F(x)} = \lim\limits_{x \to x_0} \dfrac{f'(x)}{F'(x)}$ 存在（或无穷大）.

例 1 求 $\lim\limits_{x \to 0} \dfrac{e^x - 1}{x^3 - x}$.

解 此极限为 $\dfrac{0}{0}$ 型未定式，由洛必达法则，得

$$\lim_{x \to 0} \frac{e^x - 1}{x^3 - x} = \lim_{x \to 0} \frac{e^x}{3x^2 - 1} = -1 .$$

例 2 求 $\lim\limits_{x \to 0} \dfrac{x - \sin x}{x^3}$.

解 此极限为 $\dfrac{0}{0}$ 型未定式，使用两次洛必达法则，得

$$\lim_{x \to 0} \frac{x - \sin x}{x^3} = \lim_{x \to 0} \frac{1 - \cos x}{3x^2} = \lim_{x \to 0} \frac{\sin x}{6x} = \frac{1}{6} .$$

推论 如果函数 $f(x)$、$F(x)$ 满足条件：

(1) $\lim\limits_{x \to \infty} f(x) = \lim\limits_{x \to \infty} F(x) = 0$,

(2) $f'(x)$ 与 $F'(x)$ 当 $|x| > N$ 时存在，且 $F'(x) \neq 0$,

(3) $\lim\limits_{x \to \infty} \dfrac{f'(x)}{F'(x)}$ 存在（或无穷大），那么 $\lim\limits_{x \to \infty} \dfrac{f(x)}{F(x)} = \lim\limits_{x \to \infty} \dfrac{f'(x)}{F'(x)}$.

例 3 求 $\lim\limits_{x \to +\infty} \dfrac{\left(\dfrac{\pi}{2} - \arctan x \right)}{\text{arccot } x}$.

解 此极限为 $\dfrac{0}{0}$ 型未定式，由洛必达法则，得

$$\lim_{x\to+\infty}\frac{\left(\dfrac{\pi}{2}-\arctan x\right)}{\operatorname{arccot} x}=\lim_{x\to+\infty}\frac{-\dfrac{1}{1+x^2}}{-\dfrac{1}{1+x^2}}=1.$$

注意 （1）只要属于 $\dfrac{0}{0}$ 和 $\dfrac{\infty}{\infty}$ 型的极限，无论自变量 $x\to x_0$，还是 $x\to\infty$，只要满足定理中的全部条件，就可应用洛必达法则；

（2）当 $x\to x_0$ 或 $x\to\infty$ 时，$\dfrac{f'(x)}{F'(x)}$ 仍为 $\dfrac{0}{0}$ 和 $\dfrac{\infty}{\infty}$ 型未定式，且满足洛必达法则的条件，可以有限次地连续使用洛必达法则；

（3）使用洛必达法则在求极限运算中不一定是最有效的，如果与其他方法结合使用，效果更好.

2. $\dfrac{\infty}{\infty}$ 型未定式

$\dfrac{\infty}{\infty}$型未定式

例 4 求 $\lim\limits_{x\to+\infty}\dfrac{x^5}{e^x}$.

解 此题属 $\dfrac{\infty}{\infty}$ 型，应用洛必达法则有

$$\lim_{x\to+\infty}\frac{x^5}{e^x}=\lim_{x\to+\infty}\frac{5x^4}{e^x}=\lim_{x\to+\infty}\frac{20x^3}{e^x}=\lim_{x\to+\infty}\frac{60x^2}{e^x}=\lim_{x\to+\infty}\frac{120x}{e^x}=\lim_{x\to+\infty}\frac{120}{e^x}=0.$$

例 5 求 $\lim\limits_{x\to0^+}\dfrac{\ln\sin 3x}{\ln\sin x}$.

解 此极限为 $\dfrac{\infty}{\infty}$ 型未定式，由洛必达法则，得

$$\lim_{x\to0^+}\frac{\ln\sin 3x}{\ln\sin x}=\lim_{x\to0^+}\left(\frac{3\cos 3x}{\sin 3x}\cdot\frac{\sin x}{\cos x}\right)$$

$$=3\lim_{x\to0^+}\frac{\sin x}{\sin 3x}=3\lim_{x\to0^+}\frac{\cos x}{3\cos 3x}=1.$$

思考 如何求 $\lim\limits_{x\to+\infty}\dfrac{e^x+e^{-x}}{e^x-e^{-x}}$，是否用洛必达法则？

其他未定式

3. 其他类型的未定式极限

除了 $\dfrac{\infty}{\infty}$ 型和 $\dfrac{0}{0}$ 型未定式之外，还有 $0\cdot\infty$、$\infty-\infty$、1^∞、0^0、∞^0 型五种未定式. 在条件允许的情况下，一般可以设法将其他类型的未定式极限转化为 $\dfrac{0}{0}$ 型或 $\dfrac{\infty}{\infty}$ 型未定式，然后使用洛必达法则求值.

例 6 求 $\lim\limits_{x\to0^+}x^n\ln x\ (n>0)$.

解 此题属 $0 \cdot \infty$ 型未定式, 因为

$$x^n \ln x = \frac{\ln x}{\dfrac{1}{x^n}} ,$$

所以当 $x \to 0^+$ 时, 上式右端是 $\dfrac{\infty}{\infty}$ 型未定式, 应用洛必达法则, 得

$$\lim_{x \to 0^+} x^n \ln x = \lim_{x \to 0^+} \frac{\ln x}{x^{-n}} = \lim_{x \to 0^+} \frac{\dfrac{1}{x}}{-nx^{-n-1}} = \lim_{x \to 0^+} \left(\frac{-x^n}{n} \right) = 0 .$$

例 7 求 $\lim\limits_{x \to 1} \left(\dfrac{x}{x-1} - \dfrac{1}{\ln x} \right)$.

解 此题属 $\infty - \infty$ 型未定式, 可通过 "通分" 将其化为 $\dfrac{0}{0}$ 型未定式.

$$\lim_{x \to 1} \left(\frac{x}{x-1} - \frac{1}{\ln x} \right) = \lim_{x \to 1} \frac{x \ln x - (x-1)}{(x-1)\ln x} = \lim_{x \to 1} \frac{x \dfrac{1}{x} + \ln x - 1}{\ln x + \dfrac{x-1}{x}}$$

$$= \lim_{x \to 1} \frac{\ln x}{1 - \dfrac{1}{x} + \ln x} = \lim_{x \to 1} \frac{\dfrac{1}{x}}{\dfrac{1}{x^2} + \dfrac{1}{x}} = \frac{1}{2}.$$

例 8 求 $\lim\limits_{x \to 0^+} x^x$ (0^0 型).

解 设 $y = x^x$, 两边取对数得

$$\ln y = x \ln x ,$$

因为

$$\lim_{x \to 0^+} \ln y = \lim_{x \to 0^+} x \ln x (0 \cdot \infty) = \lim_{x \to 0^+} \frac{\ln x}{\dfrac{1}{x}} \left(\frac{\infty}{\infty} \right) = \lim_{x \to 0^+} (-x) = 0 ,$$

所以

$$\lim_{x \to 0^+} x^x = \lim_{x \to 0^+} y = \lim_{x \to 0^+} e^{\ln y} = e^{\lim\limits_{x \to 0} \cdot \ln y} = e^0 = 1 .$$

例 9 求 $\lim\limits_{x \to 1} x^{\frac{1}{1-x}}$. (1^∞ 型)

解 设 $y = x^{\frac{1}{1-x}}$, 两边取对数得

$$\ln y = \frac{\ln x}{1-x} ,$$

因为

$$\lim_{x \to 1} \ln y = \lim_{x \to 1} \frac{\ln x}{1-x} \left(\frac{0}{0} \right) = \lim_{x \to 1} \frac{\dfrac{1}{x}}{-1} = -1 ,$$

所以

$$\lim_{x\to 1}x^{\frac{1}{1-x}}=\lim_{x\to 1}y=\lim_{x\to 1}e^{\ln y}=e^{\lim_{x\to 1}\ln y}=e^{-1},$$

即 $\lim\limits_{x\to 1}x^{\frac{1}{1-x}}=e^{-1}$.

2.4.2 函数的单调性与极值

函数的单调性

1. 函数的单调性

函数在区间 $[a,b]$ 上的增减性和它的导数值有密切关系. 从图 2-7 中可直观地看出，如果函数 $y=f(x)$ 在 $[a,b]$ 上单调增加，那么它的切线斜率 $f'(x)$ 都是正的；如果函数 $y=f(x)$ 在 $[a,b]$ 上单调减少，那么它的切线斜率 $f'(x)$ 都是负的. 反之，我们有如下定理：

定理 2 设函数 $f(x)$ 在 $[a,b]$ 上连续，在 (a,b) 内可导，则有

(1) 如果在 (a,b) 内 $f'(x)>0$，则函数 $f(x)$ 在 $[a,b]$ 上单调增加；

(2) 如果在 (a,b) 内 $f'(x)<0$，则函数 $f(x)$ 在 $[a,b]$ 上单调减少.

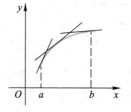 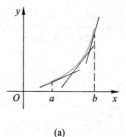 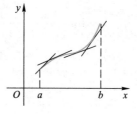

(a)

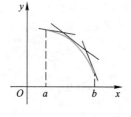 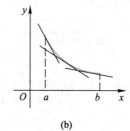 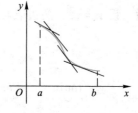

(b)

图 2-7

有时，函数在其整个定义域上并不具有单调性，但在其各个部分区间上却具有单调性. 如图 2-8 所示，函数 $f(x)$ 在区间 $[a,x_1]$ 和 $[x_2,b]$ 上单调增加，而在 $[x_1,x_2]$ 上单调减少，并且，从图中容易看到，可导函数 $f(x)$ 在单调区间分界点处的导数为 0，即 $f'(x_1)=f'(x_2)=0$.

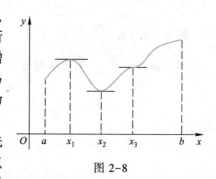

图 2-8

因此，要确定可导函数 $f(x)$ 的单调区间，首先要求出使 $f'(x)=0$ 的点（驻点）；然后，用这些驻点将 $f(x)$ 的定义域分成若干个子区间；最后在每个子区间上用定理 2 判断函数的单调性.

一般地，如果 $f'(x)$ 在某区间内的个别点处为 0，而在其余各点处都为正（或负），那么 $f(x)$ 在该区间上仍旧是单调增加（或单调减少）的. 例如，图 2-8 中 $f'(x_3)=0$，但 $f(x)$ 在 $[x_2,b]$ 上仍是单调增加的.

例 10 讨论函数 $f(x)=3x^2-x^3$ 的单调性.

解 （1）函数 $f(x)$ 的定义域为 $(-\infty,+\infty)$；

（2）$f'(x)=6x-3x^2=3x(2-x)$；

（3）令 $f'(x)=0$，得驻点 $x_1=0$，$x_2=2$；

（4）列表分析函数的单调性，见表 2-3；

（5）由定理 2 知，函数 $f(x)$ 在区间 $(-\infty,0)$ 与 $(2,+\infty)$ 内单调减少，在区间 $[0,2]$ 上单调增加.

表 2-3 例 10 表

x	$(-\infty,0)$	$(0,2)$	$(2,+\infty)$
$f'(x)$	-	+	-
$f(x)$	单减↘	单增↗	单减↘

例 11 求函数 $f(x)=3(x-1)^{\frac{2}{3}}$ 的单调区间.

解 （1）函数 $f(x)$ 的定义域为 $(-\infty,+\infty)$；

（2）$f'(x)=2(x-1)^{-\frac{1}{3}}=\dfrac{2}{\sqrt[3]{x-1}}$；

（3）函数 $f(x)$ 在 $(-\infty,+\infty)$ 内没有导数为零的点，但在 $x=1$ 处导数不存在；

（4）列表分析函数的单调性，见表 2-4；

（5）函数 $f(x)$ 的单调增区间为 $(1,+\infty)$，单调减区间为 $(-\infty,1)$.

表 2-4 例 11 表

x	$(-\infty,1)$	1	$(1,+\infty)$
$f'(x)$	-	0	+
$f(x)$	↘		↗

综合以上几例，我们得到求函数单调区间的步骤如下：

（1）求函数的定义域；

（2）求导数；

（3）使 $f'(x)=0$ 或 $f'(x)$ 不存在的点；

（4）列表讨论 $f'(x)$ 在各区间内的符号；

（5）由表判断函数在各区间内的单调性从而得出结论.

利用函数的单调性还可以证明一些不等式.

例 12 求证：$x>\ln(1+x)$（$x>0$）.

证 设 $f(x)=x-\ln(1+x)$，则

$$f'(x)=1-\frac{1}{1+x}.$$

当 $x>0$ 时，$f'(x)>0$，由定理可知 $f(x)$ 单调增加；又 $f(0)=0$，故当 $x>0$ 时，$f(x)$

$> f(0)$，即 $x - \ln(1 + x) > 0$. 因此 $x > \ln(1 + x)$.

2. 函数的极值

极值是函数的一种局部性态，有助于进一步把握函数的变化性态，为准确地描绘函数的变化性态提供不可缺少的信息；极值为研究函数最大值与最小值提供了关键的准备条件.

定义 设函数 $f(x)$ 在 x_0 的某个邻域内有定义，如果对于该邻域内的任意点 $x(x \neq x_0)$：

（1）若 $f(x) < f(x_0)$，则称 $f(x_0)$ 为函数 $f(x)$ 的极大值，并且称点 x_0 是 $f(x)$ 的极大值点；

（2）若 $f(x) > f(x_0)$，则称 $f(x_0)$ 为函数 $f(x)$ 的极小值，并且称点 x_0 是 $f(x)$ 的极小值点.

函数极值判定

函数的极大值与极小值统称为函数的极值，极大值点和极小值点统称为函数的极值点.

在图 2-9 中，$f(x_2)$、$f(x_5)$ 是函数 $f(x)$ 的极大值，点 x_2、x_5 称为极大值点；$f(x_1)$、$f(x_4)$、$f(x_6)$ 是函数 $f(x)$ 的极小值，点 x_1、x_4、x_6 称为极小值点.

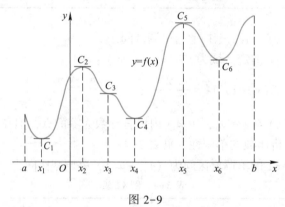

图 2-9

注意 （1）极值是指函数值，而极值点是指自变量的值；

（2）函数极值的概念是局部性的，函数的极大值和极小值之间并无确定的大小关系；图 2-9 中极大值 $f(x_2)$ 就比极小值 $f(x_6)$ 小；

（3）函数极值只在区间 (a, b) 内部取得，不可能在区间的端点取得；

（4）一个函数的极大值或极小值并不一定是该函数的最大值和最小值，在图 2-9 中，只有一个极小值 $f(x_1)$ 同时也是最小值，而没有一个极大值是最大值. 图 2-9 中函数的最大值是 $f(b)$.

由图 2-9 可以看出，在极值点对应的曲线处都具有水平切线，于是我们可以得到如下定理：

定理 3(极值的必要条件) 如果函数 $f(x)$ 在点 x_0 处可导，且在点 x_0 处存在极值，则 $f'(x_0) = 0$.

说明 （1）由上述定理知，可导函数的极值点必是驻点，但反之，函数的驻点却不一定是极值点. 图 2-9 中的点 C_3 处有水平切线，即有 $f'(x_3) = 0$，点 x_3 是驻点，但 $f(x_3)$ 并不是极值，故点 x_3 不是极值点. 从图形上看，在点 x_3 的左右近旁，函数的单调性没有改变.

（2）导数不存在的点也可能是函数的极值点. 例如，函数 $y = |x|$，点 $x = 0$ 使 y' 不存在，但函数在 $x = 0$ 处有极小值.

综上所述，函数的极值只可能在驻点或导数不存在的点取得. 那如何判定这些点是否为函数的极值点呢？

下面研究极值存在的充分条件.

定理 4（极值的第一充分条件）   设函数 $f(x)$ 在点 x_0 的某个邻域内可导且 $f'(x_0) = 0$，如果在该邻域内：

（1）当 $x < x_0$ 时，$f'(x) > 0$，而当 $x > x_0$ 时，$f'(x) < 0$，则函数 $f(x)$ 在点 x_0 处取得极大值（图 2-10）；

（2）当 $x < x_0$ 时，$f'(x) < 0$，而当 $x > x_0$ 时，$f'(x) > 0$，则函数 $f(x)$ 在点 x_0 处取得极小值（图 2-11）；

（3）如果在点 x_0 的某个去心邻域内，$f'(x)$ 不改变符号，则函数 $f(x)$ 在点 x_0 处没有极值.

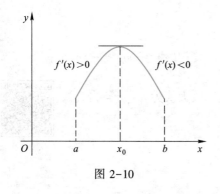

图 2-10

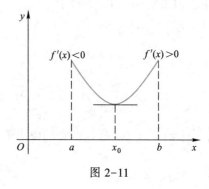

图 2-11

例 13 求函数 $f(x) = 2x^3 + 3x^2 - 12x + 1$ 的极值.

解 （1）函数的定义域为 $(-\infty, +\infty)$；

（2）$f'(x) = 6x^2 + 6x - 12 = 6(x + 2)(x - 1)$；

（3）令 $f'(x) = 0$，得驻点 $x_1 = -2$，$x_2 = 1$；

（4）列表分析，见表 2-5；

（5）由表 2-5 知，函数的极大值为 $f(-2) = 21$，极小值为 $f(1) = -6$.

表 2-5 例 13 表

x	$(-\infty, -2)$	-2	$(-2, 1)$	1	$(1, +\infty)$
$f'(x)$	+	0	−	0	+
$f(x)$	↗	极大值	↘	极小值	↗

例 14 求函数 $f(x) = x - \dfrac{3}{2}x^{\frac{2}{3}}$ 的极值.

解 （1）函数 $f(x)$ 的定义域为 $(-\infty, +\infty)$；

（2）$f'(x) = 1 - x^{-\frac{1}{3}} = \dfrac{\sqrt[3]{x} - 1}{\sqrt[3]{x}}$；

（3）令 $f'(x) = 0$，得驻点 $x = 1$，当 $x = 0$ 时，导数不存在；

（4）列表分析，见表 2-6；

（5）由表 2-6 知，函数的极大值为 $f(0) = 0$，极小值为 $f(1) = -\dfrac{1}{2}$.

表 2-6　例 14 表

x	$(-\infty, 0)$	0	$(0, 1)$	1	$(1, +\infty)$
$f'(x)$	+	不存在	−	0	+
$f(x)$	↗	极大值	↘	极小值	↗

定理 5（极值的第二充分条件）　设函数 $f(x)$ 在点 x_0 处具有二阶导数且 $f'(x_0) = 0$，$f''(x_0) \neq 0$，则

（1）当 $f''(x_0) > 0$ 时，函数 $f(x)$ 在点 x_0 处取得极小值；

（2）当 $f''(x_0) < 0$ 时，函数 $f(x)$ 在点 x_0 处取得极大值.

例 15　求函数 $f(x) = \sin x + \cos x$ 在区间 $[0, 2\pi]$ 上的极值.

解　（1）$\forall x \in [0, 2\pi]$；

（2）$f'(x) = \cos x - \sin x$；

（3）令 $f'(x) = 0$，得 $x_1 = \dfrac{\pi}{4}$，$x_2 = \dfrac{5\pi}{4}$，又 $f''(x) = -\sin x - \cos x$；

（4）因为 $f''\left(\dfrac{\pi}{4}\right) = -\sqrt{2} < 0$，所以函数的极大值为 $f\left(\dfrac{\pi}{4}\right) = \sqrt{2}$，

而 $f''\left(\dfrac{5\pi}{4}\right) = \sqrt{2} > 0$，所以函数的极小值为 $f\left(\dfrac{5\pi}{4}\right) = -\sqrt{2}$.

函数的最值

2.4.3　函数的最值及应用

在日常生活、工程技术及市场经济中，常常会遇到如何做才能使"用料最省""效率最高""路程最短"等问题. 用数学的方法进行描述可归结为求一个函数的最大值与最小值问题.

由前面的知识知道，在闭区间上的连续函数一定存在最大值与最小值. 显然，要求函数的最大（小）值，必先找出函数 $f(x)$ 在区间 $[a, b]$ 上取得最大值和最小值的点. 怎样在区间 $[a, b]$ 上找出取得最大（小）值的点呢？下面我们就来解决这个问题.

（1）若函数 $f(x)$ 的最大（小）值在区间 (a, b) 内部取得，那么对可导函数来讲，必在驻点处取得；

（2）函数 $f(x)$ 的最大（小）值可以在区间的端点处取得；

（3）函数在其 $f'(x)$ 不存在的点可能取得极值，则函数的最大（小）值也可能在使 $f'(x)$ 不存在的点处取得.

综上所述可知，求函数 $f(x)$ 在区间 $[a, b]$ 上的最大（小）值的步骤如下：

（1）求函数 $f(x)$ 的导数，并求出所有的驻点和导数不存在的点；

（2）求各驻点、导数不存在的点及各端点的函数值；

（3）比较上述各函数值的大小，其中最大的就是 $f(x)$ 在闭区间 $[a, b]$ 上的最大值，

最小的就是 $f(x)$ 在闭区间 $[a, b]$ 上的最小值.

例 16 求函数 $y = \sqrt[3]{(x^2 - 2x)^2}$ 在 $[0, 3]$ 上的最大值与最小值.

解 显然，函数 $y = \sqrt[3]{(x^2 - 2x)^2}$ 在 $[0, 3]$ 上连续，且

$$y' = \frac{4(x - 1)}{3\sqrt[3]{x^2 - 2x}}.$$

可知，驻点 $x = 1$，不可导点 $x = 2$，$x = 0$，端点 $x = 0$，$x = 3$，这些点的函数值分别为

$$y(0) = y(2) = 0, \ y(1) = 1, \ y(3) = \sqrt[3]{9}.$$

那么函数在 $[0, 3]$ 上的最大值为 $y(3) = \sqrt[3]{9}$，最小值为 $y(0) = y(2) = 0$.

在实际问题中常常遇到这样一种特殊情况，连续函数 $y = f(x)$ 在区间 (a, b) 内有且只有唯一驻点 x_0，根据实际问题，当 $f(x_0)$ 是极大值时就是最大值；而当 $f(x_0)$ 为极小值时就是最小值.

例 17 【用料最省】某工厂要用围墙围成面积为 96 m² 的矩形场地，如图 2-12 所示，并在正中间用一堵墙将场地隔成两块，问这块土地的长和宽各取多少时，才能使所用的建筑材料最省？

解 设这块地的长为 x m，则宽为 $\dfrac{96}{x}$ m，并可得围墙和隔墙的总长度为

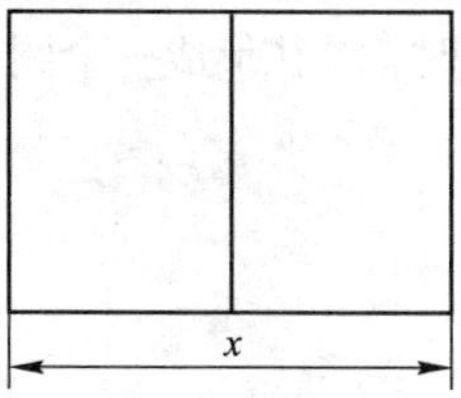

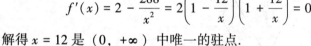

图 2-12

$$f(x) = 2x + 3 \times \frac{96}{x} = 2x + \frac{288}{x} \ (x > 0).$$

令

$$f'(x) = 2 - \frac{288}{x^2} = 2\left(1 - \frac{12}{x}\right)\left(1 + \frac{12}{x}\right) = 0,$$

解得 $x = 12$ 是 $(0, +\infty)$ 中唯一的驻点.

而 $f''(12) > 0$，即 $f(x)$ 在 $x = 12$ 处取得极小值，故知 $f(x)$ 在 $x = 12$ 处取得最小值.

则当土地的长为 12 m、宽为 8 m 时，围墙和隔墙的长度最短，才能使所用的建筑材料最省.

可通过以下步骤求实际问题中的最大（小）值：

（1）先根据问题的条件建立目标函数；

（2）求目标函数的定义域；

（3）求目标函数的驻点（唯一驻点），并判定在此驻点处取得的是极大值还是极小值；

（4）根据实际问题的性质确定该函数值是最大值还是最小值.

例 18 【费用最低】铁路上 A、B 两城的距离为 100 km，工厂 C 距铁路线 20 km，即 $AC = 20$ km，且 $AC \perp AB$（图 2-13）. 现在要在 AB 中选一点 D，修一条公路直通 C 厂. 已知铁路运货每千米的运费与公路的运费之比是 3：5，问 D 应选在何处，才能使从 B 城运往工厂 C 的运费最省.

解 设 $AD = x$ km，先建立运费函数.

由于 $CD = \sqrt{20^2 + x^2} = \sqrt{400 + x^2}$，$DB = 100 - x$.

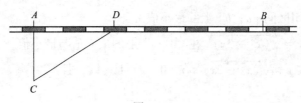

图 2-13

故由点 B 经点 D 到 C 厂，单位重量的货物运费为

$$y = 5\sqrt{400 + x^2} + 3(100 - x) \quad (0 \leqslant x \leqslant 100),$$

令 $y' = \dfrac{10x}{2\sqrt{400 + x^2}} - 3 = \dfrac{5x - 3\sqrt{400 + x^2}}{\sqrt{400 + x^2}} = 0$，解得 $x = 15$ 是 $[0, 100]$ 中唯一的驻点.

而 $f''(15) > 0$，即 $f(x)$ 在 $x = 15$ 处取得极小值，故知 $f(x)$ 在 $x = 15$ 处取得最小值. 则距 A 城 15 km 处选为点 D 可使运费最省.

利用求函数的最大值或最小值知识，还常常可以计算爆破施工中炸药包的埋深问题，主要出现在土木工程相关专业的课程中，应用于水利工程和建筑工程施工爆破漏斗的设计和布置. 所谓爆破漏斗是指在有限介质中的爆破，当炸药包的爆破作用具有使部分介质抛向临空面的能量时，往往形成一个倒立圆锥的爆破坑，形如漏斗，故称为爆破漏斗，如图 2-14 所示.

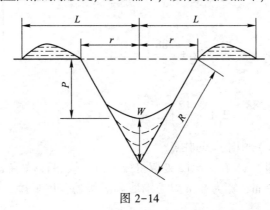

图 2-14

爆破漏斗的几何特征参数有最小抵抗线 W、爆破作用半径 R、漏斗底半径 r、可见漏斗深度 P 和抛掷距离 L 等. 爆破漏斗的几何特征反映了炸药包重量和埋深的关系，反映了爆破作用的影响范围.

例 19 在建筑工程中进行采石或取土时，常用炸药包先进行爆破. 实践表明，爆破部分呈倒立圆锥形状，如图 2-15 所示. 圆锥的母线长度（即爆破作用半径）R 是一定的，圆锥的底面半径（即漏斗底半径）为 r，试求炸药包埋藏多深可使爆破体积最大？

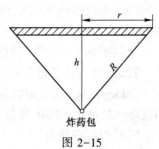

图 2-15

解 根据圆锥的体积公式 $V = \dfrac{1}{3}\pi r^2 h$ 建立函数关系式.

根据图 2-15 可知，$r^2 = R^2 - h^2$，即得

$$V = \frac{1}{3}\pi(R^2 - h^2)h,$$

$$V' = -\pi h^2 + \frac{1}{3}\pi R^2.$$

令 $V' = 0$，得一个驻点

$$h = \frac{\sqrt{3}}{3}R.$$

而 $V''\left(\frac{\sqrt{3}}{3}R\right) < 0$，即 V 在 $h = \frac{\sqrt{3}}{3}R$ 处取得极大值，故知 V 在 $h = \frac{\sqrt{3}}{3}R$ 处取得最大值.

即当炸药包埋深为 $h = \frac{\sqrt{3}}{3}R$ 时，爆破体积最大.

例 20 【收入最高】某房地产公司有 50 套公寓要出租，当租金定为每套公寓每月 180 元时，公寓会全部租出去，当租金每增加 10 元时，就有一套公寓租不出去，而租出去的房子每月需花费 20 元的整修维护费. 试问房租定为多少可获得最大收入？

解 设房租为每月 x 元，则租出去的房子有 $50 - \left(\frac{x - 180}{10}\right)$ 间，每月总收入为

$$R(x) = (x - 20)\left[50 - \left(\frac{x - 180}{10}\right)\right], \quad \text{即 } R(x) = (x - 20)\left(68 - \frac{x}{10}\right) \quad (x > 180).$$

令 $R'(x) = \left(68 - \frac{x}{10}\right) + (x - 20)\left(-\frac{1}{10}\right) = 70 - \frac{x}{5} = 0$，

解得 $x = 350$ 是 $(0, +\infty)$ 中唯一的驻点.

而 $R''(350) < 0$，即 $R(x)$ 在 $x = 350$ 处取得极大值，故知 $R(x)$ 在 $x = 350$ 处取得最大值. 则每月每套租金定为 350 元时收入最高.

例 21 【利润最大】某公司每月生产 1000 件产品，每件有 10 元纯利润，生产 1000 件后，每增产一件获利减少 0.02 元，问每月生产多少件产品可使纯利润最大？

解 本问题可分为两方面考虑：每月生产 1000 件产品，该利润是固定的，由题设知，所获利润为 $L_1 = 10 \times 1000 = 10000$ （元）；生产 1000 件产品之后，再增加生产，所获利润将随着产量而改变，只要计算增产件数即可.

设生产 1000 件产品之后，增产 x 件产品可获最大利润. 由此，增产第 x 件产品的纯利润为 $10 - 0.02x$；而增产 x 件产品的纯利润为

$$L_2 = (10 - 0.02x)x = 10x - 0.02x^2.$$

由于 $L_2' = (10x - 0.02x^2)' = 10 - 0.04x$，令 $L_2' = 0$，即 $10 - 0.04x = 0$，解得 $x = 250$ （件）.

又因为 $L_2'' = -0.04 < 0$，所以，增产 250 件产品时，纯利润最大.

增产 250 件产品的纯利润为

$$L_2 = (10x - 0.02x^2)\big|_{x=250} = 1250 \text{（元）}.$$

于是可知，每月生产 1250 件产品时，可获最大利润，利润为

$$L = 10000 + 1250 = 11250 \text{（元）}.$$

习题 2.4 答案

习题 2.4

1. 计算下列极限：

(1) $\lim\limits_{x \to \alpha} \dfrac{\sin x - \sin \alpha}{x - \alpha}$;

(2) $\lim\limits_{x \to 0^+} \dfrac{\ln(1 + x) - x}{\cos x - 1}$;

(3) $\lim\limits_{x \to 0} \left(\dfrac{1}{x} - \dfrac{1}{e^x - 1} \right)$;

(4) $\lim\limits_{x \to +\infty} x \left(\dfrac{\pi}{2} - \arctan x \right)$;

(5) $\lim\limits_{x \to +\infty} \dfrac{x^2}{e^{3x}}$;

(6) $\lim\limits_{x \to 0} \dfrac{\tan x - x}{x - \sin x}$;

(7) $\lim\limits_{x \to +\infty} (x)^{\frac{1}{x}}$;

(8) $\lim\limits_{x \to 0^+} (x)^{\sin x}$.

2. 确定下列函数的单调区间：

(1) $f(x) = 2x^2 - \ln x$;

(2) $f(x) = x^3 - 3x$.

3. 求下列函数的极值：

(1) $f(x) = x - \ln(1 + x)$;

(2) $f(x) = 2x^3 - 6x^2 - 18x + 7$;

(3) $f(x) = 1 - (x - 2)^{\frac{2}{3}}$;

(4) $f(x) = (x^2 - 1)^3 + 1$.

4. 求下列函数在给定区间上的最大值和最小值：

(1) $f(x) = 2x^3 + 3x^2 - 12x + 10$, $x \in [-3, 4]$;

(2) $f(x) = \dfrac{1}{2}x^2 - 3\sqrt[3]{x}$, $x \in [-1, 2]$.

5. 证明：当 $x > 0$ 时，$e^x > 1 + x$.

6. 已知函数 $f(x) = e^{-x} \ln ax$ 在 $x = \dfrac{1}{2}$ 处有极值，求 a 的值.

7. 要做一个容积为 V 的圆柱形油罐，问底半径 r 和高 h 等于多少时才能使所用材料最省？

8. 有一块宽为 $2a$ 的正方形铁片，将它的两个边缘向上折起成一个开口水槽，其横截面为矩形，高为 x，问高 x 取何值时，水槽的流量最大？

9. 某厂生产某种产品 Q 个单位时的费用为 $C(Q) = \dfrac{1}{4}Q^2 + 1$，销售收入为 $R(Q) = 8\sqrt{Q}$，求使利润达到最大的产量 Q .

10. 欲利用围墙围成面积为 $216 \ \text{m}^2$ 的一块矩形土地，并在正中用一堵墙将其隔成两块，问这块土地长和宽选取多大的尺寸，才能使所用建筑材料最省？

本章小结

一、基本概念

1. 导数：函数的增量与自变量的增量之比，当自变量趋于零时的极限

$$f'(x_0) = \lim_{\Delta x \to 0} \frac{\Delta y}{\Delta x} = \lim_{\Delta x \to 0} \frac{f(x_0 + \Delta x) - f(x_0)}{\Delta x}.$$

2. 导数的几何意义：表示曲线 $y = f(x)$ 在点 $M(x_0, y_0)$ 处的切线的斜率.

3. 二阶导数的物理意义：表示变速直线运动的加速度，即 $a = v'(t) = s''(t)$

4. 微分：$dy = f'(x)dx$.

5. 极值点与极值.

设函数 $f(x)$ 在点 x_0 的某个邻域内有定义，对于该邻域内的任意点 $x\,(x \neq x_0)$：

●若 $f(x) < f(x_0)$，则称 $f(x_0)$ 为函数 $f(x)$ 的极大值，并且称点 x_0 是 $f(x)$ 的极大值点；

●若 $f(x) > f(x_0)$，则称 $f(x_0)$ 为函数 $f(x)$ 的极小值，并且称点 x_0 是 $f(x)$ 的极小值点.

6. 驻点：使 $f'(x) = 0$ 的点称为驻点.

7. 可导函数的极值点必是驻点；函数的驻点却不一定是极值点.

二、基本定理

1. 可导与连续的关系：可导必连续，但连续不一定可导.

2. 可导与可微的关系：可导 $\Leftrightarrow$ 可微.

3. 洛必达法则：

$$\lim_{x \to x_0} \frac{f(x)}{g(x)} = \lim_{x \to x_0} \frac{f'(x)}{g'(x)} \text{ 存在（或无穷大），其中 } g'(x) \neq 0,$$

该法则只适用于计算 $\dfrac{0}{0}$ 型及 $\dfrac{\infty}{\infty}$ 型未定式的极限. 其他未定式可通过变形转换成 $\dfrac{0}{0}$ 型或 $\dfrac{\infty}{\infty}$ 型未定式. 当法则失效时应换用其他方法求解极限.

4. 函数单调性的判定定理：

设函数 $f(x)$ 在 $[a, b]$ 上连续，在 (a, b) 内可导，则有

（1）如果在 (a, b) 内 $f'(x) > 0$，则函数 $f(x)$ 在 $[a, b]$ 上单调增加；

（2）如果在 (a, b) 内 $f'(x) < 0$，则函数 $f(x)$ 在 $[a, b]$ 上单调减少.

5. 极值的第一充分条件：

利用一阶导数 $f'(x)$ 在点 x_0 左右两旁的符号变化判断函数在点 x_0 处是否取得极值. 若 $f'(x)$ 由正变到负，则 $f(x_0)$ 是极大值；反之是极小值. 若 $f'(x)$ 不改变符号，则函数 $f(x)$ 在点 x_0 处没有极值.

6. 极值的第二充分条件：

若 $f'(x_0) = 0$，$f''(x_0) \neq 0$，那么当 $f''(x_0) > 0$ 时，$f(x_0)$ 是极小值；当 $f''(x_0) < 0$ 时，$f(x_0)$ 是极大值.

三、基本公式和方法

1. 导数的 16 个基本公式见表 2-1. 微分的 16 个基本公式见表 2-2.

2. 导数的四则运算法则：

（1）$(u \pm v)' = u' \pm v'$；（2）$(Cu)' = C \cdot u'$（C 是常数）；

（3）$(uv)' = u'v + uv'$；（4）$\left(\dfrac{u}{v}\right)' = \dfrac{u'v - uv'}{v^2}$.

3. 函数的和、差、积、商的微分法则：

（1）$\mathrm{d}(u \pm v) = \mathrm{d}u \pm \mathrm{d}v$；　　（2）$\mathrm{d}(C \cdot u) = C \cdot \mathrm{d}u$；

（3）$\mathrm{d}(uv) = u\mathrm{d}v + v\mathrm{d}u$；　　（4）$\mathrm{d}\left(\dfrac{u}{v}\right) = \dfrac{v\mathrm{d}u - u\mathrm{d}v}{v^2}$.

4. 复合函数求导法：

$$\frac{\mathrm{d}y}{\mathrm{d}x} = \frac{\mathrm{d}y}{\mathrm{d}u} \cdot \frac{\mathrm{d}u}{\mathrm{d}x} \text{ 或 } y'_x = y'_u \cdot u'_x.$$

逐层求导再相乘，最后记住复原.

5. 隐函数求导法：

（1）方程 $F(x, y) = 0$ 两边对 x 求导；（2）解出 y'_x.

6. 对数求导法：

（1）两边同取自然对数；（2）方程 $F(x, y) = 0$ 两边对 x 求导；（3）解出 y'_x.

7. 利用微分求近似值：

$$f(x_0 + \Delta x) \approx f(x_0) + f'(x_0)\Delta x；\ f(x) \approx f(0) + f'(0)x\ (\ |x|\ \text{很小}).$$

8. 求函数单调区间的步骤：

（1）求函数的定义域；

（2）求导数；

（3）确定使 $f'(x) = 0$ 或 $f'(x)$ 不存在的点；

（4）列表讨论 $f'(x)$ 在各区间内的符号；

（5）由表判断函数在各区间内的单调性从而得出结论.

9. 求函数极值的步骤：

（1）求函数的定义域；

（2）求导数 $f'(x)$；

（3）求 $f(x)$ 的全部驻点及导数不存在的点；

（4）讨论各驻点及导数不存在的点是否为极值点，是极大值点还是极小值点；

（5）求各极值点的函数值，得到函数的全部极值.

10. 求函数的最大值与最小值的步骤：

（1）求函数 $f(x)$ 的导数，并求出所有的驻点和导数不存在的点；

（2）求各驻点、导数不存在的点及各端点的函数值；

（3）比较上述各函数值的大小，其中最大的就是 $f(x)$ 在闭区间 $[a, b]$ 上的最大值，最小的就是 $f(x)$ 在闭区间 $[a, b]$ 上的最小值.

11. 求实际问题的最大（小）值有以下步骤：

（1）先根据问题的条件建立目标函数；

（2）求目标函数的定义域；

（3）求目标函数的驻点（唯一驻点），并判定在此驻点处取得的是极大值还是极小值；

（4）根据实际问题的性质确定该函数值是最大值还是最小值.

测试题二

测试题二答案

一、填空题

1. $\mathrm{d}(\quad) = \dfrac{1}{\sqrt{x}}\mathrm{d}x$；$\mathrm{d}(\quad) = \mathrm{e}^{3x+1}\mathrm{d}x$．

2. 设 $f(x) = \mathrm{e}^{\cos x-2}$，则 $[f(2)]' = $ _____．

3. 若 $f(x) = x\mathrm{e}^{-x}$，则 $f''(0) = $ _____．

4. 计算 $\mathrm{e}^{0.97} \approx $ _____．

5. 若 $f'(x_0) = 0$，则 x_0 称为_____．

6. 若函数 $f(x)$ 在 $[a, b]$ 上连续，且在 (a, b) 内 $f'(x) > 0$，则 $f(x)$ 在 $[a, b]$ 上的最大值是_____，最小值是_____．

7. 若函数 $f(x) = x^3 + ax^2 + bx$ 在 $x = 1$ 处有极小值 -2，则 $a = $ _____，$b = $ _____．

二、选择题

1. 已知 $f'(x) = 2^{\sin x}$，则 $\mathrm{d}[f(x)] = $ (　　)．

A. $\ln 2 \cdot 2^{\sin x}\cos x$ 　　　　B. $2^{\sin x}\mathrm{d}x$

C. $2^{\sin x}\cos x\mathrm{d}x$ 　　　　D. $\ln 2 \cdot 2^{\sin x}\cos x\mathrm{d}x$

2. 设 $y - x\mathrm{e}^y = \ln 2$，则 $y' = $ (　　)．

A. $\dfrac{1}{2} + (1 + x)\mathrm{e}^y$ 　　　　B. $(1 + x)\mathrm{e}^y$

C. $\dfrac{\mathrm{e}^y}{1 - x\mathrm{e}^y}$ 　　　　D. $\dfrac{1 - x\mathrm{e}^y}{\mathrm{e}^y}$

3. 曲线 $y = x^3 - 3x$ 上哪个点处的切线平行于 x 轴？(　　)．

A. $(0, 0)$ 　　　　B. $(-2, 2)$

C. $(-1, 2)$ 　　　　D. $(1, 2)$

4. 已知 $y = \ln x$，则 $y^{(n)} = $ (　　)．

A. $(-1)^n n!\ x^n$ 　　　　B. $(-1)^n(n-1)!\ x^{-2n}$

C. $(-1)^{n-1}n!\ x^{-n-1}$ 　　　　D. $(-1)^{n-1}(n-1)!\ x^{-n}$

5. 设 $y = \lg 2x$，则 $\mathrm{d}y = $ (　　)．

A. $\dfrac{1}{x\ln 10}\mathrm{d}x$ 　　　　B. $\dfrac{1}{2x}\mathrm{d}x$

C. $\dfrac{\ln 10}{x}\mathrm{d}x$ 　　　　D. $\dfrac{1}{x}\mathrm{d}x$

6. 下列极限中不能使用洛必达法则求极限的是 (　　)．

A. $\lim\limits_{x\to 0}\dfrac{\sin x}{x}$ 　　　　　　B. $\lim\limits_{x\to 0}\dfrac{\tan 2x}{\tan 3x}$

C. $\lim\limits_{x\to\infty}\dfrac{x+\sin x}{x}$ 　　　　　D. $\lim\limits_{x\to 0^+}x\ln x$

7. 下列说法正确的是 (　　).

A. 驻点必为极值点 　　　　　　　B. 极值点必为驻点

C. 可导函数的驻点必为极值点 　　　D. 可导函数的极值点必为驻点

三、选择正确的求导方法求下列函数的导数

1. $y = x\sin x\ln x$. 　　　　　　2. $y = e^{-3x^2}$.

3. $y = x^3\ln x + 2\cos x$. 　　　　4. $y = \sqrt{x\sqrt{x\sqrt{x}}}$.

5. $y = \ln(2-x)$. 　　　　　　　6. $y = 2\sin(2x+7)$.

7. $y = \cos^3 4x$. 　　　　　　　8. $y = \ln(2x)\cdot\sin(3x)$.

9. $y = \tan x^2\cdot\cos 3x$. 　　　　10. $y = \arctan\sqrt{6x-1}$.

四、求极限

1. $\lim\limits_{x\to 1}\dfrac{\ln x}{x-1}$; 　　　　　　2. $\lim\limits_{x\to\frac{\pi}{2}}\dfrac{\cos 5x}{\cos 3x}$;

3. $\lim\limits_{x\to 0}\left(\dfrac{1}{\sin x}-\dfrac{1}{x}\right)$; 　　　4. $\lim\limits_{x\to 0}\dfrac{1-\cos x}{\ln(1+x)-x}$;

五、解答题

1. 求曲线 $y = \dfrac{1}{3}x^3$ 上与直线 $x-4y=5$ 平行的切线方程.

2. 已知 $f(x)=x^3-2x^2+5x-\sin\dfrac{\pi}{2}$, 求 $f'(x)$ 和 $f'(-1)$.

3. 求函数 $f(x)=x^3+3x^2-24x-20$ 的极值.

4. 试问 a 为何值时, 函数 $f(x)=a\sin x+\dfrac{1}{3}\sin 3x$ 在 $x=\dfrac{\pi}{3}$ 处取得极值? 它是极大值还是极小值? 并求此极值.

六、应用题

1. 某厂生产某种商品, 每生产 x 个单位的费用为 $C(x)=5x+200$ (元), 得到的收入是 $R(x)=10x-0.01x^2$ (元), 问每批应生产多少个单位才能使利润最大?

2. 窗户形状下部是矩形, 上部是半圆形, 周长为 15 米, 问矩形的宽和高各是多少米时窗户的面积最大?

拓展阅读——数学家华罗庚

华罗庚（1910—1985 年），国际数学大师，中国科学院院士，是中国解析数论、矩阵几何学、典型群、自安函数论等多方面研究的创始人和开拓者，"中国解析数论学派"创始人．他为中国数学的发展作出了无与伦比的贡献，被誉为"中国现代数学之父"，被列为芝加哥科学技术博物馆中当今世界 88 位数学伟人之一．美国著名数学家贝特曼著文称："华罗庚是中国的爱因斯坦，足够成为全世界所有著名科学院的院士"．

华罗庚先生早年的研究领域是解析数论，他在解析数论方面的成就尤其广为人知，国际间颇具盛名的"中国解析数论学派"即为华罗庚开创的学派，该学派对于质数分布问题与哥德巴赫猜想作出了许多重大贡献．他在多复变函数论、矩阵几何学方面的卓越贡献，更是影响到了世界数学的发展．华罗庚先生在多复变函数论、典型群方面的研究领先西方数学界 10 多年，这些研究成果被著名的华裔数学家丘成桐高度称赞．华罗庚先生是难以比拟的天才、是中国的人才．

在代数方面，华罗庚证明了历史长久遗留的一维射影几何的基本定理；给出了体的正规子体一定包含在它的中心之中这个结果的一个简单而直接的证明，被称为嘉当-布饶尔-华定理．其专著《堆垒素数论》系统地总结、发展与改进了哈代与李特尔伍德圆法、维诺格拉多夫三角和估计方法及他本人的方法，发表 40 余年来其主要结果仍居世界领先地位，先后被译为俄、匈、日、德、英文出版，成为 20 世纪经典数论著作之一．其专著《多复变数函数论中的典型域的调和分析》以精密的分析和矩阵技巧，结合群表示论，具体给出了典型域的完整正交系，从而给出了柯西与泊松核的表达式．这项工作在调和分析、复分析、微分方程等研究中有着广泛深入的影响，曾获中国自然科学奖一等奖．华罗庚还倡导应用数学与计算机的研制，曾出版《统筹方法平话及补充》《优选学》等多部著作并在中国推广应用．

第3章 积分学及其应用

【名人名言】

数学的发展和至善和国家繁荣昌盛密切相关.

——拿破仑

趣味阅读——积分学的发展过程

积分思想是从面积、体积的计算（求积问题）中发展起来的. 早在公元前3世纪, 古希腊的数学家阿基米德（公元前287—公元前212年）在解决抛物弓形的面积、球的体积等问题中, 就隐含着积分学的思想.

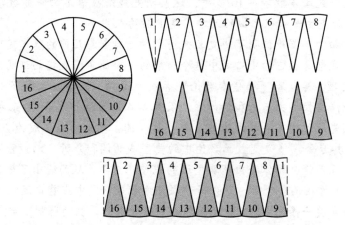

到了16世纪, 开普勒（1571—1630年）进一步发展了求积分的极限方法, 开普勒的这一杰出思想, 体现在1615年发表的《测定酒桶体积的新方法》一书中（据说他对求积问题的兴趣, 起源于对啤酒商的酒桶体积的怀疑）.

在该书中, 他用无限分割的办法, 求出了许多图形的面积和体积. 其基本思想是化曲为直、无限求和, 即把曲线形看作边数无限多的直线形. 例如, 将圆面积分割为无穷多个等腰三角形面积之和, 这些三角形的顶点在圆心, 底在圆上, 而高为半径 R. 显然, 圆面积等于圆周长与半径的乘积之半. 他对球体积公式的推导就是在此基础上发展而来的.

著名的开普勒行星三定律中的第二定律——由太阳到行星的向径扫过的面积与经过的时间成正比, 其推导过程也应用了这种求积方法. 用无穷多个无限小元素之和来确定曲边形的面积和体积, 这是开普勒求积术的核心, 也是他对积分学的最大贡献.

此外, 还有众多的数学家也为微积分的诞生做了积极的准备工作.

【导学】

微积分包含两部分内容：微分学和积分学．"无限细分，无限求和"的积分思想先于微分的产生，早期的数学家逐步得到了一系列求面积和体积（积分）、求极值和切线斜率（导数）的重要结果，但这些结果都是孤立的，不成体系的．直到 17 世纪中期，牛顿和莱布尼茨意识到微分与积分之间的互逆关系，创立了微积分．本章我们将先从几何学与力学问题出发引进定积分的定义，讨论它的性质，然后通过定积分和不定积分的桥梁——牛顿–莱布尼茨（Newton-Leibniz）公式来解决定积分的计算问题，最后运用定积分的微元法解决实际问题．

§3.1 定积分的概念

认识定积分

3.1.1 认识定积分

1. 曲边梯形的面积

所谓曲边梯形是指由连续曲线 $y = f(x)$ 与直线 $x = a$、$x = b$、x 轴所围成的图形．其底边所在的区间是 $[a, b]$，如图 3-1 所示．

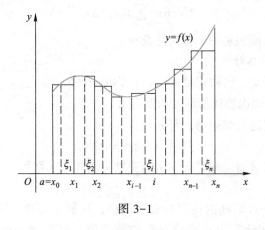

图 3-1

下面我们将采取"化整为零""积零为整"的方法来计算曲边梯形的面积 A．具体分为以下四个步骤．

（1）分割区间．

在区间 $[a, b]$ 中任意插入若干个分点，

$a = x_0 < x_1 < x_2 < \cdots < x_{i-1} < x_i < \cdots < x_{n-1} < x_n = b$，把 $[a, b]$ 分成 n 个小区间，$[x_0, x_1]$，$[x_1, x_2]$，$\cdots$，$[x_{i-1}, x_i]$，$\cdots$，$[x_{n-1}, x_n]$，它们的长度依次为

$\Delta x_1 = x_1 - x_0$，$\Delta x_2 = x_2 - x_1$，$\cdots$，$\Delta x_i = x_i - x_{i-1}$，$\cdots$，$\Delta x_n = x_n - x_{n-1}$．

过各分点作平行于 y 轴的直线，把曲边梯形分成 n 个小曲边梯形，其中第 i 个小曲边梯形的面积记为

$$\Delta A_i \ (i = 1, 2, \cdots, n),$$

则有 $A = \Delta S_1 + \Delta S_2 + \cdots + \Delta S_i + \cdots + \Delta S_n$.

（2）近似代替.

在第 i 个小区间 $[x_{i-1}, \ x_i]$ 上任取一点 $\xi_i (\ x_{i-1} \leqslant \xi_i \leqslant x_i)$，用点 ξ_i 的高 $f(\xi_i)$ 近似代替第 i 个小区间 $[x_{i-1}, \ x_i]$ 上各点处的高，即用以第 i 个小区间 $[x_{i-1}, \ x_i]$ 长为 Δx_i 为底，$f(\xi_i)$ 为高的小矩形的面积来近似代替同一底 $[x_{i-1}, \ x_i]$ 上的第 i 个小曲边梯形的面积，即

$$\Delta A_i \approx f(\xi_i) \Delta x_i.$$

（3）连续求和.

将 n 个小矩形面积相加，便得所求曲边梯形面积 S 的近似值为

$$A \approx f(\xi_1) \Delta x_1 + f(\xi_2) \Delta x_2 + \cdots + f(\xi_i) \Delta x_i + \cdots + f(\xi_n) \Delta x_n, \quad \text{即}$$

$$A \approx \sum_{i=1}^{n} f(\xi_i) \Delta x_i.$$

（4）计算极限.

从直观上看，分点越多，即分割越细，$\displaystyle\sum_{i=1}^{n} f(\xi_i) \Delta x_i$ 就越接近于曲边梯形的面积 S. 因此若用 $\| \Delta x_i \|$ 表示被分割的 n 个小区间中最大的小区间的长度，则当 $\| \Delta x_i \|$ 趋向于零时，和式 $\displaystyle\sum_{i=1}^{n} f(\xi_i) \Delta x_i$ 的极限就是 S，即

$$A = \lim_{\Delta x_i \to 0} \sum_{i=1}^{n} f(\xi_i) \Delta x_i.$$

可见，曲边梯形的面积是一个和式的极限.

2. 变速直线运动的路程

设某物体作直线运动，已知速度 $v = v(t)$ 是时间区间 $[a, \ b]$ 上的一个连续函数，且 $v(t) \geqslant 0$，求在这段时间内物体所经过的路程 s.

我们知道，对于匀速直线运动，有公式：

$$\text{路程} = \text{速度} \times \text{时间}.$$

但现在速度不是常量而是随时间变化的变量，因此所求路程不能直接按匀速直线运动的路程公式来计算.

然而，在很短的一段时间内速度的变化很小，近似于匀速，因此在这段时间内可以用匀速运动的路程公式计算出这部分路程的近似值，时间间隔越小，得出的结果越准确. 由此，我们可以采用与求曲边梯形的面积类似的方法来计算路程 s. 具体计算步骤如下.

（1）分割区间.

在时间区间 $[a, b]$ 中任意插入若干个分点，把 $[a, b]$ 分成 n 个小时间段，

$$[t_0, \ t_1], \ [t_1, \ t_2], \ \cdots, \ [t_{i-1}, \ t_i], \ \cdots, \ [t_{n-1}, \ t_n],$$

其中第 i 个小时间段 $[t_{i-1}, \ t_i]$ 的长记为

$$\Delta t_i = t_i - t_{i-1} \ (i = 1, \ 2, \ \cdots, \ n),$$

并将物体在第 i 个小时间段 $[t_{i-1}, \ t_i]$ 内走过的路程记为

$$\Delta s_i \ (i = 1, 2, \cdots, n),$$

则有 $s = \Delta s_1 + \Delta s_2 + \cdots + \Delta s_i + \cdots + \Delta s_n$.

（2）近似代替.

在第 i 个小时间段 $[\, t_{i-1}, \ t_i\,]$ 上任取一个时刻 ξ_i，用这个时刻 ξ_i 的速度 $v(\xi_i)$ 近似代替在第 i 个小时间段 $[\, t_{i-1}, \ t_i\,]$ 上各时刻的速度，便可得到第 i 个小时间段 $[\, t_{i-1}, \ t_i\,]$ 上的路程 Δs_i 的近似值为

$$\Delta s_i \approx v(\xi_i)\Delta t_i \quad (\, i = 1,\ 2,\ \cdots,\ n\,).$$

（3）连续求和.

将 n 个小时间段上的路程 s_i 的近似值 $v(\xi_i)\Delta t_i$ 相加，便得所求路程 s 的近似值为

$$s \approx v(\xi_1)\Delta t_1 + v(\xi_2)\Delta t_2 + \cdots + v(\xi_i)\Delta t_i + \cdots + v(\xi_n)\Delta t_n, \quad 即$$

$$s \approx \sum_{i=1}^{n} v(\xi_i)\Delta t_i.$$

（4）计算极限.

若用 $\|\Delta t_i\|$ 表示被分割的 n 个小时间段中最长的小时间段的时间长，则当 $\|\Delta t_i\|$ 趋向于零时，和式 $\displaystyle\sum_{i=1}^{n} v(\xi_i)\Delta t_i$ 的极限就是 s，即

$$s = \lim_{\Delta t_i \to 0} \sum_{i=1}^{n} v(\xi_i)\Delta t_i.$$

可见，变速直线运动的路程也是一个和式的极限.

3.1.2　定积分的概念和性质

定积分的定义

1. 定积分的定义

从上面两个例子可以看到，虽然我们所要计算的量的实际意义不同，前者是几何量，后者是物理量，但是计算这些量的思想方法和步骤都是相同的，并且最终归结为求一个和式的极限：

面积　　$S = \displaystyle\lim_{\Delta x_i \to 0} \sum_{i=1}^{n} f(\xi_i)\Delta x_i$;

路程　　$s = \displaystyle\lim_{\Delta t_i \to 0} \sum_{i=1}^{n} v(\xi_i)\Delta t_i$.

类似于这样的实际问题还有很多，抛开这些问题的具体意义，抓住它们在数量关系上共同的本质与特性加以概括，我们就可以抽象出下述定积分的定义.

定义　设函数 $y = f(x)$ 在 $[a,\ b]$ 上有界，在 $[a,\ b]$ 中任意插入若干个分点：

$$a = x_0 < x_1 < x_2 < \cdots < x_{i-1} < x_i < \cdots < x_{n-1} < x_n = b,$$

把区间 $[a,\ b]$ 分成 n 个小区间：

$$[x_0,\ x_1],\ [x_1,\ x_2],\ \cdots,\ [x_{i-1},\ x_i],\ \cdots,\ [x_{n-1},\ x_n],$$

各个小区间的长度依次为

$$\Delta x_1 = x_1 - x_0,\ \Delta x_2 = x_2 - x_1,\ \cdots,\ \Delta x_i = x_i - x_{i-1},\ \cdots,\ \Delta x_n = x_n - x_{n-1},$$

在每个小区间 $[x_{i-1},\ x_i]$ 上任取一点 ξ_i（$x_{i-1} \leqslant \xi_i \leqslant x_i$），作函数值 $f(\xi_i)$ 与小区间长度 Δx_i 的乘积 $f(\xi_i)\Delta x_i$（$i = 1,\ 2,\ \cdots,\ n$），并作出和：

$$\sum_{i=1}^{n} f(\xi_i)\Delta x_i. \tag{3-1}$$

记 $\lambda = \max\{\Delta x_1,\ \Delta x_2,\ \cdots,\ \Delta x_n\}$，如果不论对 $[a,\ b]$ 的分法，也不论在小区间

$[x_{i-1}, x_i]$ 上点 ξ_i 的取法, 只要当 $\lambda \to 0$ 时, 式 $(3-1)$ 均有极限, 那么我们称这个极限为函数 $y = f(x)$ 在区间 $[a, b]$ 上的定积分, 记为 $\int_a^b f(x)\,\mathrm{d}x$, 即

$$\lim_{\lambda \to 0} \sum_{i=1}^n f(\xi_i) \Delta x_i = \int_a^b f(x)\,\mathrm{d}x.$$

其中, $f(x)$ 叫作**被积函数**; $f(x)\mathrm{d}x$ 叫作**被积表达式**; x 叫作**积分变量**; a、b 分别叫作**积分下限**与**积分上限**; $[a, b]$ 叫作**积分区间**.

如果定积分 $\int_a^b f(x)\,\mathrm{d}x$ 存在, 则称 $f(x)$ 在 $[a, b]$ 上可积.

利用定积分的定义, 前面所讨论的两个实际问题可以分别表述如下:

曲边梯形的面积 S 等于其曲边函数 $y = f(x)$ 在其底边所在的区间 $[a, b]$ 上的定积分为

$$S = \int_a^b f(x)\,\mathrm{d}x.$$

变速直线运动的物体所经过的路程 s 等于其速度函数 $v = v(t)$ 在时间区间 $[a, b]$ 上的定积分为

$$s = \int_a^b v(t)\,\mathrm{d}t.$$

注意 (1) 定积分只与被积函数 $f(x)$ 及积分区间 $[a, b]$ 有关, 而与积分变量无关. 如果不改变被积函数和积分区间, 而只把积分变量 x 换成其他字母, 如 t 或 u, 那么定积分的值不变, 即

$$\int_a^b f(x)\,\mathrm{d}x = \int_a^b f(t)\,\mathrm{d}t = \int_a^b f(u)\,\mathrm{d}u,$$

换言之, 定积分中积分变量符号的更换不影响它的值.

(2) 在上述定积分的定义中要求 $a < b$, 为了今后运算方便, 我们给出以下的补充规定:

$$\int_a^b f(x)\,\mathrm{d}x = -\int_b^a f(x)\,\mathrm{d}x \ (a > b),$$

$$\int_a^a f(x)\,\mathrm{d}x = 0.$$

2. 定积分的基本性质

下面我们假定各函数在闭区间 $[a, b]$ 上连续, 而对 a、b 的大小不加限制 (特别情况除外).

性质 1 函数的和 (差) 的定积分等于它们的定积分的和 (差), 即

$$\int_a^b [f(x) \pm g(x)]\,\mathrm{d}x = \int_a^b f(x)\,\mathrm{d}x \pm \int_a^b g(x)\,\mathrm{d}x.$$

这个性质可以推广到有限个连续函数的代数和的定积分.

性质 2 被积函数的常数因子可以提到积分号外面, 即

$$\int_a^b kf(x)\,\mathrm{d}x = k\int_a^b f(x)\,\mathrm{d}x.$$

性质 3 如果在区间 $[a, b]$ 上, $f(x) \equiv 1$, 那么有

$$\int_a^b 1 \cdot \mathrm{d}x = \int_a^b \mathrm{d}x = b - a.$$

以上三条性质可用定积分的定义和极限运算法则导出.

证明从略.

性质 4 如果把区间 $[a, b]$ 分为 $[a, c]$ 和 $[c, b]$ 两个区间, 不论 a、b、c 的大小顺序如何, 总有

$$\int_a^b f(x) \mathrm{d}x = \int_a^c f(x) \mathrm{d}x + \int_c^b f(x) \mathrm{d}x.$$

性质 5(定积分中值定理) 如果函数 $f(x)$ 在区间 $[a, b]$ 上连续, 则在 $[a, b]$ 上至少存在一点 ξ, 使得下式成立,

$$\int_a^b f(x) \mathrm{d}x = f(\xi)(b - a) \quad (a \leqslant \xi \leqslant b).$$

证 根据闭区间上连续函数的介值定理, 在 $[a, b]$ 上至少存在一点 ξ, 使得

$$\frac{1}{b-a} \int_a^b f(x) \mathrm{d}x = f(\xi)(a \leqslant \xi \leqslant b), \quad \text{即}$$

$$\int_a^b f(x) \mathrm{d}x = f(\xi)(b-a).$$

由图 3-2 可知, 在 $[a, b]$ 上至少能找到一点 ξ, 使以 $f(\xi)$ 为高, $[a, b]$ 为底的矩形面积等于曲边梯形 $abBA$ 的面积.

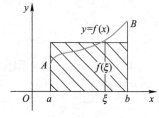

图 3-2

3.1.3 定积分的几何意义

定积分的几何意义

我们已经知道, 在 $[a, b]$ 上当 $f(x) \geqslant 0$ 时, 定积分 $\int_a^b f(x) \mathrm{d}x$ 表示由连续曲线 $y = f(x)$ 与直线 $x = a$、$x = b$ 及 x 轴所围成的曲边梯形的面积.

而在 $[a, b]$ 上当 $f(x) < 0$ 时, 如图 3-3 所示, 由于曲边梯形位于 x 轴的下方, $f(\xi_i) < 0$, 但 $\Delta x_i > 0$, 因此和式 $\sum_{i=1}^{n} f(\xi_i) \Delta x_i$ 的值为负值, 从而定积分

$$\int_a^b f(x) \mathrm{d}x = \lim_{\Delta x_i \to 0} \sum_{i=1}^{n} f(\xi_i) \Delta x_i$$

也是一个负数, 故此时曲边梯形的面积为

$$S = -\int_a^b f(x) \mathrm{d}x \quad \text{或} \quad \int_a^b f(x) \mathrm{d}x = -S.$$

当 $f(x)$ 在 $[a, b]$ 上既取得正值又取得负值时, 如图 3-4 所示, 则曲线 $f(x)$ 与直线 $x = a$、$x = b$ 及 x 轴所围成的图形是由三个曲边梯形组成, 那么由定积分的定义可得

$$\int_a^b f(x) \mathrm{d}x = S_1 - S_2 + S_3.$$

由上面的分析我们可以得到如下结果:

定积分 $\int_a^b f(x) \mathrm{d}x$ 的几何意义: 它的数值可以用曲边梯形的面积的代数和来表示.

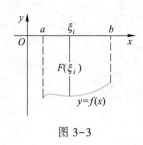

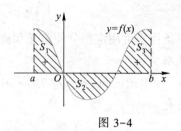

图 3-3　　　　　　　　　　　　　　　　　图 3-4

例　利用定积分表示图 3-5 中四个图形的面积.

解　(1) 图 3-5 (a) 中阴影部分的面积为 $S = \int_0^a x^2 \mathrm{d}x$；

(2) 图 3-5 (b) 中阴影部分的面积为 $S = \int_{-1}^2 x^2 \mathrm{d}x$；

(3) 图 3-5 (c) 中阴影部分的面积为

$$S = \int_{-1}^0 \left[(x-1)^2 - 1\right] \mathrm{d}x - \int_0^2 \left[(x-1)^2 - 1\right] \mathrm{d}x；$$

(4) 图 3-5 (d) 中阴影部分的面积为 $S = \int_a^b \mathrm{d}x$.

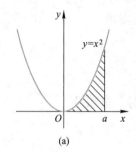

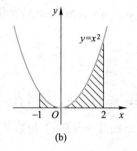

(a)　　　　　　　　　　　　　　　(b)

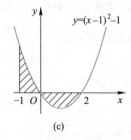

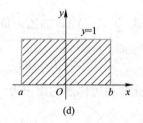

(c)　　　　　　　　　　　　　　　(d)

图 3-5

对于定积分,有这样一个重要问题:什么函数是可积的?

这个问题我们不作深入讨论,而只是直接给出下面的定积分存在定理:

定理　如果函数 $f(x)$ 在 $[a,\ b]$ 上连续,则函数 $y = f(x)$ 在 $[a,\ b]$ 上可积.

证明从略.

这个定理在直观上是很容易接受的:如图 3-2 所示,由定积分的几何意义可知,若 $f(x)$ 在 $[a,\ b]$ 上连续,则由曲线 $y = f(x)$、直线 $x = a$、$x = b$ 和 x 轴所围成的曲边梯形面积的代数和是一定存在的，即定积分 $\int_a^b f(x)\,\mathrm{d}x$ 一定存在．

习题 3.1

习题 3.1 答案

1. 利用定积分定义计算 $\int_a^b x\,\mathrm{d}x\ (a < b)$．

2. 利用定积分表示图 3-6 中四个图形中的阴影部分的面积．

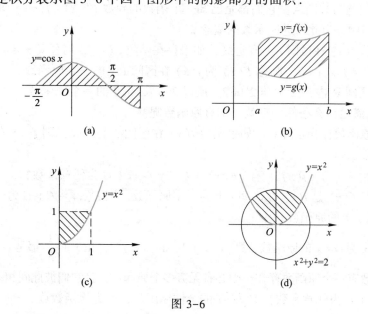

(a)　　　(b)

(c)　　　(d)

图 3-6

3. 利用定积分的几何意义求下列各定积分．

(1) $\int_1^3 (x - 1)\,\mathrm{d}x$；　　　　　(2) $\int_0^2 4\,\mathrm{d}x$．

4. 已知 $\int_0^2 x^2\,\mathrm{d}x = \dfrac{8}{3}$，$\int_0^2 x\,\mathrm{d}x = 2$，计算下列各式的值．

(1) $\int_0^2 (x + 1)^2\,\mathrm{d}x$；　　　　　(2) $\int_0^2 (x - \sqrt{3})(x + \sqrt{3})\,\mathrm{d}x$．

§3.2　微积分基本公式

按照定积分的定义计算定积分的值是困难的．本节先引入原函数与不定积分的概念，寻求定积分与不定积分之间的联系，从而得到计算定积分的基本公式（微积分基本公式）：牛顿-莱布尼茨公式．

3.2.1　原函数与不定积分

从微分学知道，已知函数可以求出其导数．例如：若已知曲线方程 $y = f(x)$，则可以求出该曲线在任一点 x 处的切线的斜率为 $k = f'(x)$．例如，曲线 $y = x^2$ 在点 x 处切线的斜

率为 $k = (x^2)' = 2x$；若已知某产品的成本函数 $C = C(q)$，则可以求得其边际成本函数 $C' = C'(q)$．

但在实际问题中，常常会遇到与此相反的问题．

引例 1　已知切线斜率，求曲线的方程．如：求过点 $(1,0)$，斜率为 $2x$ 的曲线方程．

引例 2　已知某产品的边际成本函数，求生产该产品的成本函数．如：某产品的边际成本函数为 $C'(q) = 2q + 3$，其中 q 是产量，已知生产的固定成本为 3，求生产成本函数．

1. 原函数

以上两个问题的共同点：它们都是已知一个函数的导数 $F'(x) = f(x)$，求原来的那个函数 $F(x)$ 的问题，为此引进原函数的概念．

定义 1　设 $f(x)$ 在区间 I 上有定义，如果存在函数 $F(x)$，对任意 $x \in I$，有 $F'(x) = f(x)$（或 $\mathrm{d}F(x) = f(x)\mathrm{d}x$），则称 $F(x)$ 为 $f(x)$ 在区间 I 上的一个原函数．

例如，在区间 **R** 内，$(2^x)' = 2^x \ln 2$，所以 2^x 是 $2^x \ln 2$ 的一个原函数．

函数 $f(x)$ 满足什么条件，它就一定有原函数呢？

定理 1（原函数存在定理）　如果函数 $f(x)$ 在区间 I 上连续，则 $f(x)$ 在该区间上的原函数必存在．

一般地，由 $F'(x) = f(x)$，有 $[F(x) + C]' = f(x)$（C 为任意常数）．

定理 2　若 $F(x)$ 是 $f(x)$ 在区间 I 上的一个原函数，则 $F(x) + C$（C 为任意常数）都是 $f(x)$ 在区间 I 上的原函数．

例如，$\sin x$ 为 $\cos x$ 的原函数，则 $\sin x + 1$，$\sin x - \sqrt{5}$，$\sin x + \dfrac{1}{5}$ 都是 $\cos x$ 的原函数．

显然，如果函数有一个原函数存在，则必有无穷多个原函数，且它们彼此间相差一个常数．

$F(x) + C$（C 为任意常数）是 $f(x)$ 的全体原函数，称为原函数族．

2. 不定积分的概念

定义 2　在区间 I 上，若 $F(x)$ 是 $f(x)$ 的一个原函数，则 $f(x)$ 的全体原函数 $F(x) + C$（C 为任意常数）称为 $f(x)$ 在 I 上的不定积分，记为 $\displaystyle\int f(x)\mathrm{d}x$，即

不定积分的概念

$$\int f(x)\mathrm{d}x = F(x) + C.$$

其中，$\displaystyle\int$ 称为**积分号**；$f(x)$ 称为**被积函数**；$f(x)\mathrm{d}x$ 称为**被积表达式**；x 称为**积分变量**．

我们把求已知函数的全部原函数的方法称为不定积分法，简称积分法．显然，积分运算是微分运算的逆运算．

例 1　求 $\displaystyle\int x^5 \mathrm{d}x$．

解　由于 $\left(\dfrac{1}{6}x^6\right)' = x^5$，则 $\dfrac{1}{6}x^6$ 是 x^5 的一个原函数，因此

$$\int x^5 \mathrm{d}x = \frac{1}{6}x^6 + C.$$

例2 求 $\int \dfrac{1}{1+x^2}\mathrm{d}x$.

解 因为 $(\arctan x)' = \dfrac{1}{1+x^2}$ ，所以

$$\int \dfrac{1}{1+x^2}\mathrm{d}x = \arctan x + C.$$

例3 （引例2的解答）某产品的边际成本函数为 $C'(q) = 2q + 3$ ，其中 q 是产量，已知生产的固定成本为3，求生产成本函数 .

解 设所求生产成本函数为 $C(q)$ ，由题设，$C'(q) = 2q + 3$.

因为 $(q^2 + 3q)' = 2q + 3$ ，所以 $C(q) = \int (2q + 3)\mathrm{d}x = q^2 + 3q + C$.

由于固定成本为3，即 $C(0) = 3$ ，代入上式，得 $C = 3$ ，因此，生产成本函数 $C(q) = \int (2q + 3)\mathrm{d}x = q^2 + 3q + 3$.

3. 不定积分的性质

根据不定积分的定义，不定积分有以下性质 .

性质1 微分运算和积分运算互为逆运算：

不定积分的性质

(1) $\left[\int f(x)\mathrm{d}x\right]' = f(x)$ 或 $\mathrm{d}\left[\int f(x)\mathrm{d}x\right] = f(x)\mathrm{d}x$ ；

(2) $\int F'(x)\mathrm{d}x = F(x) + C$ 或 $\int \mathrm{d}F(x) = F(x) + C$.

性质2 两个函数代数和的积分，等于这两个函数积分的代数和：

$$\int [f(x) \pm g(x)]\mathrm{d}x = \int f(x)\mathrm{d}x \pm \int g(x)\mathrm{d}x.$$

这一性质可推广到任意有限多个函数代数和的情形，即

$$\int [f_1(x) \pm f_2(x) \pm \cdots \pm f_n(x)]\mathrm{d}x$$

$$= \int f_1(x)\mathrm{d}x \pm \int f_2(x)\mathrm{d}x \pm \cdots \pm \int f_n(x)\mathrm{d}x .$$

性质3 被积函数中的非零常数因子可提到积分号前

$$\int kf(x)\mathrm{d}x = k\int f(x)\mathrm{d}x \quad (k \text{ 是常数}, k \neq 0) .$$

4. 不定积分的几何意义

$f(x)$ 的一个原函数 $F(x)$ 的图形叫作 $f(x)$ 的一条**积分曲线**，其方程是 $y = F(x)$ ；而 $f(x)$ 的全部原函数是 $F(x) + C$ ，所有这些函数 $F(x) + C$ 的图形组成一个曲线簇，即 $\int f(x)\mathrm{d}x$ 在几何上表示一簇曲线，称为 $f(x)$ 的**积分曲线簇**，其方程是 $y = F(x) + C$. 这就是 $\int f(x)\mathrm{d}x$ 的几何意义，如图3-7所示 . 其中任何一条积分曲线都可以通过其中某一条曲线沿 y 轴方向向上、下平移而得到 . 并且在每条积分曲线上横坐标为 x 的点处作曲线的切线，所有切线的斜率都为 $f(x)$. 这些切线是互相平行的 .

例 4（引例 1 解答） 求过点 $(1, 0)$，斜率为 $2x$ 的曲线方程.

解 设曲线方程为 $y = f(x)$，则由题意得 $k = y' = 2x$，由不定积分的定义得 $y = \int 2x \mathrm{d}x$. 因为 $(x^2 + C)' = 2x$，所以 $y = \int 2x \mathrm{d}x = x^2 + C$.

$y = x^2 + C$ 就是 $2x$ 的积分曲线簇. 将 $(1, 0)$ 代入，得 $C = -1$，那么所求曲线为 $y = x^2 - 1$，这是 $2x$ 的一条积分曲线.

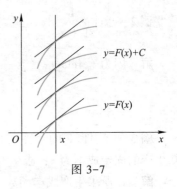

图 3-7

3.2.2 积分上限的函数及其导数

设函数 $f(x)$ 在区间 $[a, b]$ 上连续，x 为 $[a, b]$ 上任一点，则 $f(x)$ 在 $[a, x]$ 上仍连续，从而积分

$$\int_a^x f(x) \mathrm{d}x$$

存在，且确定了 $[a, b]$ 上的一个以上限 x 为自变量的函数，称为积分上限的函数，记作

$$\varPhi(x) = \int_a^x f(x) \mathrm{d}x \ (a \leqslant x \leqslant b),$$

这里 x 既是定积分的上限，又是积分变量. 为避免混淆，把积分变量改用 t 表示. 则上式改写为

$$\varPhi(x) = \int_a^x f(t) \mathrm{d}t \ (a \leqslant x \leqslant b).$$

定理 3 如果函数 $f(x)$ 在区间 $[a, b]$ 上连续，那么积分上限的函数 $\varPhi(x) = \int_a^x f(t) \mathrm{d}t$ 在 $[a, b]$ 上具有导数，且它的导数为

$$\varPhi'(x) = f(x) \ (a \leqslant x \leqslant b).$$

证 如图 3-8 所示，给 x 以增量 Δx，则 $\varPhi(x)$ 有增量为

$$\Delta \varPhi(x) = \varPhi(x + \Delta x) - \varPhi(x)$$

$$= \int_a^{x+\Delta x} f(t) \mathrm{d}t - \int_a^x f(t) \mathrm{d}t$$

$$= \int_a^x f(t) \mathrm{d}t + \int_x^{x+\Delta x} f(t) \mathrm{d}t - \int_a^x f(t) \mathrm{d}t$$

$$= \int_x^{x+\Delta x} f(t) \mathrm{d}t.$$

由微分中值定理，得在 $[x, x + \Delta x]$ 内必存在一点 ξ，使得

$$\Delta \varPhi(x) = \int_x^{x+\Delta x} f(t) \mathrm{d}t = f(\xi) \Delta x,$$

即 $\dfrac{\Delta\Phi(x)}{\Delta x} = f(\xi)$.

当 $\Delta x \to 0$ 时，$\xi \to x$，根据 $f(x)$ 的连续性，得

$$\lim_{\Delta x \to 0} \frac{\Delta\Phi(x)}{\Delta x} = \lim_{\Delta x \to 0} f(\xi) = \lim_{\xi \to x} f(\xi) = f(x),$$

即 $\Phi'(x) = f(x)$.

由原函数的定义可知，$\Phi(x)$ 是连续函数 $f(x)$ 的一个原函数. 因此也证明了下面的定理:

定理 4 如果函数 $f(x)$ 在区间 $[a, b]$ 上连续，则函数

$$\Phi(x) = \int_a^x f(t)\,\mathrm{d}t$$

就是 $f(x)$ 在区间 $[a, b]$ 上的一个原函数.

3.2.3 牛顿–莱布尼茨公式

定理 5（微积分基本定理） 如果函数 $F(x)$ 是连续函数 $f(x)$ 在区间 $[a, b]$ 上的一个原函数，则

$$\int_a^b f(x)\,\mathrm{d}x = F(b) - F(a). \tag{3-2}$$

证 由定理 4 知，$\Phi(x) = \int_a^x f(t)\,\mathrm{d}t$ 是 $f(x)$ 的一个原函数，又假设 $F(x)$ 也是 $f(x)$ 的一个原函数，故

$$F(x) - \Phi(x) = C \ (a \leqslant x \leqslant b, \ C \ 为常数),$$

即 $F(x) - \int_a^x f(t)\,\mathrm{d}t = C$.

在上式中令 $x = a$，根据 $\int_a^a f(t)\,\mathrm{d}t = 0$，得

$$F(a) = C,$$

于是 $F(x) = \int_a^x f(t)\,\mathrm{d}t + F(a)$.

在上式中再令 $x = b$，得

$$\int_a^b f(t)\,\mathrm{d}t = F(b) - F(a) \ 或 \int_a^b f(x)\,\mathrm{d}x = F(b) - F(a).$$

这就证明了定理 5.

式 (3-2) 又称为牛顿–莱布尼茨公式，也称为微积分基本公式. 它表明: 连续函数 $f(x)$ 在 $[a, b]$ 上的定积分等于它的一个原函数 $F(x)$ 在该区间上的增量. 它为定积分的计算提供了一个简便有效的方法. 只要我们掌握了不定积分的计算方法，就掌握了定积分的计算方法.

若记 $F[b] - F[a] = [F(x)]_a^b$，则式 (3-2) 也可以写成

$$\int_a^b fx(x)\,\mathrm{d}x = \left[F(x)\right]_a^b = F(b) - F(a).$$

习题 3.2

习题 3.2 答案

1. 求下列不定积分:

(1) $\int x^2 \sqrt{x}\, \mathrm{d}x$;

(2) $\int \dfrac{1-x}{\sqrt[3]{x}}\mathrm{d}x$;

(3) $\int \dfrac{x^2}{1+x^2}\mathrm{d}x$;

(4) $\int (10^x + \cot^2 x)\,\mathrm{d}x$;

(5) $\int \sec x (\sec x - \tan x)\,\mathrm{d}x$;

(6) $\int \sin^2 \dfrac{x}{2}\mathrm{d}x$;

(7) $\int \dfrac{\mathrm{e}^{2x}-1}{\mathrm{e}^x+1}\mathrm{d}x$;

(8) $\int \dfrac{-2}{\sqrt{1-x^2}}\mathrm{d}x$.

2. 设物体以速度 $v = 2\cos t$ 作直线运动,开始时质点的位移为 s_0,求质点的运动方程.

3. 曲线 $y = f(x)$ 在点 (x, y) 处的切线斜率为 $-x + 2$,曲线过点 $(2, 5)$,求此曲线的方程.

4. 计算下列各定积分.

(1) $\int_1^3 x^3 \mathrm{d}x$;

(2) $\int_0^a (3x^2 - x + 1)\,\mathrm{d}x$;

(3) $\int_1^2 \left(x^2 + \dfrac{1}{x^4} \right) \mathrm{d}x$;

(4) $\int_{\frac{1}{\sqrt{3}}}^{\sqrt{3}} \dfrac{\mathrm{d}x}{1+x^2}$;

(5) $\int_{-\frac{1}{2}}^{\frac{1}{2}} \dfrac{\mathrm{d}x}{\sqrt{1-x^2}}$;

(6) $\int_{-1}^0 \dfrac{3x^4 + 3x^2 + 1}{x^2 + 1}\mathrm{d}x$;

(7) $\int_0^{\frac{\pi}{4}} \tan^2 \theta \mathrm{d}\theta$;

(8) $\int_0^{2\pi} |\sin x|\mathrm{d}x$;

(9) 设 $f(x) = \begin{cases} x + 1, & x \leqslant 1, \\ \dfrac{1}{2}x^2, & x > 1, \end{cases}$ 求 $\int_0^2 f(x)\,\mathrm{d}x$.

§3.3 积分法

3.3.1 不定积分的基本积分公式

由于不定积分是求导数(或微分)的逆运算,因此根据导数的基本公式,可得相应的积分公式,表 3-1 列出了不定积分的基本积分公式及其对应的导数求导公式.

表 3-1 不定积分的基本积分公式及其对应的导数求导公式

序号	导数公式	积分公式
1	$C' = 0$	$\int 0 \mathrm{d}x = C$

序号	导数公式	积分公式
2	$(x)' = 1$	$\int 1 \mathrm{d}x = x + C$
3	$(x^{\alpha+1})' = (\alpha + 1)x^{\alpha}$	$\int x^{\alpha} \mathrm{d}x = \dfrac{1}{\alpha + 1}x^{\alpha+1} + C$
4	$(\ln x)' = \dfrac{1}{x}$	$\int \dfrac{1}{x}\mathrm{d}x = \ln \lvert x \rvert + C$
5	$(a^x)' = a^x \ln a$	$\int a^x \mathrm{d}x = \dfrac{a^x}{\ln a} + C$
6	$(\mathrm{e}^x)' = \mathrm{e}^x$	$\int \mathrm{e}^x \mathrm{d}x = \mathrm{e}^x + C$
7	$(\cos x)' = -\sin x$	$\int \sin x \mathrm{d}x = -\cos x + C$
8	$(\sin x)' = \cos x$	$\int \cos x \mathrm{d}x = \sin x + C$
9	$(\tan x)' = \sec^2 x = \dfrac{1}{\cos^2 x}$	$\int \sec^2 x \mathrm{d}x = \int \dfrac{1}{\cos^2 x}\mathrm{d}x = \tan x + C$
10	$(\cot x)' = -\csc^2 x = -\dfrac{1}{\sin^2 x}$	$\int \csc^2 x \mathrm{d}x = \int \dfrac{1}{\sin^2 x}\mathrm{d}x = -\cot x + C$
11	$(\sec x)' = \sec x \tan x$	$\int \sec x \tan x \mathrm{d}x = \sec x + C$
12	$(\csc x)' = -\csc x \cot x$	$\int \csc x \cot x \mathrm{d}x = -\csc x + C$
13	$(\arcsin x)' = \dfrac{1}{\sqrt{1-x^2}}$	$\int \dfrac{1}{\sqrt{1-x^2}}\mathrm{d}x = \arcsin x + C$
14	$(\arctan x)' = \dfrac{1}{1+x^2}$	$\int \dfrac{1}{1+x^2}\mathrm{d}x = \arctan x + C$

3.3.2　直接积分法

1. 不定积分的直接积分法

表 3-1 中的公式是计算不定积分的基础，必须熟记．在上述公式的基础上，再对被积函数进行适当的恒等变形，就可以求一些不定积分．这种方法称为直接积分法．

直接积分法

例 1　求 $\displaystyle\int\left(\dfrac{1}{x^3} - 3\cos x + \dfrac{1}{x}\right)\mathrm{d}x$．

解　
$$\int\left(\dfrac{1}{x^3} - 3\cos x + \dfrac{1}{x}\right)\mathrm{d}x = \int \dfrac{1}{x^3}\mathrm{d}x - \int 3\cos x \mathrm{d}x + \int \dfrac{1}{x}\mathrm{d}x$$
$$= \int x^{-3}\mathrm{d}x - 3\int \cos x \mathrm{d}x + \int \dfrac{1}{x}\mathrm{d}x$$
$$= -\dfrac{1}{2}x^{-2} - 3\sin x + \ln \lvert x \rvert + C.$$

例 2 求 $\int \dfrac{1}{x^2(1+x^2)}dx$.

解 $\int \dfrac{1}{x^2(1+x^2)}dx = \int \dfrac{1+x^2-x^2}{x^2(1+x^2)}dx = \int \left(\dfrac{1}{x^2}-\dfrac{1}{x^2+1}\right)dx$

$$= \int \dfrac{1}{x^2}dx - \int \dfrac{1}{x^2+1}dx = -\dfrac{1}{x} - \arctan x + C .$$

例 3 求 $\int \cos^2 \dfrac{x}{2}dx$.

解 $\int \cos^2 \dfrac{x}{2}dx = \int \dfrac{1+\cos x}{2}dx$

$$= \dfrac{1}{2}\int dx + \dfrac{1}{2}\int \cos x dx = \dfrac{1}{2}x + \dfrac{1}{2}\sin x + C .$$

例 4 求 $\int \tan^2 x dx$.

解 $\int \tan^2 x dx = \int (\sec^2 x - 1)dx = \tan x - x + C .$

例 5 设某厂生产某种商品的边际收入为 $R'(Q) = 500 - 2Q$,其中 Q 为该商品的产量,如果该产品可在市场上全部售出,求总收入函数.

解 因为 $R'(Q) = 500 - 2Q$,两边积分得

$$R(Q) = \int R'(Q)dQ = \int (500 - 2Q)dQ$$
$$= 500Q - Q^2 + C ,$$

又因为当 $Q = 0$ 时,总收入 $R(0) = 0$,所以 $C = 0$.

故总收入函数为 $R(Q) = 500Q - Q^2$.

2. 定积分的直接积分法

例 6 计算 $\int_1^e \dfrac{dx}{x}$.

定积分直接积分法

解 因为 $\ln x$ 是 $\dfrac{1}{x}$ 的一个原函数,由牛顿–莱布尼茨公式得

$$\int_1^e \dfrac{dx}{x} = \left[\ln x \right]_1^e = \ln e - \ln 1 = 1 .$$

例 7 计算 $\int_{-\frac{\pi}{4}}^{\frac{\pi}{4}} \sec^2 x dx$.

解 因为 $\tan x$ 是 $\sec^2 x$ 的一个原函数,所以

$$\int_{-\frac{\pi}{4}}^{\frac{\pi}{4}} \sec^2 x dx = \left[\tan x \right]_{-\frac{\pi}{4}}^{\frac{\pi}{4}} = 1 - (-1) = 2 .$$

例 8 求曲线 $y = 2^x$ 、$x = -1$ 、$x = 2$ 及 x 轴所围图形的面积.

解 如图 3-8 所示,曲边梯形的面积为

$$A = \int_{-1}^2 2^x dx .$$

因为 $\dfrac{2^x}{\ln 2}$ 是 2^x 的一个原函数，所以

$$A = \int_{-1}^{2} 2^x \mathrm{d}x$$

$$= \left.\frac{2^x}{\ln 2}\right|_{-1}^{2} = \frac{7}{\ln 4}$$

3.3.3　换元积分法

1．不定积分的换元积分法

能用直接积分法计算的不定积分和定积分是非常有限的．因此我们有必要进一步研究新的积分方法．本节我们为大家介绍换元积分法，就是通过适当的选择变量替换，可以把某些不定积分化为基本积分公式进行积分计算．不定积分的换元积分法通常分为两类：第一类换元积分法和第二类换元积分法．

（1）第一类换元积分法．

引例 1　求 $\displaystyle\int e^{2x}\mathrm{d}x$.

第一类换元积分法

这个积分不能直接用公式 $\displaystyle\int e^x \mathrm{d}x = e^x + C$ 来求，为能套用公式，将积分作如下变化：

$$\int e^{2x}\mathrm{d}x \xrightarrow{\text{变换积分}} \frac{1}{2}\int e^{2x}(2x)'\mathrm{d}x \xrightarrow{\text{凑微分}} \frac{1}{2}\int e^{2x}\mathrm{d}(2x) \xrightarrow{\text{令}\ u=2x}$$

$$\frac{1}{2}\int e^{u}\mathrm{d}(u) \xrightarrow{\text{由公式求积分}} \frac{1}{2}e^{u} + C \xrightarrow{\text{回代}\ u=2x} \frac{1}{2}e^{2x} + C.$$

由于 $\left(\dfrac{1}{2}e^{2x} + C\right)' = \dfrac{1}{2}e^{2x} \cdot (2x)' = e^{2x}$，所以上述结果是正确的．

引例 1 就是利用了第一类换元积分法．

一般地，有下面的定理：

定理 1　如果 $\displaystyle\int f(u)\mathrm{d}u = F(u) + C$，且 $u = \varphi(x)$ 有连续导数，则

$$\int g(x)\mathrm{d}x \xrightarrow{\text{变换积分}} \int f[\varphi(x)]\varphi'(x)\mathrm{d}x \xrightarrow{\text{凑微分}} \int f[\varphi(x)]\mathrm{d}\varphi(x) \xrightarrow{\text{令}\ \varphi(x)=u}$$

$$\int f(u)\mathrm{d}u \xrightarrow{\text{由公式求积分}} F(u) + C \xrightarrow{\text{回代}\ u=\varphi(x)} F[\varphi(x)] + C.$$

这种先"凑"微分式再作变量代换的积分方法，称为第一类换元积分法．上式中由 $\varphi'(x)\mathrm{d}x$ 凑成微分 $\mathrm{d}\varphi(x)$ 是关键的一步．因此也称为凑微分法．

例 9　求 $\displaystyle\int \frac{1}{4+3x}\mathrm{d}x$.

解　$\displaystyle\int \frac{1}{4+3x}\mathrm{d}x = \frac{1}{3}\int \frac{1}{4+3x}(4+3x)'\mathrm{d}x = \frac{1}{3}\int \frac{1}{4+3x}\mathrm{d}(4+3x)$

$\xrightarrow{\text{令}\ 4+3x=u} \dfrac{1}{3}\displaystyle\int \frac{1}{u}\mathrm{d}u = \frac{1}{3}\ln|u| + C \xrightarrow{\text{回代}\ u=4+3x} \frac{1}{3}\ln|4+3x| + C.$

例 10　求 $\int (2x+1)^3 \mathrm{d}x$.

解　$\int (2x+1)^3 \mathrm{d}x = \dfrac{1}{2}\int (2x+1)^3 (2x+1)' \mathrm{d}x = \dfrac{1}{2}\int (2x+1)^3 \mathrm{d}(2x+1)$

$\xrightarrow{\text{令}\, 2x+1=u} \dfrac{1}{2}\int u^3 \mathrm{d}u = \dfrac{1}{8}u^4 + C \xrightarrow{\text{回代}\, u=2x+1} \dfrac{1}{8}(2x+1)^4 + C$.

注意　在十分熟练后不必写出新变量 u ，直接写出结果即可.

例 11　求 $\int \sin\dfrac{x}{3}\mathrm{d}x$.

解　$\int \sin\dfrac{x}{3}\mathrm{d}x = 3\int \sin\dfrac{x}{3}\mathrm{d}\left(\dfrac{x}{3}\right) = -3\cos\dfrac{x}{3} + C$.

例 12　求 $\int x\mathrm{e}^{x^2}\mathrm{d}x$.

解　将 $\mathrm{d}x$ 进行配凑，因为 $x\mathrm{d}x = \dfrac{1}{2}\mathrm{d}x^2$ ，所以

$$\int x\mathrm{e}^{x^2}\mathrm{d}x = \dfrac{1}{2}\int \mathrm{e}^{x^2}\mathrm{d}(x^2) \xrightarrow{u=x^2} \dfrac{1}{2}\int \mathrm{e}^u \mathrm{d}u = \dfrac{1}{2}\mathrm{e}^u + C = \dfrac{1}{2}\mathrm{e}^{x^2} + C .$$

从以上例子可以看出，第一类换元积分法的关键在于"配凑"，为方便计算，下面给出一些常用的凑微分形式供大家参考.

(1) $\mathrm{d}x = \dfrac{1}{a}\mathrm{d}(ax+b)$;　　　　(2) $x\mathrm{d}x = \dfrac{1}{2}\mathrm{d}x^2 = \dfrac{1}{2a}\mathrm{d}(ax^2+b)$;

(3) $\dfrac{1}{\sqrt{x}}\mathrm{d}x = 2\mathrm{d}(\sqrt{x}) = \dfrac{2}{a}\mathrm{d}(a\sqrt{x}+b)$　(4) $a^x\mathrm{d}x = \dfrac{1}{\ln a}\mathrm{d}(a^x)$;

(5) $\dfrac{1}{x^2}\mathrm{d}x = -\mathrm{d}\left(\dfrac{1}{x}\right)$;　　　　(6) $\dfrac{1}{x}\mathrm{d}x = \mathrm{d}(\ln|x|+C)$;

(7) $\cos x\mathrm{d}x = \mathrm{d}(\sin x)$;　　　　(8) $\sin x\mathrm{d}x = -\mathrm{d}(\cos x)$;

(9) $\sec^2 x\mathrm{d}x = \mathrm{d}(\tan x)$;　　　　(10) $\sec x\tan x\mathrm{d}x = \mathrm{d}(\sec x)$;

(11) $\dfrac{1}{\sqrt{1-x^2}}\mathrm{d}x = \mathrm{d}(\arcsin x)$;　　(12) $\dfrac{1}{1+x^2}\mathrm{d}x = \mathrm{d}(\arctan x)$.

替换变量是为了计算上的方便，在计算熟练的基础上，我们可以省略设中间变量的步骤.

例 13　求 $\int \dfrac{\mathrm{e}^{\sqrt[3]{x}}}{\sqrt{x}}\mathrm{d}x$.

解　因为 $\dfrac{1}{\sqrt{x}}\mathrm{d}x = 2\mathrm{d}\sqrt{x}$ ，所以

$$\int \dfrac{\mathrm{e}^{\sqrt[3]{x}}}{\sqrt{x}}\mathrm{d}x = 2\int \mathrm{e}^{\sqrt[3]{x}}\mathrm{d}\sqrt{x} = \dfrac{2}{3}\int \mathrm{e}^{\sqrt[3]{x}}\mathrm{d}(3\sqrt{x}) = \dfrac{2}{3}\mathrm{e}^{\sqrt[3]{x}} + C .$$

例 14　求 $\int \dfrac{1}{\sqrt{a^2-x^2}}\mathrm{d}x$.

解　$\displaystyle\int \frac{1}{\sqrt{a^2 - x^2}}\mathrm{d}x = \int \frac{1}{\sqrt{1 - \left(\dfrac{x}{a}\right)^2}}\mathrm{d}\left(\frac{x}{a}\right) = \arcsin\frac{x}{a} + C.$

例 15　求 $\displaystyle\int \frac{1}{a^2 + x^2}\mathrm{d}x$.

解　$\displaystyle\int \frac{1}{a^2 + x^2}\mathrm{d}x = \frac{1}{a}\int \frac{1}{1 + \left(\dfrac{x}{a}\right)^2}\mathrm{d}\left(\frac{x}{a}\right) = \frac{1}{a}\arctan\frac{x}{a} + C.$

例 16　求 $\displaystyle\int \frac{1}{x^2 - a^2}\mathrm{d}x$.

解　$\displaystyle\int \frac{1}{x^2 - a^2}\mathrm{d}x = \frac{1}{2a}\int \left(\frac{1}{x - a} - \frac{1}{x + a}\right)\mathrm{d}x$

$\displaystyle\qquad\qquad\qquad = \frac{1}{2a}\left[\ln|x - a| - \ln|x + a|\right] + C$

$\displaystyle\qquad\qquad\qquad = \frac{1}{2a}\ln\left|\frac{x - a}{x + a}\right| + C.$

类似地，可得 $\displaystyle\int \frac{1}{a^2 - x^2}\mathrm{d}x = \frac{1}{2a}\ln\left|\frac{a + x}{a - x}\right| + C.$

例 17　求 $\displaystyle\int \frac{\cos\sqrt{x}}{\sqrt{x}}\mathrm{d}x$.

解　$\displaystyle\int \frac{\cos\sqrt{x}}{\sqrt{x}}\mathrm{d}x = 2\int \cos\sqrt{x}\,\mathrm{d}(\sqrt{x}) = 2\sin\sqrt{x} + C.$

例 18　求 $\displaystyle\int \tan x\,\mathrm{d}x$.

解　$\displaystyle\int \tan x\,\mathrm{d} = \int \frac{\sin x}{\cos x}\mathrm{d}x = -\int \frac{\mathrm{d}(\cos x)}{\cos x}$

$\displaystyle\qquad\qquad = -\ln|\cos x| + C.$

类似地，可得 $\displaystyle\int \cot x\,\mathrm{d}x = \ln|\sin x| + C.$

例 19　求 $\displaystyle\int \csc x\,\mathrm{d}x$.

解　$\displaystyle\int \csc x\,\mathrm{d}x = \int \frac{1}{\sin x}\mathrm{d}x = \int \frac{1}{2\sin\dfrac{x}{2}\cos\dfrac{x}{2}}\mathrm{d}x = \int \frac{\mathrm{d}\left(\dfrac{x}{2}\right)}{\tan\dfrac{x}{2}\cos^2\dfrac{x}{2}}$

$\displaystyle\qquad\qquad = \int \frac{\sec^2\dfrac{x}{2}\,\mathrm{d}\left(\dfrac{x}{2}\right)}{\tan\dfrac{x}{2}} = \int \frac{\mathrm{d}\left(\tan\dfrac{x}{2}\right)}{\tan\dfrac{x}{2}} = \ln\left|\tan\frac{x}{2}\right| + C.$

因为 $\tan \dfrac{x}{2} = \dfrac{\sin \dfrac{x}{2}}{\cos \dfrac{x}{2}} = \dfrac{2\sin^2 \dfrac{x}{2}}{\sin x} = \dfrac{1 - \cos x}{\sin x} = \csc x - \cot x,$

所以 $\displaystyle\int \csc x\mathrm{d}x = \ln|\csc x - \cot x| + C.$

类似地，可得 $\displaystyle\int \sec x\mathrm{d}x = \ln|\sec x + \tan x| + C.$

例 20　求 $\displaystyle\int \sin^2 x \cdot \cos x\mathrm{d}x.$

解　$\displaystyle\int \sin^2 x \cdot \cos x\mathrm{d}x = \int \sin^2 x \cdot (\sin x)'\mathrm{d}x$

$$= \int \sin^2 x\mathrm{d}(\sin x) = \frac{1}{3}\sin^3 x + C.$$

例 21　求 $\displaystyle\int \tan^5 x \cdot \sec^3 x\mathrm{d}x.$

解　$\displaystyle\int \tan^5 x \cdot \sec^3 x\mathrm{d}x = \int \tan^4 x \cdot \sec^2 x \cdot \sec x \cdot \tan x\mathrm{d}x$

$$= \int (\sec^2 x - 1)^2 \cdot \sec^2 x\mathrm{d}(\sec x)$$

$$= \int (\sec^6 x - 2\sec^4 x + \sec^2 x)\mathrm{d}(\sec x)$$

$$= \frac{1}{7}\sec^7 x - \frac{2}{5}\sec^5 x + \frac{1}{3}\sec^3 x + C.$$

（2）第二类换元积分法.

1）根式代换.

引例 2　求 $\displaystyle\int \dfrac{1}{1 + \sqrt{x}}\mathrm{d}x.$

第二类换元积分法

解　由于被积函数中含有根式 $\sqrt{x}$ ，用直接积分法和凑微分法难以求解，因此可通过换元去根式，化难为易.

令 $x = t^2$（$t > 0$），则 $\sqrt{x} = t$，$\mathrm{d}x = 2t\mathrm{d}t$，于是

$$\int \frac{1}{1 + \sqrt{x}}\mathrm{d}x = \int \frac{1}{1 + t} \cdot 2t\mathrm{d}t = 2\int \frac{(1 + t) - 1}{1 + t}\mathrm{d}t = 2\int \left(1 - \frac{1}{1 + t}\right)\mathrm{d}t$$

$$= 2\left[\int \mathrm{d}t - \int \frac{1}{1 + t}\mathrm{d}(1 + t)\right] = 2[t - \ln|1 + t|] + C$$

$$= 2[\sqrt{x} - \ln(1 + \sqrt{x})] + C.$$

引例 2 就是利用了第二类换元积分法.

一般地，第二类换元积分法的具体解题步骤如下：

a. 换元，令 $x = \psi(t)$ ，即 $\displaystyle\int f(x)\mathrm{d}x = \int f[\psi(t)]\psi'(t)\mathrm{d}t$ ；

b. 积分，即 $\displaystyle\int f[\psi(t)]\psi'(t)\mathrm{d}t = F(t) + C;$

c. 回代, $F(t) + C = F[\psi^{-1}(x)] + C$.

运用第二类换元积分法的关键是适当选择变量代换 $x = \psi(t)$. 而 $x = \psi(t)$ 单调可导, 且 $\psi'(t) \neq 0.$ $x = \psi(t)$ 的反函数是 $\psi^{-1}(x)$.

例 22 求 $\displaystyle\int \frac{\mathrm{d}x}{\sqrt{x+1} + \sqrt[3]{x+1}}$.

解 为了同时消去两个异次根式, 令 $x + 1 = t^6$, $\mathrm{d}x = 6t^5\mathrm{d}t$, 从而

$$\int \frac{\mathrm{d}x}{\sqrt{x+1} + \sqrt[3]{x+1}} = \int \frac{6t^5}{t^3 + t^2}\mathrm{d}t = 6\int \frac{t^3 + 1 - 1}{t + 1}\mathrm{d}t$$

$$= 6\int \left(t^2 - t + 1 - \frac{1}{1+t}\right)\mathrm{d}t = 6\left(\frac{1}{3}t^3 - \frac{1}{2}t^2 + t - \ln|1+t|\right) + C$$

$$= 2\sqrt{x+1} - 3\sqrt[3]{x+1} + \sqrt[6]{x+1} - 6\ln\left(1 + \sqrt[6]{x+1}\right) + C.$$

2) 三角代换.

例 23 求 $\displaystyle\int \sqrt{a^2 - x^2}\,\mathrm{d}x \ (a > 0)$.

解 利用三角公式 $\sin^2 t + \cos^2 t = 1$ 消去根式.

令 $x = a\sin t\left(-\dfrac{\pi}{2} < x < \dfrac{\pi}{2}\right)$, 则 $\mathrm{d}x = a\cos t\mathrm{d}t$, $\sqrt{a^2 - x^2} = a\cos t$, 从而

$$\int \sqrt{a^2 - x^2}\,\mathrm{d}x = \int a\cos t \cdot a\cos t\mathrm{d}t = \int a^2 \cos^2 t\mathrm{d}t$$

$$= a^2 \int \frac{1 + \cos 2t}{2}\mathrm{d}t = \frac{a^2}{2}\left(t + \frac{1}{2}\sin 2t\right) + C.$$

为了换回原积分变量, 根据代换 $x = a\sin t$ 作辅助直角三角形, 如图 3-9 所示, 可知

$\cos t = \dfrac{\sqrt{a^2 - x^2}}{a}$, $t = \arcsin \dfrac{x}{a}$, 故

$$\int \sqrt{a^2 - x^2}\,\mathrm{d}x = \frac{a^2}{2}(t + \sin t\cos t) + C$$

$$= \frac{a^2}{2}\arcsin \frac{x}{a} + \frac{x}{2}\sqrt{a^2 - x^2} + C.$$

例 24 求 $\displaystyle\int \frac{1}{\sqrt{a^2 + x^2}}\mathrm{d}x \ (a > 0)$.

解 利用三角公式 $1 + \tan^2 t = \sec^2 t$ 消去根式.

令 $x = a\tan t\left(-\dfrac{\pi}{2} < t < \dfrac{\pi}{2}\right)$, 则 $\mathrm{d}x = a\sec^2 t\mathrm{d}t$, $\sqrt{a^2 + x^2} = a\sec t$, 从而

$$\int \frac{1}{\sqrt{a^2 + x^2}}\mathrm{d}x = \int \frac{a\sec^2 t}{a\sec t}\mathrm{d}t = \int \sec t\mathrm{d}t = \ln|\sec t + \tan t| + C_1.$$

为了换回原积分变量, 根据代换 $x = a\tan t$ 作辅助直角三角形, 如图 3-10 所示. 可知

$$\sec t = \frac{\sqrt{a^2 + x^2}}{a} , \tan t = \frac{x}{a} ,$$

故

$$\int \frac{1}{\sqrt{a^2 + x^2}} dx = \ln \left| \frac{\sqrt{a^2 + x^2}}{a} + \frac{x}{a} \right| + C_1 = \ln \left| x + \sqrt{a^2 + x^2} \right| + C ,$$

其中 $C = C_1 - \ln a$.

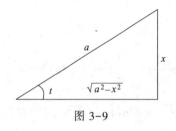

图 3-9

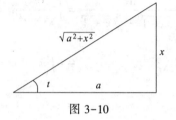

图 3-10

例 25 求 $\int \frac{1}{\sqrt{x^2 - a^2}} dx \ (a > 0)$.

解 利用三角公式 $\sec^2 t - 1 = \tan^2 t$ 消去根式.

令 $x = a\sec t \left(0 < t < \frac{\pi}{2} \right)$, 则 $dx = a\sec t \cdot \tan t dt$, $\sqrt{x^2 - a^2} = a\tan t$, 从而

$$\int \frac{1}{\sqrt{x^2 - a^2}} dx = \int \frac{a\sec t \cdot \tan t}{a\tan t} dt = \int \sec t dt = \ln | \sec t + \tan t | + C_1 .$$

为了换回原积分变量, 根据代换 $x = a\sec t$ 作辅助直角三角形, 如图 3-11 所示, 可知

$\sec t = \frac{x}{a}$, $\tan t = \frac{\sqrt{x^2 - a^2}}{a}$, 故

$$\int \frac{1}{\sqrt{x^2 - a^2}} dx = \ln \left| \frac{x}{a} + \frac{\sqrt{x^2 - a^2}}{a} \right| + C_1 = \ln \left| x + \sqrt{x^2 - a^2} \right| + C ,$$

其中 $C = C_1 - \ln a$.

由上面三例可知, 若被积函数含有根式 $\sqrt{a^2 - x^2}$、$\sqrt{a^2 + x^2}$ 或 $\sqrt{x^2 - a^2}$, 则可利用代换 $x = a\sin t$、$x = a\tan t$ 或 $x = a\sec t$ 消去根式, 这种代换叫作三角代换.

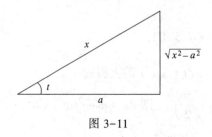

图 3-11

可见, 第一类换元积分法应先进行凑微分, 然后再换元, 换元过程可省略; 而第二类换元积分法必须先进行换元, 目的是把 "根号" 去掉, 不可省略换元及回代过程.

现将本节举过的一些例子的结论作为前面积分公式的补充（以后可直接引用）归纳如下：

(1) $\int \tan x \, \mathrm{d}x = -\ln|\cos x| + C$；

(2) $\int \cot x \, \mathrm{d}x = \ln|\sin x| + C$；

(3) $\int \sec x \, \mathrm{d}x = \int \dfrac{\mathrm{d}x}{\cos x} = \ln|\sec x + \tan x| + C$；

(4) $\int \csc x \, \mathrm{d}x = \int \dfrac{\mathrm{d}x}{\sin x} = \ln|\csc x - \cot x| + C$；

(5) $\int \dfrac{1}{x^2 + a^2} \, \mathrm{d}x = \dfrac{1}{a}\arctan \dfrac{x}{a} + C$；

(6) $\int \dfrac{1}{a^2 - x^2} \, \mathrm{d}x = \dfrac{1}{2a}\ln \left| \dfrac{a + x}{a - x} \right| + C$；

(7) $\int \dfrac{1}{x^2 - a^2} \, \mathrm{d}x = \dfrac{1}{2a}\ln \left| \dfrac{x - a}{x + a} \right| + C$；

(8) $\int \dfrac{\mathrm{d}x}{\sqrt{a^2 - x^2}} = \arcsin \dfrac{x}{a} + C \, (a > 0)$；

(9) $\int \sqrt{a^2 - x^2} \, \mathrm{d}x = \dfrac{a^2}{2}\arcsin \dfrac{x}{a} + \dfrac{x}{2}\sqrt{a^2 - x^2} + C \, (a > 0)$；

(10) $\int \dfrac{\mathrm{d}x}{\sqrt{x^2 \pm a^2}} = \ln \left| x + \sqrt{x^2 \pm a^2} \right| + C$．

2. 定积分的换元积分法

定理 2　如果

(1) 函数 $f(x)$ 在区间 $[a, b]$ 上连续；

(2) 函数 $x = \varphi(t)$ 在区间 $[a, b]$ 上是单值的且有连续导数；

(3) 当 t 在 $[a, b]$ 上变化时，$x = \varphi(t)$ 的值在 $[a, b]$ 上变化，且 $\varphi(\alpha) = a$，$\varphi(\beta) = b$.

定积分的换元积分法

那么有定积分的换元公式：

$$\int_a^b f(x) \, \mathrm{d}x = \int_\alpha^\beta f[\varphi(t)] \varphi'(t) \, \mathrm{d}t . \tag{3-3}$$

证　由定理 2 的条件（1）、（2）可知，式（3-3）两端的被积函数的原函数存在，并可用牛顿-莱布尼茨公式，设 $F(x)$ 是 $f(x)$ 的一个原函数，则

$$\int_a^b f(x) \, \mathrm{d}x = F(b) - F(a) ,$$

而 $x = \varphi(t)$，故 $F[\varphi(t)]$ 可看作由 $F(x)$ 和 $x = \varphi(t)$ 复合而成的函数. 根据复合函数求导法则，得

$$F'[\varphi(t)] = f[\varphi(t)] \varphi'(t) .$$

这说明 $F[\varphi(t)]$ 是 $f[\varphi(t)] \varphi'(t)$ 的一个原函数，所以有

$$\int_\alpha^\beta f[\varphi(t)]\varphi'(t)\mathrm{d}t = \left[F[\varphi(t)]\right]_\alpha^\beta = F[\varphi(\beta)] - F[\varphi(\alpha)] = F(b) - F(a).$$

这就证明了换元公式.

显然,式(3-3)对 $a > b$ 也是适用的.

例 26   计算 $\int_0^3 \dfrac{x}{\sqrt{1+x}}\mathrm{d}x$.

解   设 $\sqrt{1+x} = t$,则 $x = t^2 - 1$, $\mathrm{d}x = 2t\mathrm{d}t$. 当 $x = 0$ 时,$t = 1$;当 $x = 3$ 时,$t = 2$. 根据定理2,有

$$\int_0^3 \frac{x}{\sqrt{1+x}}\mathrm{d}x = \int_1^2 \frac{t^2-1}{t} 2t\mathrm{d}t = 2\int_1^2 (t^2 - 1)\mathrm{d}t = \frac{8}{3}.$$

例 27   计算 $\int_0^a \sqrt{a^2 - x^2}\,\mathrm{d}x \ (a > 0)$.

解   设 $x = a\sin t$,则 $\mathrm{d}x = a\cos t\mathrm{d}t$. 当 $x = 0$ 时,$t = 0$;当 $x = a$ 时,$t = \dfrac{\pi}{2}$,于是

$$\int_0^a \sqrt{a^2 - x^2}\,\mathrm{d}x = a^2 \int_0^{\frac{\pi}{2}} \cos^2 t\mathrm{d}t = \frac{a^2}{2}\int_0^{\frac{\pi}{2}}(1 + \cos 2t)\mathrm{d}t = \frac{a^2}{2}\left[t + \frac{1}{2}\sin 2t\right]_0^{\frac{\pi}{2}} = \frac{\pi a^2}{4}.$$

例 28   计算 $\int_0^{\frac{\pi}{2}} \cos^3 x\sin x\mathrm{d}x$.

解   设 $\cos x = t$,则 $-\sin x\mathrm{d}x = \mathrm{d}t$. 当 $x = 0$ 时,$t = 1$;当 $x = \dfrac{\pi}{2}$ 时,$t = 0$,于是

$$\int_0^{\frac{\pi}{2}}\cos^3 x\sin x\mathrm{d}x = -\int_1^0 t^3\mathrm{d}t = \int_0^1 t^3\mathrm{d}t = \left[\frac{1}{4}t^4\right]_0^1 = \frac{1}{4}.$$

这个定积分也可采用凑微分法来计算,即

$$\int_0^{\frac{\pi}{2}}\cos^3 x \cdot \sin x\mathrm{d}x = -\int_0^{\frac{\pi}{2}}\cos^3 x \cdot \mathrm{d}(\cos x) = -\left[\frac{1}{4}\cos^4 x\right]_0^{\frac{\pi}{2}} = \frac{1}{4}.$$

可以看出,这时由于没有进行变量代换,积分区间不变,所以计算更为简便.

例 29   计算 $\int_0^\pi \sqrt{\sin^3 x - \sin^5 x}\,\mathrm{d}x$.

解   由于

$$\sqrt{\sin^3 x - \sin^5 x} = \sqrt{\sin^3 x(1 - \sin^2 x)} = \sin^{\frac{3}{2}}x\,|\cos x|,$$

在 $\left[0, \dfrac{\pi}{2}\right]$ 上,$|\cos x| = \cos x$,在 $\left[\dfrac{\pi}{2}, \pi\right]$ 上,$|\cos x| = -\cos x$,所以

$$\int_0^\pi \sqrt{\sin^3 x - \sin^5 x}\,\mathrm{d}x =$$

$$\int_0^{\frac{\pi}{2}}\sin^{\frac{3}{2}}x\cos x\mathrm{d}x + \int_{\frac{\pi}{2}}^\pi \sin^{\frac{3}{2}}x(-\cos x)\mathrm{d}x =$$

$$\int_0^{\frac{\pi}{2}}\sin^{\frac{3}{2}}x\mathrm{d}(\sin x) - \int_{\frac{\pi}{2}}^\pi \sin^{\frac{3}{2}}x\mathrm{d}(\sin x) =$$

$$\left[\frac{2}{5}\sin^{\frac{5}{2}}x\right]_0^{\frac{\pi}{2}} - \left[\frac{2}{5}\sin^{\frac{5}{2}}x\right]_{\frac{\pi}{2}}^{\pi} = \frac{2}{5} - \left(-\frac{2}{5}\right) = \frac{4}{5}.$$

注意 如果忽略 $\cos x$ 在 $\left[\frac{\pi}{2},\ \pi\right]$ 上非正，而按 $\sqrt{\sin^3 x - \sin^5 x} = \sin^{\frac{3}{2}}x\cos x$ 计算，将

导致错误.

例 30 求椭圆 $\dfrac{x^2}{a^2} + \dfrac{y^2}{b^2} = 1$ 的面积.

解 如图 3-12 所示，根据椭圆的对称性，得

$$A = 4\int_0^a \frac{b}{a}\sqrt{a^2 - x^2}\,dx = \frac{4b}{a}\int_0^a \sqrt{a^2 - x^2}\,dx.$$

设 $x = a\sin t$，则

$$dx = a\cos t\,dt,$$

当 $x = 0$ 时，$t = 0$；当 $x = a$ 时，$t = \dfrac{\pi}{2}$. 于是

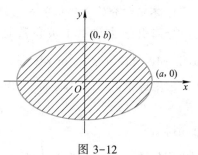

图 3-12

$$A = \frac{4b}{a}\int_0^{\frac{\pi}{2}} a^2\cos^2 t\,dt = 4ab\int_0^{\frac{\pi}{2}}\cos^2 t\,dt = 2ab\int_0^{\frac{\pi}{2}}(1 + \cos 2t)\,dt = 2ab\left[t + \frac{\sin 2t}{2}\right]_0^{\frac{\pi}{2}} = ab\pi.$$

定理 3 设 $f(x)$ 在 $[a,\ b]$ 上连续，

（1）如果 $f(x)$ 为偶函数，那么 $\displaystyle\int_{-a}^{a} f(x)\,dx = 2\int_0^a f(x)\,dx$；

（2）如果 $f(x)$ 为奇函数，那么 $\displaystyle\int_{-a}^{a} f(x)\,dx = 0.$

我们用图形来说明：

（1）当 $f(x)$ 为偶函数时，$f(x)$ 的图形关于 y 轴对称，则由

图 3-13（a）可知，$\displaystyle\int_{-a}^0 f(x)\,dx = \int_0^a f(x)\,dx$，从而有

$$\int_{-a}^{a} f(x)\,dx = 2\int_0^a f(x)\,dx;$$

（2）当 $f(x)$ 为奇函数时，$f(x)$ 的图形关于原点对称，则由图 3-13（b）可知，

$\displaystyle\int_{-a}^0 f(x)\,dx = -\int_0^a f(x)\,dx$，从而有

$$\int_{-a}^{a} f(x)\,dx = 0.$$

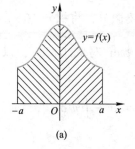

(a)

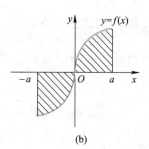

(b)

图 3-13

3.3.4 分部积分法

前面我们介绍了直接积分法和换元积分法，但对于某些不定积分和定积分，用前面介绍的方法往往不能奏效．为此，本节将利用两个函数乘积的微分法则，来推得另一种求积分的基本方法——分部积分法．

不定积分的
分部积分法

1. 不定积分的分部积分法

分部积分法常用于被积数是两种不同类型函数乘积的积分，如 $\int x\cos x\mathrm{d}x$、$\int x\mathrm{e}^x\mathrm{d}x$、$\int x^2\ln x\mathrm{d}x$ 等．

设函数 $u = u(x)$、$v = v(x)$ 均可微，根据两个函数乘积的微分法则，有

$$d(uv) = v\mathrm{d}u + u\mathrm{d}v,$$

移项得

$$u\mathrm{d}v = \mathrm{d}(uv) - v\mathrm{d}u,$$

两边积分得

$$\int u\mathrm{d}v = \int \mathrm{d}(uv) - \int v\mathrm{d}u = uv - \int v\mathrm{d}u,$$

即

$$\int u\mathrm{d}v = uv - \int v\mathrm{d}u.$$

上式叫作不定积分的分部积分公式．

我们先通过一个例子来说明如何使用分部积分公式

例 31　求积分 $\int x\mathrm{e}^x\mathrm{d}x$.

解　选取 $u = x$，$\mathrm{d}v = \mathrm{e}^x\mathrm{d}x = \mathrm{d}(\mathrm{e}^x)$，则 $v = \mathrm{e}^x$，$\mathrm{d}u = \mathrm{d}x$，于是

$$\int x\mathrm{e}^x\mathrm{d}x = \int x\mathrm{d}(\mathrm{e}^x) = x\mathrm{e}^x - \int \mathrm{e}^x\mathrm{d}x = x\mathrm{e}^x - \mathrm{e}^x + C = \mathrm{e}^x(x - 1) + C.$$

如果选取 $u = \mathrm{e}^x$，$\mathrm{d}v = x\mathrm{d}x = \mathrm{d}\left(\dfrac{x^2}{2}\right)$，则 $v = \dfrac{1}{2}x^2$，$\mathrm{d}u = \mathrm{d}(\mathrm{e}^x) = \mathrm{e}^x\mathrm{d}x$，于是

$$\int x\mathrm{e}^x\mathrm{d}x = \int \mathrm{e}^x\mathrm{d}\left(\frac{x^2}{2}\right) = \frac{1}{2}x^2\mathrm{e}^x - \int \frac{1}{2}x^2\mathrm{e}^x\mathrm{d}x.$$

上式右边的积分 $\int \dfrac{1}{2}x^2\mathrm{e}^x\mathrm{d}x$ 比左边的积分 $\int x\mathrm{e}^x\mathrm{d}x$ 更不易求出．

由此可见，u 和 $\mathrm{d}v$ 的选择不当就求不出结果．所以在用分部积分法求积分时，关键在于恰当地选取 u 和 $\mathrm{d}v$．选取 u 和 $\mathrm{d}v$ 一般要考虑以下两点：

（1）将被积表达式凑成 $u\mathrm{d}v$ 的形式时，v 要容易求得；

（2）$\int v\mathrm{d}u$ 要比 $\int u\mathrm{d}v$ 容易积出．

熟练后选取 u 和 $\mathrm{d}v$ 的过程不必写出．可通过凑微分，将积分 $\int f(x)g(x)\mathrm{d}x$ 凑成 $\int u\mathrm{d}v$ 的形式，然后应用公式．应用公式后，须将积分 $\int v\mathrm{d}u$ 写成 $\int vu'\mathrm{d}x$，以便进一步计算积分，即

$$\int uv'\mathrm{d}x = \int u\mathrm{d}v = uv - \int v\mathrm{d}u = uv - \int vu'\mathrm{d}x.$$

例 32　求积分 $\int x^2\sin x\mathrm{d}x$.

解 $\int x^2 \sin x \mathrm{d}x = \int x^2 \mathrm{d}(-\cos x) = -x^2 \cos x - \int(-\cos x)\mathrm{d}(x^2)$

$$= -x^2 \cos x + \int \cos x \cdot 2x\mathrm{d}x = -x^2 \cos x + \int 2x\cos x \mathrm{d}x$$

$$= -x^2 \cos x + 2\int x\mathrm{d}(\sin x) = -x^2 \cos x + 2x\sin x - 2\int \sin x\mathrm{d}x$$

$$= -x^2 \cos x + 2x\sin x + 2\cos x + C.$$

注意 有些积分需要连续使用分部积分法，才能求出积分结果.

例 33 求积分 $\int x\arctan x\mathrm{d}x$.

解 令 $u = \arctan x$，$\mathrm{d}v = x\mathrm{d}x = \mathrm{d}\left(\dfrac{1}{2}x^2\right)$，则 $v = \dfrac{x^2}{2}$，$\mathrm{d}u = \dfrac{1}{1+x^2}\mathrm{d}x$，于是

$$\int x\arctan x\mathrm{d}x = \int \arctan x \cdot x\mathrm{d}x = \int \arctan x\mathrm{d}\left(\frac{x^2}{2}\right)$$

$$= \frac{x^2}{2}\arctan x - \int \frac{x^2}{2}\mathrm{d}(\arctan x)$$

$$= \frac{x^2}{2}\arctan x - \frac{1}{2}\int \frac{x^2}{1+x^2}\mathrm{d}x$$

$$= \frac{x^2}{2}\arctan x - \frac{1}{2}\int \frac{(1+x^2)-1}{1+x^2}\mathrm{d}x$$

$$= \frac{x^2}{2}\arctan x - \frac{1}{2}\int\left(1 - \frac{1}{1+x^2}\right)\mathrm{d}x$$

$$= \frac{x^2}{2}\arctan x - \frac{x}{2} + \frac{1}{2}\arctan x + C.$$

例 34 求积分 $\int \ln x\mathrm{d}x$.

解 $\int \ln x\mathrm{d}x = x\ln x - \int x\mathrm{d}(\ln x) = x\ln x - \int x \cdot \dfrac{1}{x}\mathrm{d}x$

$$= x\ln x - \int \mathrm{d}x = x\ln x - x + C.$$

例 35 求积分 $\int \mathrm{e}^x \sin x\mathrm{d}x$.

解 令 $u = \mathrm{e}^x$，$\mathrm{d}v = \sin x\mathrm{d}x = \mathrm{d}(-\cos x)$，则 $v = -\cos x$，$\mathrm{d}u = \mathrm{e}^x\mathrm{d}x$，于是

$$\int \mathrm{e}^x \sin x\mathrm{d}x = -\mathrm{e}^x \cos x + \int \mathrm{e}^x \cos x\mathrm{d}x,$$

而

$$\int \mathrm{e}^x \cos x\mathrm{d}x = \int \mathrm{e}^x\mathrm{d}(\sin x) = \mathrm{e}^x \sin x - \int \mathrm{e}^x \sin x\mathrm{d}x,$$

故

$$\int \mathrm{e}^x \sin x\mathrm{d}x = -\mathrm{e}^x \cos x + \mathrm{e}^x \sin x - \int \mathrm{e}^x \sin x\mathrm{d}x,$$

上式右端出现原积分，将此项移到左端，再两端同除以 2，得

$$\int e^x \sin x \mathrm{d}x = \frac{1}{2}e^x(\sin x - \cos x) + C.$$

注意 （1）实际上，按照"反→对→幂→指→三"的顺序来选择 u 和 $\mathrm{d}v$ 即可．当被积表达式是上面五种基本初等函数的乘积时，在顺序前面的当 u，在顺序后面的与 $\mathrm{d}x$ 凑成 $\mathrm{d}v$．

（2）例 35 中，两个函数选取哪个为 u 都可以，但一经选定，再次分部积分时，必须按照原来的选择．

2. 定积分的分部积分法

定理 4 如果函数 $u(x)$、$v(x)$ 在区间 $[a, b]$ 上具有连续导数，那么

$$\int_a^b u(x)\mathrm{d}[v(x)] = [u(x)\,v(x)]_a^b - \int_a^b v(x)\mathrm{d}[u(x)].$$

定积分的
分部积分法

上式还可简写成

$$\int_a^b u\mathrm{d}v = [uv]_a^b - \int_a^b v\mathrm{d}u.$$

例 36 计算 $\int_0^\pi x\cos x\mathrm{d}x$．

解 $\int_0^\pi x\cos x\mathrm{d}x = \int_0^\pi x\mathrm{d}(\sin x) = [x\sin x]_0^\pi - \int_0^\pi \sin x\mathrm{d}x =$

$$0 - [-\cos x]_0^\pi = -2.$$

例 37 计算 $\int_0^{\frac{\pi}{2}} x^2\sin x\mathrm{d}x$．

解 $\int_0^{\frac{\pi}{2}} x^2\sin x\mathrm{d}x = -\int_0^{\frac{\pi}{2}} x^2\mathrm{d}(\cos x) = -[x^2\cos x]_0^{\frac{\pi}{2}} + 2\int_0^{\frac{\pi}{2}} x\cos x\mathrm{d}x$

$$= 0 + 2\int_0^{\frac{\pi}{2}} x\cos x\mathrm{d}x = 2\int_0^{\frac{\pi}{2}} x\mathrm{d}(\sin x)$$

$$= 2\left\{[x\sin x]_0^{\frac{\pi}{2}} - \int_0^{\frac{\pi}{2}} \sin x\mathrm{d}x\right\}$$

$$= 2\left\{\frac{\pi}{2} + [\cos x]_0^{\frac{\pi}{2}}\right\} = 2\left(\frac{\pi}{2} - 1\right) = \pi - 2.$$

例 38 计算 $\int_0^1 e^{\sqrt{x}}\mathrm{d}x$．

解 先用换元积分法．令 $\sqrt{x} = t$，则 $x = t^2$，$\mathrm{d}x = 2t\mathrm{d}t$，并且当 $x = 0$ 时，$t = 0$；当 $x = 1$ 时，$t = 1$．于是有

$$\int_0^1 e^{\sqrt{x}}\mathrm{d}x = 2\int_0^1 te^t\mathrm{d}t.$$

再用分部积分法计算上式右端的积分．

设 $u = t$，$\mathrm{d}v = e^t\mathrm{d}t$，则 $\mathrm{d}u = \mathrm{d}t$，$v = e^t$．于是

$$\int_0^1 te^t\mathrm{d}t = [te^t]_0^1 - \int_0^1 e^t\mathrm{d}t = e - [e^t]_0^1 = e - (e - 1) = 1, \quad \text{即}$$

$$\int_0^1 e^{\sqrt{x}} dx = 2.$$

例 39 求由 $y = \ln x$ 与 $x = 1$、$x = e$ 及 $y = 0$ 所围成的图形面积.

解 设所围成的图形面积为 S, 如图 3-14 所示, 根据定积分的几何意义可知

$$S = \int_1^e \ln x dx = [x\ln x]_1^e - \int_1^e x \cdot \frac{1}{x} dx =$$
$$e - [x]_1^e = e - (e - 1) = 1.$$

图 3-14

习题 3.3

1. 求下列不定积分.

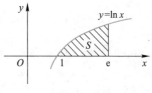

习题 3.3 答案

(1) $\int x^2 \sqrt{x} \, dx$;

(2) $\int \frac{1-x}{\sqrt[3]{x}} dx$;

(3) $\int \frac{x^2}{1+x^2} dx$;

(4) $\int (10^x + \cot^2 x) dx$;

(5) $\int \sec x (\sec x - \tan x) dx$;

(6) $\int \sin^2 \frac{x}{2} dx$;

(7) $\int \frac{e^{2x} - 1}{e^x + 1} dx$;

(8) $\int \frac{-2}{\sqrt{1-x^2}} dx$.

2. 设物体以速度 $v = 2\cos t$ 作直线运动, 开始时质点的位移为 s_0, 求质点的运动方程.

3. 曲线 $y = f(x)$ 在点 (x, y) 处的切线斜率为 $-x + 2$, 曲线过点 $(2, 5)$, 求此曲线的方程.

4. 应用换元积分法求下列不定积分.

(1) $\int \frac{1}{1-2x} dx$;

(2) $\int \sqrt{2x-1} \, dx$;

(3) $\int e^{3x+1} dx$;

(4) $\int \sin \frac{5x}{3} dx$;

(5) $\int \cos(1 - 2x) dx$;

(6) $\int \frac{1}{\cos^2 7x} dx$;

(7) $\int \frac{x}{\sqrt{1-x^2}} dx$;

(8) $\int \frac{e^x}{1+e^x} dx$;

(9) $\int \frac{\ln^2 x}{x} dx$;

(10) $\int \frac{x^2}{1+x^3} dx$;

(11) $\int \frac{(\arctan x)^2}{1+x^2} dx$;

(12) $\int \frac{\sin\sqrt{x}}{\sqrt{x}} dx$.

(13) $\int \frac{\sqrt{x-1}}{x} dx$;

(14) $\int \frac{1}{\sqrt{2x-3}+1} dx$;

（15）$\int \dfrac{1}{\sqrt{x} + \sqrt[3]{x}} \mathrm{d}x$ ；

（16）$\int \dfrac{x + 1}{\sqrt[3]{3x + 1}} \mathrm{d}x$

5. 求下列函数的积分 .

（1）$\int x^2 \mathrm{e}^x \mathrm{d}x$ ；

（2）$\int x\ln x \mathrm{d}x$ ；

（3）$\int x\cos x \mathrm{d}x$ ；

（4）$\int \arcsin x \mathrm{d}x$ ；

（5）$\int x\mathrm{e}^{-x} \mathrm{d}x$ ；

（6）$\int \dfrac{\ln x}{x^2} \mathrm{d}x$ ；

（7）$\int \mathrm{e}^{-x}\cos x \mathrm{d}x$ ；

（8）$\int x\sin x\cos x \mathrm{d}x$ ；

6. 计算下列各定积分 .

（1）$\int_1^3 x^3 \mathrm{d}x$ ；

（2）$\int_0^a (3x^2 - x + 1) \mathrm{d}x$ ；

（3）$\int_1^2 \left(x^2 + \dfrac{1}{x^4} \right) \mathrm{d}x$ ；

（4）$\int_{\frac{1}{\sqrt{3}}}^{\sqrt{3}} \dfrac{\mathrm{d}x}{1 + x^2}$ ；

（5）$\int_{-\frac{1}{2}}^{\frac{1}{2}} \dfrac{\mathrm{d}x}{\sqrt{1 - x^2}}$ ；

（6）$\int_{-1}^0 \dfrac{3x^4 + 3x^2 + 1}{x^2 + 1} \mathrm{d}x$ ；

（7）$\int_0^{\frac{\pi}{4}} \tan^2\theta \mathrm{d}\theta$ ；

（8）$\int_0^{2\pi} |\sin x| \mathrm{d}x$ ；

（9）设 $f(x) = \begin{cases} x + 1 & (x \leqslant 1)； \\ \dfrac{1}{2}x^2 & (x > 1)， \end{cases}$ 求 $\int_0^2 f(x) \mathrm{d}x$.

7. 求下列各曲线（直线）围成的图形的面积 .

（1）$y = 2\sqrt{x}$ 、$x = 4$、$x = 9$、$y = 0$;

（2）$y = \cos x$ 、$x = 0$、$x = \pi$ 、$y = 0$.

8. 计算下列定积分 .

（1）$\int_{\frac{\pi}{3}}^{\pi} \sin\left(x + \dfrac{\pi}{3} \right) \mathrm{d}x$ ；

（2）$\int_0^{\frac{\pi}{2}} \sin t\cos^3 t \mathrm{d}t$ ；

（3）$\int_{\frac{\pi}{6}}^{\frac{\pi}{2}} \cos^2 u \mathrm{d}u$ ；

（4）$\int_{-\sqrt{2}}^{\sqrt{2}} \sqrt{8 - 2y^2} \, \mathrm{d}y$ ；

（5）$\int_{\frac{3}{4}}^1 \dfrac{\mathrm{d}x}{\sqrt{1 - x} - 1}$ ；

（6）$\int_0^1 t\mathrm{e}^{-\frac{t^2}{2}} \mathrm{d}t$ ；

9. 计算下列定积分 .

（1）$\int_0^1 x\mathrm{e}^{-x} \mathrm{d}x$ ；

（2）$\int_0^{\frac{2\pi}{\omega}} t\sin \omega t \mathrm{d}t$（$\omega$ 为常数）;

（3）$\int_1^4 \dfrac{\ln x}{\sqrt{x}} \mathrm{d}x$ ；

（4）$\int_{\frac{1}{\mathrm{e}}}^{\mathrm{e}} |\ln x| \mathrm{d}x$.

§3.4   广义积分

在一些实际问题中，我们常遇到积分区间为无穷区间，或被积函数在积分区间上有无穷型间断点（即被积函数为无界函数）的情形，它们已经不属于前面所说的定积分了. 因此，我们对定积分作如下两种推广，从而形成"广义积分"的概念.

3.4.1   无穷区间的广义积分

定义 1   设函数 $f(x)$ 在区间 $[a, +\infty)$ 上连续，取 $b>a$，如果极限

$$\lim_{b \to +\infty} \int_a^b f(x)\,\mathrm{d}x$$

存在，那么称此极限为函数 $f(x)$ 在无穷区间 $[a, +\infty)$ 上的**广义积分**，记作 $\int_a^{+\infty} f(x)\,\mathrm{d}x$，即

$$\int_a^{+\infty} f(x)\,\mathrm{d}x = \lim_{b \to +\infty} \int_a^b f(x)\,\mathrm{d}x. \tag{3-4}$$

这时也称广义积分 $\int_a^{+\infty} f(x)\,\mathrm{d}x$ **收敛**；如果上述极限不存在，那么称广义积分 $\int_a^{+\infty} f(x)\,\mathrm{d}x$ **发散**，这时虽用同样的记号，但已不表示数值了.

类似地，可以定义下限为负无穷大或上下限都是无穷大的广义积分：

$$\int_{-\infty}^b f(x)\,\mathrm{d}x = \lim_{a \to -\infty} \int_a^b f(x)\,\mathrm{d}x. \tag{3-5}$$

$\int_{-\infty}^{+\infty} f(x)\,\mathrm{d}x = \int_{-\infty}^0 f(x)\,\mathrm{d}x + \int_0^{+\infty} f(x)\,\mathrm{d}x$， 即

$$\int_{-\infty}^{+\infty} f(x)\,\mathrm{d}x = \lim_{a \to -\infty} \int_a^0 f(x)\,\mathrm{d}x + \lim_{b \to +\infty} \int_0^b f(x)\,\mathrm{d}x. \tag{3-6}$$

上述广义积分统称为**无穷区间的广义积分**.

例 1   计算广义积分 $\int_{-\infty}^{+\infty} \dfrac{\mathrm{d}x}{1 + x^2}$.

解   如图 3-15 所示，由式（3-6）、式（3-5）、式（3-4）得

$$\int_{-\infty}^{+\infty} \frac{\mathrm{d}x}{1 + x^2} = \int_{-\infty}^0 \frac{\mathrm{d}x}{1 + x^2} + \int_0^{+\infty} \frac{\mathrm{d}x}{1 + x^2}$$

$$= \lim_{a \to -\infty} \int_a^0 \frac{\mathrm{d}x}{1 + x^2} + \lim_{b \to +\infty} \int_0^b \frac{\mathrm{d}x}{1 + x^2}$$

$$= \lim_{a \to -\infty} \left[\arctan x\right]_a^0 + \lim_{b \to +\infty} \left[\arctan x\right]_0^b$$

$$= -\lim_{a \to -\infty} \arctan a + \lim_{b \to +\infty} \arctan b$$

$$= -\left(-\frac{\pi}{2}\right) + \frac{\pi}{2} = \pi.$$

这个广义积分值的几何意义：当 $a \to -\infty$，$b \to +\infty$ 时，虽然图 3-15 中阴影部分向左、右无限延伸，但阴影部分的面积却有极限值 π.

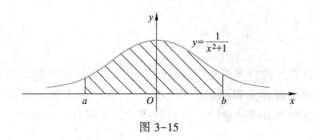

图 3-15

例 2 计算广义积分 $\int_0^{+\infty} te^{-pt}dt$ (p 是常数，且 $p > 0$) .

解 $\int_0^{+\infty} te^{-pt}dt = \lim_{b\to+\infty} \int_0^b te^{-pt}dt$

$$= \lim_{b\to+\infty}\left\{\left[-\frac{t}{p}e^{-pt}\right]_0^b + \frac{1}{p}\int_0^b e^{-pt}dt\right\}$$

$$= \left[-\frac{t}{p}e^{-pt}\right]_0^{+\infty} - \frac{1}{p^2}\left[e^{-pt}\right]_0^{+\infty}$$

$$= \frac{1}{p}\lim_{t\to+\infty}te^{-pt} - 0 - \frac{1}{p^2}(0-1) = \frac{1}{p^2}.$$

注意 (1) 有时为了方便，把 $\lim_{b\to+\infty}[F(x)]_a^b$ 记作 $[F(x)]_a^{+\infty}$；

(2) 式中的极限 $\lim_{t\to+\infty}te^{-pt}$ 是未定式，可用洛必达法则确定为零.

3.4.2 无界函数的广义积分

定义 2 设函数 $f(x)$ 在区间 $(a, b]$ 内连续，而

$$\lim_{x\to a^+}f(x) = \infty,$$

如果极限

$$\lim_{\varepsilon\to0^+}\int_{a+\varepsilon}^b f(x)dx \ (\varepsilon > 0)$$

存在，那么称这个极限为函数 $f(x)$ 在区间 $(a, b]$ 内的广义积分，记为 $\int_a^b f(x)dx$，即

$$\int_a^b f(x)dx = \lim_{\varepsilon\to0^+}\int_{a+\varepsilon}^b f(x)dx. \tag{3-7}$$

这时也称广义积分 $\int_a^b f(x)dx$ **收敛**；如果极限不存在，就称广义积分 $\int_a^b f(x)dx$ **发散**.

同样地，对于函数 $f(x)$ 在 $x = b$ 及 $x = c$ ($a < c < b$) 处有无穷间断点的广义积分，分别给出以下的定义：

$$\int_a^b f(x)dx = \lim_{\varepsilon\to0^+}\int_a^{b-\varepsilon} f(x)dx \ (\varepsilon > 0) ; \tag{3-8}$$

$$\int_a^b f(x)dx = \lim_{\varepsilon_1\to0^+}\int_a^{c-\varepsilon_1} f(x)dx + \lim_{\varepsilon_2\to0^+}\int_{c+\varepsilon_2}^b f(x)dx \ (\varepsilon_1 > 0, \ \varepsilon_2 > 0).$$

如果式 (3-7)、式 (3-8) 中各极限存在，那么称对应的广义积分 $\int_a^b f(x)dx$ 收敛；

否则称广义积分 $\int_a^b f(x)\,dx$ 发散.

例 3　若 $f(x) = \dfrac{1}{\sqrt{1-x^2}}$，计算 $\int_0^1 f(x)\,dx$.

解　如图 3-16 所示，因为 $\lim\limits_{x\to 1^-}\dfrac{1}{\sqrt{1-x^2}} = +\infty$，所以，$x = 1$ 为

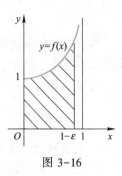

图 3-16

被积函数的无穷间断点. 于是，按式（3-8）有

$$\int_0^1 f(x)\,dx = \int_0^1 \frac{dx}{\sqrt{1-x^2}}$$

$$= \lim_{\varepsilon\to 0^+}\int_0^{1-\varepsilon}\frac{dx}{\sqrt{1-x^2}} = \lim_{\varepsilon\to 0^+}\big[\arcsin x\big]_0^{1-\varepsilon}$$

$$= \lim_{\varepsilon\to 0^+}\arcsin(1-\varepsilon) = \frac{\pi}{2}.$$

例 4　计算 $\int_{-1}^1 \dfrac{dx}{x^2}$.

解　因为 $\lim\limits_{x\to 0}\dfrac{1}{x^2} = +\infty$，所以，$x = 0$ 为被积函数的无穷间断点. 于是有

$$\int_{-1}^1 \frac{1}{x^2}\,dx = \lim_{\varepsilon_1\to 0^+}\int_{-1}^{0-\varepsilon_1}\frac{1}{x^2}\,dx + \lim_{\varepsilon_2\to 0^+}\int_{0+\varepsilon_2}^1\frac{1}{x^2}\,dx =$$

$$\lim_{\varepsilon_1\to 0^+}\left[-\frac{1}{x}\right]_{-1}^{0-\varepsilon_1} + \lim_{\varepsilon_2\to 0^+}\left[-\frac{1}{x}\right]_{0+\varepsilon_2}^1$$

$$= \lim_{\varepsilon_1\to 0^+}\left(\frac{1}{\varepsilon_1} - 1\right) + \lim_{\varepsilon_2\to 0^+}\left(-1 + \frac{1}{\varepsilon_2}\right).$$

因为 $\lim\limits_{\varepsilon_1\to 0^+}\left(\dfrac{1}{\varepsilon_1} - 1\right) = +\infty$，$\lim\limits_{\varepsilon_2\to 0^+}\left(-1 + \dfrac{1}{\varepsilon_2}\right) = +\infty$，所以广义积分 $\int_{-1}^1 \dfrac{dx}{x^2}$ 是发散的.

注意，如果疏忽了 $x = 0$ 是被积函数的无穷间断点，就会得到以下的错误结果：

$$\int_{-1}^1 \frac{dx}{x^2} = \left[-\frac{1}{x}\right]_{-1}^1 = -1 - 1 = -2.$$

习题 3.4

判别下列各广义积分的收敛性，如果收敛，则计算广义积分的值.

(1) $\int_1^{+\infty}\dfrac{dx}{x^4}$；　　　　(2) $\int_1^{+\infty}\dfrac{dx}{\sqrt{x}}$；

(3) $\int_{-\infty}^{+\infty}\dfrac{dx}{x^2+2x+2}$；　　(4) $\int_0^1\dfrac{x\,dx}{\sqrt{1-x^2}}$；

(5) $\int_0^2\dfrac{dx}{(1-x)^2}$；　　　(6) $\int_1^2\dfrac{x\,dx}{\sqrt{x-1}}$；

习题 3.4 答案

(7) $\displaystyle\int_1^e \frac{\mathrm{d}x}{x\sqrt{1-(\ln x)^2}}$.

§3.5 定积分的应用

本节中我们将应用前面学过的定积分理论来分析和解决一些几何中的问题,本节中的例子,不仅为了建立计算这些几何量的公式,更重要的是介绍运用元素法将一个量表示成定积分的分析方法.

定积分在几何
学上的应用1

3.5.1 平面图形的面积

1. 定积分的元素法

在§3.1中,我们用定积分表示过曲边梯形的面积和变速直线运动的路程.解决这两个问题的基本思想是,分割区间、近似代替、连续求和、计算极限.其中关键一步是近似代替,即在局部范围内"以常代变""以直代曲".我们称这种方法为"**元素法**"或"**微元法**".用元素法可以解决很多"累计求和"的问题.

用元素法解决总量 A 的"累计求和"问题的步骤如下:

(1) 根据问题的具体情况,选取一个变量为积分变量,如 x,并确定它的变化区间 $[a, b]$;

(2) 设想把区间 $[a, b]$ 分成 n 个小区间,任取其中任意一个小区间并记作 $[x, x+\mathrm{d}x]$,求出相应于这个小区间的部分量 ΔA 的近似值,如果 ΔA 能近似地表示为 $[a, b]$ 上的一个连续函数在 x 处的值 $f(x)$ 与 $\mathrm{d}x$ 的乘积(这里 ΔA 与 $f(x)\mathrm{d}x$ 相差一个比 $\mathrm{d}x$ 高阶的无穷小),就把 $f(x)\mathrm{d}x$ 称为量 A 的元素且记为 $\mathrm{d}A$,即

$$\mathrm{d}A = f(x)\mathrm{d}x;$$

(3) 以所求总量 A 的元素 $f(x)\mathrm{d}x$ 为被积表达式,在区间 $[a, b]$ 上作定积分,得

$$A = \int_a^b f(x)\mathrm{d}x.$$

这就是所求总量 A 的定积分表达式.

这个方法通常叫作**元素法**,以下我们将应用这个方法来讨论几何、物理学中的一些问题.

2. 用定积分求平面图形的面积

例1 设函数 $f(x)$、$g(x)$ 在 $[a, b]$ 上连续且 $f(x) \geqslant g(x)$,求由曲线 $y=f(x)$、$y=g(x)$ 与直线 $x=a$、$x=b$ 所围图形的面积,如图 3-17 所示.

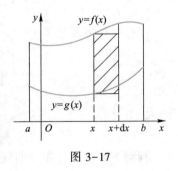

图 3-17

解 (1) 取 x 为积分变量,且 $x \in [a, b]$;

(2) 在 $[a, b]$ 上任取小区间 $[x, x+\mathrm{d}x]$,与 $[x, x+\mathrm{d}x]$ 对应的小窄条面积近似于高为 $f(x)-g(x)$、底为 $\mathrm{d}x$ 的窄矩形的面积,故面积元素为

$$\mathrm{d}A = [f(x)-g(x)]\mathrm{d}x;$$

(3) 作定积分,即

$$A = \int_a^b [f(x)-g(x)]\mathrm{d}x. \tag{3-9}$$

例 2 计算由两条抛物线：$y^2 = x$、$y = x^2$ 所围成的图形的面积.

解 如图 3-18 所示，解方程组 $\begin{cases} y^2 = x, \\ y = x^2, \end{cases}$ 得两抛物线的交点为 $(0, 0)$ 和 $(1, 1)$. 由式（3-9）得

$$A = \int_0^1 (\sqrt{x} - x^2)\,\mathrm{d}x = \left[\frac{2}{3}x^{\frac{3}{2}} - \frac{1}{3}x^3\right]_0^1 = \frac{1}{3}.$$

同理，如图 3-19 所示，设 $x = \phi_1(y)$、$x = \phi_2(y)$ 在 $[c, d]$ 上连续且 $\phi_1(y) \leqslant \phi_2(y)$，$y \in [c, d]$，则由曲线 $x = \phi_1(y)$、$x = \phi_2(y)$ 与直线 $y = c$、$y = d$ 所围图形的面积为

$$A = \int_c^d [\phi_2(y) - \phi_1(y)]\,\mathrm{d}y. \tag{3-10}$$

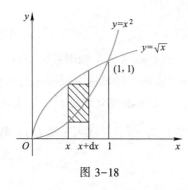

图 3-18

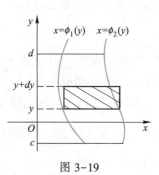

图 3-19

例 3 计算抛物线 $y^2 = 2x$ 与直线 $y = x - 4$ 所围成的图形的面积.

解 如图 3-20 所示，解方程组 $\begin{cases} y^2 = 2x, \\ y = x - 4, \end{cases}$ 得抛物线 与直线的交点 $(2, -2)$ 和 $(8, 4)$，由式（3-10）得

$$A = \int_{-2}^4 \left(y + 4 - \frac{1}{2}y^2\right)\mathrm{d}y = \left[\frac{y^2}{2} + 4y - \frac{y^3}{6}\right]_{-2}^4 = 18.$$

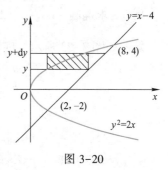

图 3-20

若用式（3-9）来计算，则要复杂一些. 读者试一试，可以发现若积分变量选得适当，计算会简便一些.

3.5.2 旋转体的体积

设函数 $y = f(x) \geqslant 0$，$x \in [a, b]$，求由曲线 $y = f(x)$ 与直线 $x = a$、$x = b$ 及 x 轴所围成的曲边梯形绕 x 轴旋转一周所得旋转体的体积，如图 3-21 所示，任取 $x \in [a, b]$，用过点 x 且垂直于 x 轴的平面去截旋转体，则截面 为圆. 这个截面圆的面积为

$$A(x) = \pi y^2 = \pi f^2(x),$$

旋转体的体积为

$$V = \pi \int_a^b f^2(x)\,\mathrm{d}x. \tag{3-11}$$

定积分在几何 学上的应用 2

同理，设函数 $x = \varphi(y) \geqslant 0$，$y \in [c, d]$，由曲线 $x = \varphi(y)$ 与直线 $y = c$、$y = d$ 及 y 轴

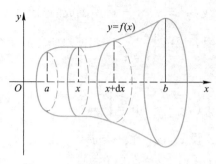

图 3-21

所围成的曲边梯形绕 y 轴旋转一周所得的旋转体的体积为

$$V = \pi \int_c^d \varphi^2(y) \, dy.$$ (3-12)

例 4 连接坐标原点 O 及点 $A(h, r)$ 的直线 OA、直线 $x = h$ 及 x 轴围成一个直角三角形. 将它绕 x 轴旋转构成一个底面半径为 r、高为 h 的圆锥体. 计算这个圆锥体的体积.

解 如图 3-22 所示，取圆锥顶点为原点，其中心轴为 x 轴建立坐标系. 圆锥体可看成是由直角三角形 ABO 绕 x 轴旋转而成，直线 OA 的方程为 $y = \dfrac{r}{h}x \ (0 \leqslant x \leqslant h)$，代入式（3-11）得圆锥体体积为

$$V = \int_0^h \pi \left(\frac{r}{h}x \right)^2 dx = \frac{\pi r^2}{h^2} \left[\frac{x^3}{3} \right]_0^h = \frac{1}{3}\pi r^2 h.$$

例 5 求椭圆 $\dfrac{x^2}{a^2} + \dfrac{y^2}{b^2} = 1$ 绕 y 轴旋转而成的旋转体的体积.

解 如图 3-23 所示，旋转体是由曲边梯形 BAC 绕 y 轴旋转而成. 曲边 BAC 的方程为

$$x = \frac{a}{b}\sqrt{b^2 - y^2} \quad (x > 0, \ y \in [-b, \ b]),$$

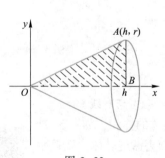

图 3-22

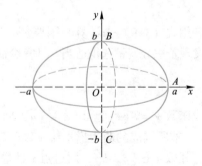

图 3-23

代入式（3-12），得

$$V = \int_{-b}^b \pi \left(\frac{a}{b}\sqrt{b^2 - y^2} \right)^2 dy$$

$$= \frac{2\pi a^2}{b^2} \int_0^b (b^2 - y^2) \, \mathrm{d}y$$

$$= \frac{2\pi a^2}{b^2} \left[b^2 y - \frac{1}{3} y^3 \right]_0^b$$

$$= \frac{2\pi a^2}{b^2} \left(b^3 - \frac{1}{3} b^3 \right) = \frac{4}{3} \pi a^2 b .$$

3.5.3 定积分在物理学中的应用

定积分在物理
学中的应用

1. 弹簧做功问题

例 6 已知弹簧每拉长 0.02 m 要用 9.8 N 的力, 求把弹簧拉长 0.1 m 所做的功.

解 从物理学知道, 在一个常力 F 的作用下, 物体沿力的方向作直线运动, 当物体移动一段距离 s 时, F 所做的功为

$$W = F \cdot s.$$

如果物体在运动过程中所受到的力是变化的, 则不能直接使用上面的公式, 这时必须利用定积分的思想解决这个问题, 后面的几个例子均是如此.

如图 3-24 所示, 我们知道, 在弹性限度内, 拉伸 (或压缩) 弹簧所需的力 F 与弹簧的伸长量 (或压缩量) x 成正比, 即 $F = kx$, 其中 k 为比例系数.

根据题意, 当 $x = 0.02$ 时, $F = 9.8$, 故由 $F = kx$ 得 $k = 490$. 这样得到的变力函数为 $F = 490x$. 下面用元素法求此变力所做的功.

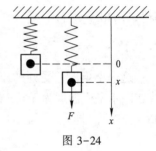

图 3-24

取 x 为积分变量, 积分区间为 $[0, 0.1]$. 在 $[0, 0.1]$ 上任取一小区间 $[x, x+\mathrm{d}x]$, 与它对应的变力 F 所做的功近似于把变力 F 看作常力所做的功, 从而得到功元素为

$$\mathrm{d}W = 490x\mathrm{d}x,$$

于是所求的功为

$$W = \int_0^{0.1} 490x\mathrm{d}x = 490 \left[\frac{x^2}{2} \right]_0^{0.1} = 2.45 \ (\mathrm{J}) \ .$$

2. 抽水做功问题

例 7 一圆柱形的贮水桶高为 5 m, 底圆半径为 3 m, 桶内盛满了水. 试问要把桶内的水全部抽出需做多少功?

解 做 x 轴如图 3-25 所示. 取深度 x 为积分变量, 它的变化区间为 $[0, 5]$, 在 $[0, 5]$ 上任取一小区间 $[x, x+\mathrm{d}x]$, 与它对应的一薄层水 (圆柱) 的底面半径为 3, 高度为 $\mathrm{d}x$, 故这薄层水的重量为 $9800\pi \times 3^2 \mathrm{d}x$.

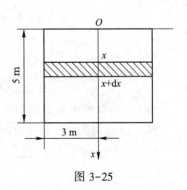

图 3-25

因这一薄层水抽出贮水桶所做的功近似于克服这一薄层水的重量所做的功, 所以功元素为

$$\mathrm{d}W = 9800\pi \times 3^2 \mathrm{d}x \cdot x = 88200\pi x \mathrm{d}x ,$$

于是所求的功为

$$W = \int_0^5 88200\pi x \mathrm{d}x = 88200\pi \left[\frac{x^2}{2}\right]_0^5 = 88200\pi \cdot \frac{25}{2} \approx 3.464 \times 10^6 (\mathrm{J}).$$

3. 静水压力问题

从物理学知道，在水深为 h 处的压强为 $p = \rho g h$，这里 ρ 是水的密度，g 为重力加速度. 如果有一面积为 A 的平板水平地放置在水深为 h 处，那么，平板一侧所受的压力为

$$F = p \cdot A.$$

如果平板垂直地放置在水中，那么，由于水深不同的点处压强 p 不相等，平板一侧所受的水压力就不能用上述方法计算. 下面我们举例说明它的计算方法.

例8　某水坝中有一个等腰三角形的闸门，该闸门垂直地竖立在水中，它的底边与水面相齐. 已知三角形底边长 2 m、高 3 m. 问该闸门所受的水压力等于多少？

解　如图 3-26 所示，取过三角形底边中点且垂直向下的直线为 x 轴，与底边重合的水平线为 y 轴.

显然，AB 的方程为

$$y = -\frac{1}{3}x + 1.$$

取 x 为积分变量，在 $[0, 3]$ 上任取一小区间 $[x, x+\mathrm{d}x]$，则相应于 $[x, x+\mathrm{d}x]$ 的窄条的面积 $\mathrm{d}S$ 近似于宽为 $\mathrm{d}x$、长为 $2y = -\frac{2}{3}x + 2$ 的小矩形面积.

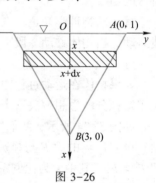

图 3-26

这个小矩形上受到的压力近似于把这个小矩形水平地放在距水平面深度为 $h = x$ 的位置上一侧所受到的压力. 由于水的密度 $g = 10^3 (\mathrm{kg/m^3})$，$\mathrm{d}S = 2y\mathrm{d}x$，即

$$\mathrm{d}S = \left(-\frac{2}{3}x + 2\right)\mathrm{d}x, \quad h = x,$$

因此，该窄条所受水压力的近似值，即压力元素为

$$\mathrm{d}F = 9.8 \times 10^3 \times x\left(-\frac{2}{3}x + 2\right)\mathrm{d}x.$$

于是所求压力为

$$F = \int_0^3 9.8 \times 10^3 \times x\left(-\frac{2}{3}x + 2\right)\mathrm{d}x$$

$$= 9.8 \times 10^3 \left[-\frac{2}{9}x^3 + x^2\right]_0^3 = 2.94 \times 10^4 (\mathrm{N}).$$

4. 电学上的应用

（1）交流电的平均功率问题.

例9　计算纯电阻电路中正弦交流电 $i = I_{\mathrm{m}}\sin \omega t$ 在一个周期内功率的平均值.

解　设电阻为 R，那么该电路中，R 两端的电压为

$$U = Ri = RI_{\mathrm{m}}\sin \omega t,$$

而功率为

$$P = Ui = Ri^2 = RI_{\mathrm{m}}^2\sin^2 \omega t,$$

由于交流电 $i = I_m \sin \omega t$ 的周期为 $T = \dfrac{2\pi}{\omega}$，因此在一个周期 $\left[0, \dfrac{2\pi}{\omega}\right]$ 上，P 的平均值为

$$\overline{P} = \frac{1}{\dfrac{2\pi}{\omega} - 0} \int_0^{\frac{2\pi}{\omega}} RI_m^2 \sin^2 \omega t \, dt$$

$$= \frac{\omega RI_m^2}{2\pi} \int_0^{\frac{2\pi}{\omega}} \left(\frac{1 - \cos 2\omega t}{2}\right) dt$$

$$= \frac{\omega RI_m^2}{4\pi} \left[t - \frac{1}{2\omega}\sin 2\omega t\right]_0^{\frac{2\pi}{\omega}} = \frac{\omega RI_m^2}{4\pi} \cdot \frac{2\pi}{\omega}$$

$$= \frac{RI_m^2}{2} = \frac{I_m U_m}{2} \quad (U_m = I_m R).$$

即纯电阻电路中，正弦交流电的平均功率等于电流、电压的峰值的乘积的一半.

（2）交流电流的有效值问题.

由电工学可知，如果交流电流 $i(t)$ 在一个周期内消耗在电阻 R 上的平均功率 $\overline{P}$ 与直流电流 I 消耗在电阻 R 上的功率相等，那么这个直流电流的数值 I 就叫作交流电流 $i(t)$ 的有效值.

例 10 计算交流电流 $i(t) = I_m \sin \omega t$ 的有效值 I.

解 （1）计算 $i(t)$ 在一个周期内消耗在电阻 R 上的平均功率，直接引用例 9 的计算结果，有

$$\overline{P} = \frac{1}{\dfrac{2\pi}{\omega} - 0} \int_0^{\frac{2\pi}{\omega}} RI_m^2 \sin^2 \omega t \, dt = \frac{RI_m^2}{2};$$

（2）由电工学知 $\overline{P} = I^2 R$，即 $I^2 R = \dfrac{RI_m^2}{2}$，故

$$I = \frac{I_m}{\sqrt{2}}.$$

3.5.4 其他应用

由于积分是导数的逆运算，而导数在经济上的意义是"边际"，故在经济学中可用积分的方法解决"边际"的逆运算问题.

1. 已知边际量，求总量在区间上的增量

由牛顿－莱布尼茨公式，得 $\displaystyle\int_a^b F'(x)\,dx = F(b) - F(a)$，即

$$F(b) - F(a) = \int_a^b F'(x)\,dx, \tag{3-13}$$

即函数在某区间上的增量等于它的导数在该区间上的定积分.

例 11 某工厂生产某产品的边际收入为 $R'(q) = 200 - 4q$（吨/万元），求产量 q 由 20 吨增加到 30 吨时的总收入 R 的增量.

解 这是一个已知边际量，求总量增量的问题.

由式（3-13），得

$$R(30) - R(20) = \int_{20}^{30} R'(q)\,dq$$

$$= \int_{20}^{30} (200 - 4q)\,dq$$

$$= \left[200q - 2q^2\right]_{20}^{30} = 1000 \ （万元）.$$

例 12 生产某产品的边际成本为 $C'(x) = 450 - 0.6q$，当产量由 200 件增加到 300 件时，需追加多少元成本？

解 由式（3-13），得

$$C(300) - C(200) = \int_{200}^{300} C'(x)\,dx$$

$$= \int_{200}^{300} (450 - 0.6q)\,dq$$

$$= \left[450q - 0.3q^2\right]_{200}^{300} = 30000 \ （元）.$$

2. 已知边际量，求总量

在式（3-13）中，若 $F(a) = 0$，则得

$$F(b) = \int_0^b F'(x)\,dx . \tag{3-14}$$

例 13 已知销售某商品的利润 $L(x)$（元）是销售量 x（台）的函数，且边际利润为 $L'(x) = 12.5 - \dfrac{x}{80}$（元/台），求销售 40 台时的总利润.

解 显然，$L(0) = 0$，故

$$L(40) = \int_0^{40} L'(x)\,dx = \int_0^{40} \left(12.5 - \frac{x}{80}\right)dx$$

$$= \left[12.5x - \frac{x^2}{160}\right]_0^{40} = 490 \ （元）.$$

3. 综合问题

例 14 设某工厂生产某种产品的固定成本为 20（万元），边际成本为 $C'(q) = 0.4q + 2$（万元/件），该产品的需求量与单价 q 的关系为 $P(q) = 18 - 0.2q$，且产品可以全部售出，求：

（1）成本函数；

（2）利润函数.

解 （1）设可变成本函数为 $C_1(q)$，由于 $C_1(0) = 0$，根据式（3-14）得

$$C_1(q) = \int_0^x C'(q)\,dx = \int_0^q (0.4q + 2)\,dq = 0.2q^2 + 2q ,$$

因而总成本函数为

$$C(q) = C_1(q) + 20 = 0.2q^2 + 2q + 20 \ （万元）;$$

（2）由于产品可以全部售出，故收益函数为

$$R(q) = qP(q) = q(18 - 0.2q) \ （万元），$$

因而利润函数为

$$L(q) = R(q) - C(q) = q(18 - 0.2q) - (0.2q^2 + 2q + 20)$$

$$= 18q - 0.2q^2 - 0.2q^2 - 2q - 20$$
$$= -0.4q^2 + 16q - 20（万元）.$$

习题 3.5

习题 3.5 答案

1. 求图 3-27 中各曲线所围成的图形的面积.

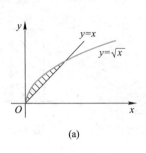

(a)

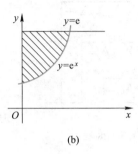

(b)

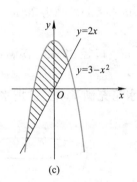

(c)

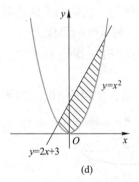

(d)

图 3-27

2. 求由下列各曲线所围成的图形的面积.

（1）$y = 1 - x^2$，$y = 0$；

（2）$y = \dfrac{1}{x}$ 与直线 $y = x$ 及 $x = 2$；

（3）$y = e^x$，$y = e^{-x}$ 与直线 $x = 1$；

（4）$y = \ln x$，y 轴与直线 $y = \ln a$，$y = \ln b \; (b > a > 0)$；

（5）$y = x^2$ 与直线 $y = x$ 及 $y = 2x$.

3. 求下列已知曲线所围成的图形，按指定的轴旋转所产生的旋转体的体积.

（1）$2x - y + 4 = 0$，$x = 0$ 及 $y = 0$，绕 x 轴；

（2）$y = x^2$，$x = y^2$，绕 y 轴；

（3）$x^2 + (y - 5)^2 = 16$，绕 x 轴.

4. 由 $y = x^3$，$x = 2$，$y = 0$ 所围成的图形，分别绕 x 轴及 y 轴旋转，计算所得两个旋转体的体积.

5. 有一铸铁件，它是由曲线 $y = e^x$，$x = 1$，$x = 2$ 及 x 轴所围成的图形，绕 y 轴旋转而成的旋转体. 设长度单位为 cm，铸铁的密度为 7.3 g/cm^3，试算出此铸件的质量（精确到

0.1 g）.

6. 如图 3-28 所示，弹簧原长 0.3 m，每压缩 0.01 m 需要的力为 2 N，求把弹簧从 0.25 m 压缩到 0.2 m 所做的功.

7. 有一闸门，它的形状和尺寸如图 3-29 所示，水面超过门顶 2 m，求闸门上所受的水压力.

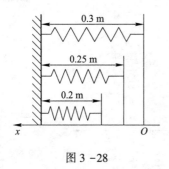

图 3 -28

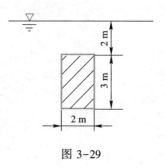

图 3-29

8. 有一等腰梯形闸门，它的两条底边各长 10 m 和 6 m，高为 20 m，较长的底边与水面相齐. 计算闸门的一侧所受的水压力.

9. 如图 3-30 所示，有一锥形贮水池，深 15 m，口径 20 m，盛满水. 欲将水吸尽，问要做多少功？

10. 如图 3-31 所示，半径为 10 m 的半球形水箱充满了水，欲把水箱内的水全部吸尽，求所做的功.

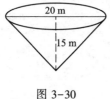

图 3-30

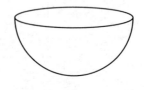

图 3-31

11. 一底为 8 cm、高为 6 cm 的等腰三角形片，铅直地沉没在水中，顶在上，底在下且与水面平行，而顶离水面 3 cm，试求它每面所受的压力.

12. 已知 $U(t) = U_m \sin \omega t$，其中电压最大值 $U_m = 220\sqrt{2}$，角频率 $\omega = 100\pi$，电阻为 R，求平均功率.

13. 求正弦交流电流 $i = I_m \sin \omega t$ 经半波整流后得到的电流的有效值.

$$i = \begin{cases} I_m \sin \omega t, & 0 \leqslant t \leqslant \dfrac{\pi}{\omega}; \\ 0, & \dfrac{\pi}{\omega} < t \leqslant \dfrac{2\pi}{\omega} \end{cases}$$

14. 已知生产某产品的边际成本为 $C'(x) = 100 - 2x$，当产量由 20 增加到 30 时，需追加多少成本？

15. 某工厂某产品的边际收入为 $R'(x) = 20 + 2x$（元/件），求生产 400 件时的总收入.

本章小结

一、基本概念

1. 定积分的概念．在解决许多问题时，往往需要用到"无限细分，累计求和"这一方法，如解决曲边梯形的面积与变速直线运动的路程问题，就要用到这一方法．例如：

曲边梯形的面积 $A = \lim\limits_{\|\Delta x_i\| \to 0} \sum\limits_{i=1}^{n} f(\xi_i) \Delta x_i$；

变速直线运动的路程 $s = \lim\limits_{\|\Delta t_i\| \to 0} \sum\limits_{i=1}^{n} v(\xi_i) \Delta t_i$．

上面两个例子虽属不同的领域，但思维方式、计算方法均相同，我们便将这种计算方法称为定积分，即

$$\int_a^b f(x)\,dx = \lim\limits_{\|\Delta x_i\| \to 0} \sum\limits_{i=1}^{n} f(\xi_i) \Delta x_i．$$

2. 原函数．若 $F'(x) = f(x)$（或 $dF(x) = f(x)\,dx$），则称 $F(x)$ 为 $f(x)$ 在区间 I 上的一个原函数．

3. 不定积分．称 $f(x)$ 的全体原函数 $F(x) + C$（C 为任意常数）为 $f(x)$ 在区间 I 上的不定积分，即

$$\int f(x)\,dx = F(x) + C．$$

二、基本公式

1. 不定积分．

（1）微分运算和积分运算互为逆运算：

1) $\left[\int f(x)\,dx\right]' = f(x)$ 或 $d\left[\int f(x)\,dx\right] = f(x)\,dx$；

2) $\int F'(x)\,dx = F(x) + C$ 或 $\int dF(x) = F(x) + C$．

（2）运算法则：

1) $\int [f(x) \pm g(x)]\,dx = \int f(x)\,dx \pm \int g(x)\,dx$；

2) $\int kf(x)\,dx = k\int f(x)\,dx$．

（3）积分的 14 个基本公式见表 3-1．

2. 定积分．

（1）$\int_a^b [f(x) \pm g(x)]\,dx = \int_a^b f(x)\,dx \pm \int_a^b g(x)\,dx$；

（2）$\int_a^b kf(x)\,dx = k \int_a^b f(x)\,dx$；

（3）$\int_a^b 1 \cdot dx = \int_a^b dx = b - a$；

(4) $\int_a^b f(x)\,dx = \int_a^c f(x)\,dx + \int_c^b f(x)\,dx$.

三、基本积分计算方法

1. 不定积分.

(1) 直接积分法：直接运用性质和公式进行积分，常常对被积函数进行适当的恒等变形.

(2) 第一类换元积分法：

$$\int g(x)\,dx \xrightarrow{\text{拆成}} \int f[\varphi(x)]\varphi'(x)\,dx \xrightarrow{\text{凑成}} \int f[\varphi(x)]\,d(\varphi(x)) \xrightarrow{\text{令}\,u=\varphi(x)} \int f(u)\,du$$

$$= F(u) + C \xrightarrow{\text{回代}\,u=\varphi(x)} F[\varphi(x)] + C.$$

(3) 第二类换元积分法：

$$\int f(x)\,dx \xrightarrow{\text{令}\,x=\psi(t)} \int f[\psi(t)]\psi'(t)\,dt = F(t) + C \xrightarrow{t=\psi^{-1}(x)} F[\psi^{-1}(x)] + C.$$

(4) 分部积分法：

$$\int u\,dv = uv - \int v\,du.$$

2. 定积分.

(1) 牛顿-莱布尼茨公式：$\int_a^b f(x)\,dx = F(b) - F(a)$;

(2) 换元积分公式：$\int_a^b f(x)\,dx = \int_\alpha^\beta f[\varphi(t)]\varphi'(t)\,dt$;

(3) 分部积分公式：$\int_a^b u(x)\,d[v(x)] = [u(x)\,v(x)]_a^b - \int_a^b v(x)\,d[u(x)]$;

(4) 如果 $f(x)$ 为偶函数，那么 $\int_{-a}^a f(x)\,dx = 2\int_0^a f(x)\,dx$;

(5) 如果 $f(x)$ 为奇函数，那么 $\int_{-a}^a f(x)\,dx = 0$.

四、广义积分

1. 无穷区间的广义积分：

$$\int_a^{+\infty} f(x)\,dx = \lim_{b\to+\infty} \int_a^b f(x)\,dx;$$

$$\int_{-\infty}^b f(x)\,dx = \lim_{a\to-\infty} \int_a^b f(x)\,dx;$$

$$\int_{-\infty}^{+\infty} f(x)\,dx = \lim_{a\to-\infty} \int_a^0 f(x)\,dx + \lim_{b\to+\infty} \int_0^b f(x)\,dx.$$

2. 无界函数的广义积分：

$$\int_a^b f(x)\,dx = \lim_{\varepsilon\to 0^+} \int_{a+\varepsilon}^b f(x)\,dx;$$

$$\int_a^b f(x)\,dx = \lim_{\varepsilon\to 0^+} \int_a^{b-\varepsilon} f(x)\,dx\,(\varepsilon > 0);$$

$$\int_a^b f(x)\,\mathrm{d}x = \lim_{\varepsilon_1 \to 0^+} \int_a^{c-\varepsilon_1} f(x)\,\mathrm{d}x + \lim_{\varepsilon_2 \to 0^+} \int_{c+\varepsilon_2}^b f(x)\,\mathrm{d}x \ (\varepsilon_1 > 0,\ \varepsilon_2 > 0).$$

五、定积分的应用

1. 函数的平均值：$\overline{y} = \dfrac{1}{b-a}\int_a^b f(x)\,\mathrm{d}x$.

2. 平面图形的面积：$A = \int_a^b [f(x) - g(x)]\,\mathrm{d}x$（图 3-32）；或 $A = \int_c^d [\phi_2(y) - \phi_1(y)]\,\mathrm{d}y$
（图 3-33）.

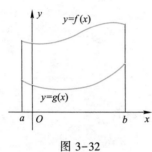

图 3-32

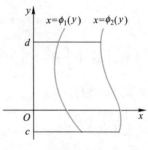

图 3-33

3. 旋转体的体积：$V = \pi \int_a^b f^2(x)\,\mathrm{d}x$.

4. 物理学上的应用举例：（略）.

5. 经济学上的应用举例：（略）.

测试题三

一、填空题

1. 定积分的性质：$\int_a^b [f(x) \pm g(x)]\,\mathrm{d}x = \int_a^b f(x)\,\mathrm{d}x$ _____ .

2. 如果 $f(x)$ 为奇函数，那么 $\int_{-a}^a f(x)\,\mathrm{d}x =$ _____ .

3. 如果 $f(x)$ 为偶函数，那么 $\int_{-a}^a f(x)\,\mathrm{d}x =$ _____ .

4. 定积分的换元积分公式是 _____ .

5. 定积分的分部积分公式是 _____ .

二、选择题

1. 定积分的几何意义是（ 　　 ）.

    A. 曲边梯形的面积代数和　　　　B. 曲线的切线斜率

    C. 曲线的切线增量　　　　　　　D. 函数的平均值

2. 牛顿–莱布尼茨公式是 $\int_a^b f(x)\,\mathrm{d}x = ($ 　 $)$.

　A. $F(a) - F(b)$ 　　　　　B. $F(b) - F(a)$

　C. $f(a) - f(b)$ 　　　　　D. $f(b) - f(a)$

3. 定积分的性质：$\int_a^b f(x)\,\mathrm{d}x = ($ 　 $)$.

　A. $\int_c^a f(x)\,\mathrm{d}x + \int_c^b f(x)\,\mathrm{d}x$

　B. $\int_a^b f(x)\,\mathrm{d}x + \int_b^c f(x)\,\mathrm{d}x$

　C. $\int_a^c f(x)\,\mathrm{d}x + \int_c^b f(x)\,\mathrm{d}x$

　D. $\int_a^c f(x)\,\mathrm{d}x + \int_a^c f(x)\,\mathrm{d}x$

4. 函数的平均值：$\bar{y} = ($ 　 $)$.

　A. $\dfrac{1}{a-b}\int_b^a f(x)\,\mathrm{d}x$ 　　　　B. $\dfrac{1}{a-b}\int_a^b f(x)\,\mathrm{d}x$

　C. $\dfrac{1}{b-a}\int_b^a f(x)\,\mathrm{d}x$ 　　　　D. $\dfrac{1}{b-a}\int_a^b f(x)\,\mathrm{d}x$

5. 下列式子中错误的是 (　) .

　A. $\int_a^b kf(x)\,\mathrm{d}x = k\int_a^b f(x)\,\mathrm{d}x$

　B. $\int_a^b kf(x)\,\mathrm{d}x = \int_a^b f(kx)\,\mathrm{d}x$

　C. $\int_a^b kf(x)\,\mathrm{d}x = \int_a^b f(x)\,\mathrm{d}(kx)$

　D. $\int_a^b kf(x)\,\mathrm{d}x = \int_a^b f(x)k\,\mathrm{d}x$

三、判断题（把你认为正确的命题在括号内填√，错误的填×）

1. 定积分的值恒为非负数 . 　　　　　　　　　(　)

2. 定积分在变速直线运动中表示物体的加速度 . 　(　)

3. $\int_a^b \mathrm{d}x = b - a$. 　　　　　　　(　)

4. 换元积分公式：$\int_a^b f(x)\,\mathrm{d}x = \int_\alpha^\beta f[\varphi(t)]\varphi(t)\,\mathrm{d}t$. 　(　)

5. 分部积分公式：$\int_a^b u\,\mathrm{d}(v) = (uv) - \int_a^b v\,\mathrm{d}(u)$. 　(　)

四、计算定积分

1. $\int_1^3 x^3\,\mathrm{d}x$.

2. $\int_1^2 \left(x^2 + \dfrac{1}{x^4} \right) dx$.

3. $\int_0^{\frac{\pi}{2}} \sin x \cos^2 x dx$.

4. $\int_0^{\frac{\pi}{2}} \cos \left(2x - \dfrac{\pi}{2} \right) dx$.

5. $\int_3^8 \dfrac{dx}{\sqrt{x+1}-1}$.

6. $\int_0^{\pi} x \sin x dx$.

7. $\int_0^1 x e^{-2x} dx$.

8. $\int_1^{+\infty} \dfrac{dx}{x^4}$.

五、解答题

1. 求由 $y = x^3$ 与直线 $x = -1$ 及 $x = 2$ 所围图形的面积.

2. 求由 $y = x^2$、$y = 0$ 与 $x = 2$ 所围曲边梯形绕 x 轴旋转所产生的旋转体的体积.

3. 有一闸门，它的形状和尺寸如图 3-34 所示，水面超过闸门顶端 1 m，试利用定积分求闸门上所受的水压力.

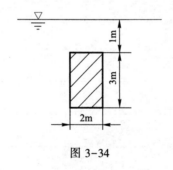

图 3-34

测试题三答案

读书笔记

第二篇

拓 展 篇

* 第 4 章   常微分方程的求解及应用

【名人名言】

数学是上帝描述自然的符号.

——黑格尔

趣味阅读——微分方程发展简史

常微分方程指只包含单变量微分（或导数）的微分方程. 常微分方程萌芽于 17 世纪，建立于 18 世纪.

常微分方程是在解决一个又一个物理问题的过程中产生的. 从 17 世纪末开始，摆动运动、弹性理论以及天体力学的实际问题引出了一系列常微分方程. 例如，雅各布·伯努利在 1690 年发表了 "等时曲线" 的解，其方法就是对微分方程求积分而得到摆线方程. 同一篇文章中还提出了 "悬链线问题"，即求一根柔软但不能伸长的绳子自由悬挂于两定点而形成的曲线的函数. 这个问题在 15 世纪就被提出过，伽利略曾猜想答案是抛物线，惠更斯证明了伽利略的猜想是错误的. 后来，莱布尼茨、惠更斯和伯努利在 1691 年都发表了各自的解答. 其中，伯努利建立了微分方程，然后解方程而得出曲线方程.

解常微分方程的方法最初是作为特殊技巧而提出的，未考虑其严密性. 解常微分方程的一般方法从莱布尼茨的分离变量法（1691 年）开始发展，直到欧拉和克莱罗给出解一阶常微分方程的积分因子法（1734—1740 年），才完全成熟. 至 1740 年左右，目前所有解一阶微分方程的初等方法都已被世人获知.

1724 年，意大利学者里卡蒂（1676—1754 年）通过变量代换将一个二阶微分方程降阶为 "里卡蒂方程"：$\dfrac{\mathrm{d}y}{\mathrm{d}x} = a_0(x) + a_1(x)y + a_2(x)y^2$. 他的 "降阶" 思想是处理高阶常微分方程的主要方法. 高阶微分方程的系统研究是从欧拉于 1728 年发表的《降二阶微分方程化为一阶微分方程的新方法》开始的. 1743 年，欧拉已经获得 n 阶常系数线性齐次方程的完整解法. 1774—1775 年，拉格朗日用常数变易法给出一般 n 阶变系数非线性齐次常微分方程的解，给出了伴随方程的概念. 在欧拉工作的基础上，拉格朗日得出了 "知道 n 阶齐次方程的 m 个特解后，可以把方程降低 m 阶" 这一结论. 这是 18 世纪解常微分方程的最高成就.

在弹性理论和天文学研究中，许多问题都涉及微分方程组. 例如，对两个物体在引力下运动的研究引出了 "n 体问题" 的研究，这样引出了多个微分方程. 但是，即便是 "三体问题" 也难以求出其精确解. 寻求近似解就变成了研究这一问题所追求的目标，"摄动理论" 就是其中一个例子. 所谓 "摄动" 指两个球形物体在相互引力作用下沿圆锥曲线运动，若有任何偏离就称这种运动是摄动的，否则是非摄动的. 两个物体所在的介质对运动有阻力，或者两个物体不是球形，或者涉及更多的物体，就会发生摄动现象. 18 世纪，求物体摄动运动的近似解成为一大数学难题. 克莱罗、达朗贝尔、欧拉、拉格朗日以及拉普拉斯都对这个问题的研究作出了贡献，其中拉普拉斯的贡献是最突出的.

　　18 世纪中期，微分方程成为一门独立的学科，而这种方程的求解成为它本身的一个目标. 探索常微分方程的一般积分方法大概到 1775 年才结束. 其后，解常微分方程在方法上没有大的突破，新的著作仍旧是用已知的方法来解微分方程. 直到 19 世纪末，人们才引进了算子方法和拉普拉斯变换法. 总的来说，这门学科是各种类型的孤立技巧的汇编.

【导学】

　　在科学研究和生产实际中，经常需要寻找表示客观事物的变量之间的函数关系，但是在大量的实际问题中，往往不能直接找出所需的函数关系，只能根据问题给出的条件，列出含有未知函数的导数或微分关系式，这种关系等式就是微分方程. 本章主要介绍微分方程的一些基本概念、几种常用微分方程的解法及其简单应用.

§4.1　微分方程的基本概念

微分方程基本概念

4.1.1　引例

　　先看一个实例.

　　一曲线上任意一点 (x, y) 处的切线斜率等于 $2x$，且该曲线通过点 $(1, 2)$，求该曲线的方程.

　　设所求曲线为 $y = f(x)$，由导数的几何意义可知，$y = f(x)$ 满足关系式

$$\frac{\mathrm{d}y}{\mathrm{d}x} = 2x. \tag{4-1}$$

又因曲线经过点 $(1, 2)$，故所求曲线应满足

$$y\big|_{x=1} = 2. \tag{4-2}$$

　　对式（4-1）两边积分，得

$$y = \int 2x\,\mathrm{d}x = x^2 + C（C\text{ 为任意常数}）. \tag{4-3}$$

　　把条件式（4-2）代入式（4-3），得 $C = 1$.

　　将 $C = 1$ 代入式（4-3），得

$$y = x^2 + 1. \tag{4-4}$$

　　可以看出，解决此问题的方法为首先建立一个含有未知函数的导数的方程，然后通过

此方程求出满足所给附加条件的未知函数.

4.1.2　微分方程的定义

表示未知函数、未知函数的导数及自变量之间关系的方程称为微分方程. 例如, $\dfrac{\mathrm{d}y}{\mathrm{d}x} = 2x$, $\dfrac{\mathrm{d}^2 s}{\mathrm{d}t^2} - 2\dfrac{\mathrm{d}s}{\mathrm{d}t} = 2s$ 等都是微分方程.

这里必须指出, 在微分方程中, 自变量及未知函数可以不出现, 但未知函数的导数必须出现.

定义 1　未知函数是一元函数的微分方程称为常微分方程. 未知函数是多元函数的微分方程称为偏微分方程.

本章我们只介绍常微分方程的有关知识, 故本章所述的微分方程都指常微分方程.

4.1.3　微分方程的阶

微分方程中所含未知函数的导数的最高阶数称为微分方程的阶. 例如, $\dfrac{\mathrm{d}y}{\mathrm{d}x} = 2x$ 是一阶微分方程, $\dfrac{\mathrm{d}^2 s}{\mathrm{d}t^2} - 2\dfrac{\mathrm{d}s}{\mathrm{d}t} = 2s$ 是二阶微分方程, $4y''' + 10y'' - 12y' + 15y = \sin 2x$ 是三阶微分方程.

一般地, 一阶微分方程的一般形式为

$$y' = f(x,\ y)\ 或\ F(x,\ y,\ y') = 0 .$$

二阶微分方程的一般形式为

$$y'' = f(x,\ y,\ y')\ 或\ F(x,\ y,\ y',\ y'') = 0 .$$

n 阶微分方程的一般形式为

$$y^{(n)} = f[x,\ y,\ y',\ \cdots,\ y^{(n-1)}]\ 或\ F[x,\ y,\ y',\ y'',\ \cdots,\ y^{(n)}] = 0 .$$

4.1.4　微分方程的解

在引例中将式 (4-1) 中的未知函数 y 用已知函数 $y = x^2 + 1$ 代替, 则式 (4-1) 成为恒等式, 我们可把 $y = x^2 + 1$ 称为方程 (4-1) 的一个解.

微分方程的实例

定义 2　如果函数 $y = f(x)$ 满足一个微分方程, 则称它是该微分方程的解. 求微分方程的解的过程, 称为**解微分方程**.

微分方程的解可以是显函数, 也可以是隐函数.

若微分方程的解中含有任意常数且任意常数的个数与该方程的阶数相等, 则称这个解为微分方程的**通解**. 利用题设中的条件把通解中的任意常数求出后, 得到的解叫作微分方程的**特解**.

用来求特解的条件叫作**初始条件**. 例如, $y\big|_{x=-2} = 1$, $S\big|_{t=0} = S_0$, $S'\big|_{t=0} = V_0$ 都是初始条件.

从几何的角度看, 微分方程通解的图形是一簇曲线, 即积分曲线簇, 而微分方程特解的图形是积分曲线簇的一条积分曲线.

利用微分方程解决实际问题时, 步骤大致如下:

（1）分析问题，建立微分方程，并列出初始条件；

（2）求微分方程的通解；

（3）利用初始条件，确定通解中的任意常数，从而解出微分方程的特解.

例 1 验证函数 $y = C_1 \sin x - C_2 \cos x$ 是 $y'' + y = 0$ 的通解，其中 C_1、C_2 是任意常数.

微分方程的实例

解 因为 $y' = C_1 \cos x + C_2 \sin x$，$y'' = -C_1 \sin x + C_2 \cos x$，用 y、y'' 代入原方程左端，得 $-C_1 \sin x + C_2 \cos x + C_1 \sin x - C_2 \cos x = 0$，所以，$y = C_1 \sin x - C_2 \cos x$ 是 $y'' + y = 0$ 的解，又因为解中含有两个任意常数，其个数与方程阶数相等，所以 $y = C_1 \sin x - C_2 \cos x$ 是 $y'' + y = 0$ 的通解.

例 2 已知函数 $y = C_1 x + C_2 x^2$ 是微分方程 $y = y'x - \dfrac{1}{2} y'' x^2$ 的通解，求满足初始条件 $y|_{x=-1} = 1$，$y'|_{x=1} = -1$ 的特解.

解 将 $y|_{x=-1} = 1$ 代入通解中，得 $C_2 - C_1 = 1$，又 $y' = C_1 + 2C_2 x$，将 $y'|_{x=1} = -1$ 代入，得 $C_1 + 2C_2 = -1$，联立

$$\begin{cases} C_2 - C_1 = 1, \\ C_1 + 2C_2 = -1, \end{cases}$$

解得 $C_1 = -1$，$C_2 = 0$，所以，满足初始条件的特解为 $y = -x$.

例 3 设一个微分方程的通解为 $(x - C)^2 + y^2 = 1$，求对应的微分方程.

解 对通解两端求导数得

$$2(x - C) + 2yy' = 0,$$
$$即\ x - C = -yy' \ 或 \ C = x + yy'.$$

将 $C = x + yy'$ 代入原方程，得 $y^2 y'^2 + y^2 = 1$.

微分方程特解的图形是一条曲线，叫作微分方程的**积分曲线**，而微分方程通解的图形是一簇曲线，叫作**积分曲线簇**. 显然，特解的图形就是积分曲线簇中满足某个初始条件的一条确定的曲线.

习题 4.1

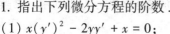

习题 4.1 答案

1. 指出下列微分方程的阶数.

（1）$x(y')^2 - 2yy' + x = 0$; （2）$y''' + x = 1$;

（3）$\dfrac{\mathrm{d}^2 x}{\mathrm{d}t^2} - x = \sin t$; （4）$(x - 1)\mathrm{d}x - (y + 1)\mathrm{d}y = 0$.

2. 验证下列函数是否是所给方程的解. 若是解，指出是通解还是特解.

（1）$xy' = 2y$，$y = 5x^2$;

（2）$y'' - (\lambda_1 + \lambda_2)y' + \lambda_1 \lambda_2 y = 0$，$y = C_1 \mathrm{e}^{\lambda_1 x} + C_2 \mathrm{e}^{\lambda_2 x}$;

（3）$y'' = x^2 + y^2$，$y = \dfrac{1}{x}$;

（4）$y'' - 2y' + y = 0$，$y = x\mathrm{e}^x$.

3. 设微分方程的通解是下列函数，求其对应的微分方程.

（1）$y = Ce^{\arcsin x}$；　　　　　　　　　（2）$y = C_1 x + C_2 x^2$.

§4.2　可分离变量的微分方程

定义　形如

$$\frac{dy}{dx} = f(x)g(x) \qquad (4-5)$$

或

$$M_1(x)M_2(y)dx + N_1(x)N_2(y)dy = 0 \qquad (4-6)$$

的一阶微分方程称为可分离变量的微分方程．

例如，$\dfrac{dy}{dx} = \dfrac{y}{x}$，$x(y^2 - 1)dx + y(x^2 - 1)dy = 0$ 等都是可分离变量的微分方程．而 $\cos(xy)dx + xydy = 0$ 不是可分离变量的微分方程．

可分离变量的微分方程的解法称为分离变量法．其步骤如下：

（1）分离变量，$g(y)dy = f(x)dx$；

（2）两边求不定积分，$\int g(y)dy = \int f(x)dx$，得通解为

$$G(y) = F(x) + C,$$

其中 $G(y)$、$F(x)$ 分别是 $g(y)$、$f(x)$ 的原函数，利用初始条件求出常数 C，得特解．

在微分方程（4-6）中，当 $M_2(y)N_1(x) \neq 0$ 时，两端同除以 $M_2(y)N_1(x)$ 得

$$\frac{M_1(x)}{N_1(x)}dx + \frac{N_2(y)}{M_2(y)}dy = 0,$$

两边积分，得

$$\int \frac{M_1(x)}{N_1(x)}dx + \int \frac{N_2(y)}{M_2(y)}dy = C.$$

上式所确定的隐函数就是微分方程的通解．

例 1　求微分方程 $\dfrac{dy}{dx} = \dfrac{y}{x^2}$ 的通解．

解　将原方程分离变量，得

$$\frac{dy}{y} = \frac{dx}{x^2},$$

两边积分，得 $\int \dfrac{dy}{y} = \int \dfrac{dx}{x^2}$，则

$$\ln|y| = -\frac{1}{x} + C_1,$$

$$y = \pm e^{C_1 - \frac{1}{x}},$$

原方程的通解为 $y = Ce^{-\frac{1}{x}}$.（其中 $C = \pm e^{C_1}$）

例 2　求微分方程 $\cos y \cdot \sin x dx - \sin y \cdot \cos x dy = 0$ 满足 $y|_{x=0} = \dfrac{\pi}{4}$ 的特解．

解 将原方程两端同除以 $\cos x \cdot \cos y$，得

$$\tan x \mathrm{d}x - \tan y \mathrm{d}y = 0.$$

两边积分，得 $\int \tan x \mathrm{d}x - \int \tan y \mathrm{d}y = C_1$，则

$$- \ln |\cos x| + \ln |\cos y| = C_1,$$

$$\ln \left| \frac{\cos y}{\cos x} \right| = C_1,$$

$$\left| \frac{\cos y}{\cos x} \right| = \mathrm{e}^{C_1},$$

$$\frac{\cos y}{\cos x} = \pm \mathrm{e}^{C_1},$$

$$\frac{\cos y}{\cos x} = C(C = \pm \mathrm{e}^{C_1}),$$

将 $x = 0$，$y = \dfrac{\pi}{4}$ 代入，得 $C = \cos \dfrac{\pi}{4} = \dfrac{\sqrt{2}}{2}$，原方程的特解为

$$\sqrt{2} \cos y - \cos x = 0.$$

例 3 求微分方程 $\dfrac{\mathrm{d}y}{\mathrm{d}x} = 1 + x + y^2 + xy^2$ 的通解.

解 方程可化为

$$\frac{\mathrm{d}y}{\mathrm{d}x} = (1 + x)(1 + y^2)，分离变量，得$$

$$\frac{1}{1 + y^2} \mathrm{d}y = (1 + x) \mathrm{d}x，两边积分，得$$

$$\int \frac{1}{1 + y^2} \mathrm{d}y = \int (1 + x) \mathrm{d}x，则$$

$$\arctan y = \frac{1}{2} x^2 + x + C.$$

于是原方程的通解为 $y = \tan \left(\dfrac{1}{2} x^2 + x + C \right)$.

例 4 已知某商品的生产成本为 $C(x)$，它与产量 x 满足微分方程 $C'(x) = 1 + ax$（a 为常数），且当 $x = 0$ 时，$C(x) = C_0$，求成本函数 $C(x)$.

解 由题意列出方程为

$$\begin{cases} \dfrac{\mathrm{d}C(x)}{\mathrm{d}x} = 1 + ax, \\ x = 0, \ C(x) = C_0, \end{cases}$$

分离变量，积分得 $\int \mathrm{d}C(x) = \int (1 + ax) \mathrm{d}x$，解得 $C(x) = \dfrac{1}{2a}(1 + ax)^2 + C$.

由初始条件 $x = 0$，$C(x) = C_0$ 得 $C = C_0 - \dfrac{1}{2a}$，故成本函数为 $C(x) = \dfrac{1}{2a}(1 + ax)^2 + C_0 -$

$\dfrac{1}{2a}$.

例 5 已知某厂的纯利润 L 对广告费 x 的变化率 $\dfrac{\mathrm{d}L}{\mathrm{d}x}$ 与正常数 A 和纯利润 L 之差成正比. 当 $x = 0$ 时, $L = L_0 \ (0 < L_0 < A)$, 试求纯利润 L 与广告费 x 之间的函数关系.

解 由题意列出方程为

$$\begin{cases} \dfrac{\mathrm{d}L}{\mathrm{d}x} = k(A - L), \\ L \big|_{x=0} = L_0, \end{cases}$$

其中 $k > 0$ 为比例常系数.

分离变量、积分, 得 $\displaystyle\int \dfrac{\mathrm{d}L}{A - L} = \int k \mathrm{d}x$, 解得 $-\ln(A - L) = kx - \ln C$, 即 $A - L = C e^{-kx}$, 所以 $L = A - C e^{-kx}$.

由初始条件 $L \big|_{x=0} = L_0$, 解得 $C = A - L_0$, 故纯利润与广告费的函数关系为

$$L = A - (A - L_0) e^{-kx}.$$

显然, 纯利润 L 随广告费 x 增加而趋于常数 A.

习题 4.2

习题 4.2 答案

1. 求下列微分方程的通解.

(1) $xy^2 \mathrm{d}x + (1 + x^2) \mathrm{d}y = 0$;

(2) $\dfrac{\mathrm{d}y}{\mathrm{d}x} = 2xy$;

(3) $\sec^2 x \tan y \mathrm{d}x + \sec^2 y \tan x \mathrm{d}y = 0$;

(4) $y' = 10^{x+y}$.

2. 求下列微分方程满足初始条件的特解.

(1) $(1 + e^x) y y' = e^x$, $y \big|_{x=1} = 1$;

(2) $\dfrac{x}{1 + y} \mathrm{d}x - \dfrac{y}{1 + x} \mathrm{d}y = 0$, $y \big|_{x=0} = 1$.

3. 一曲线通过点 $(1, 1)$, 且曲线上任意一点 $M(x, y)$ 的切线与直线 OM 垂直, 求此曲线的方程.

4. 设降落伞从跳伞塔下落后, 所受空气阻力与速度成正比, 且降落伞离开跳伞塔时速度为零, 求降落伞下落速度 v 与时间 t 的函数关系.

5. 如图 4-1 所示, 已知在 RC 电路中, 电容 C 的初始电压为 u_0, 求开关 K 合上后电容的电压 u_C 随时间 t 的变化规律.

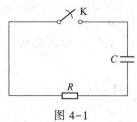

图 4-1

§4.3 齐次微分方程

齐次微分方程

定义 形如

$$\frac{\mathrm{d}y}{\mathrm{d}x} = f\left(\frac{y}{x}\right)$$

的微分方程称为**齐次微分方程**,它的解法是变量替换法.

令 $u = \dfrac{y}{x}$,则 $y = xu$,$\dfrac{\mathrm{d}y}{\mathrm{d}x} = u + x\dfrac{\mathrm{d}u}{\mathrm{d}x}$,代入上式,得到关于未知函数 u、自变量 x 的微分方程

$$u + x\frac{\mathrm{d}u}{\mathrm{d}x} = f(u).$$

该方程是可分离变量方程,因此可求其通解,进而求得齐次微分方程的解.

例 1 解微分方程 $x^2\dfrac{\mathrm{d}y}{\mathrm{d}x} = xy - y^2$.

解 原方程变形为

$$\frac{\mathrm{d}y}{\mathrm{d}x} = \frac{y}{x} - \left(\frac{y}{x}\right)^2.$$

令 $u = \dfrac{y}{x}$,则 $y = xu$,$\dfrac{\mathrm{d}y}{\mathrm{d}x} = u + x\dfrac{\mathrm{d}u}{\mathrm{d}x}$,即 $u + x\dfrac{\mathrm{d}u}{\mathrm{d}x} = u - u^2$ 或 $x\dfrac{\mathrm{d}u}{\mathrm{d}x} = -u^2$,分离变量,得

$$-\frac{\mathrm{d}u}{u^2} = \frac{\mathrm{d}x}{x},$$

两边积分,得

$$\frac{1}{u} = \ln x + C \ \text{或}\ u = \frac{1}{\ln x + C},$$

将 u 换成 $\dfrac{y}{x}$,并解出 y,得原方程通解为

$$y = \frac{x}{\ln x + C}.$$

例 2 如图 4-2 所示,曲线 L 上一点 $P(x, y)$ 的切线与 y 轴交于点 A,OA、OP、AP 构成一个以 AP 为底边的等腰三角形,求曲线 L 的方程.

解 设曲线 L 的方程为 $y = f(x)$,其上任意一点 $P(x, y)$ 的切线 AP 的方程为

$$Y - y = y'(X - x).$$

切线 AP 交 Oy 轴于点 $A(0, y - xy')$,由题意知,$|OP| = |OA|$,即有

$$x^2 + y^2 = (y - xy')^2,$$

即

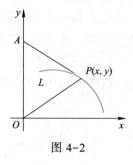

图 4-2

$$\frac{\mathrm{d}y}{\mathrm{d}x} = \frac{y}{x} \pm \sqrt{\frac{x^2 + y^2}{x^2}}.$$

对方程

$$\frac{\mathrm{d}y}{\mathrm{d}x} = \frac{y}{x} + \sqrt{\frac{x^2 + y^2}{x^2}} = \frac{y}{x} + \sqrt{1 + \left(\frac{y}{x}\right)^2},$$

令 $u = \dfrac{y}{x}$，则 $x\dfrac{\mathrm{d}u}{\mathrm{d}x} = u + \sqrt{1 + u^2} - u = \sqrt{1 + u^2}$，即

$$\frac{\mathrm{d}u}{\sqrt{1 + u^2}} = \frac{\mathrm{d}x}{x},$$

两边积分，得

$$\ln | u + \sqrt{1 + u^2} | = \ln x + \ln C,$$
$$u + \sqrt{1 + u^2} = Cx,$$

用 $u = \dfrac{y}{x}$ 代入上式，得

$$\frac{y}{x} + \sqrt{1 + \left(\frac{y}{x}\right)^2} = Cx,$$

所以，曲线 L 的方程为 $y + \sqrt{x^2 + y^2} = Cx^2$；

对方程 $\dfrac{\mathrm{d}y}{\mathrm{d}x} = \dfrac{y}{x} - \dfrac{\sqrt{x^2 + y^2}}{x}$ 来说，类似地，可求得曲线 L 的方程为

$$y + \sqrt{x^2 + y^2} = C.$$

所以，曲线 L 的方程为

$$y + \sqrt{x^2 + y^2} = Cx^2 \text{ 和 } y + \sqrt{x^2 + y^2} = C.$$

例 3　求微分方程 $\dfrac{\mathrm{d}y}{\mathrm{d}x} = \dfrac{y}{x} + \tan\dfrac{y}{x}$ 的通解．

解　令 $u = \dfrac{y}{x}$，则 $y = xu$，$\dfrac{\mathrm{d}y}{\mathrm{d}x} = u + x\dfrac{\mathrm{d}u}{\mathrm{d}x}$，将其代入原方程，得

$$u + x\frac{\mathrm{d}u}{\mathrm{d}x} = u + \tan u, \quad \text{即}$$

$$\frac{\mathrm{d}u}{\mathrm{d}x} = \frac{\tan u}{x}.$$

分离变量，得 $\cot u\, \mathrm{d}u = \dfrac{1}{x}\mathrm{d}x$，两边积分，得

$$\int \cot u\, \mathrm{d}u = \int \frac{1}{x}\mathrm{d}x, \quad \text{则}$$

$$\ln \sin u = \ln x + \ln C,$$
$$\sin u = Cx.$$

将 $u = \dfrac{y}{x}$ 回代，得原方程的通解为 $\sin\dfrac{y}{x} = Cx$.

习题 4.3

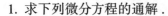

习题 4.3 答案

1. 求下列微分方程的通解.

(1) $y' = \dfrac{y}{x}\tan\dfrac{y}{x}$

(2) $xy' - x\sin\dfrac{y}{x} - y = 90$;

(3) $x\dfrac{\mathrm{d}y}{\mathrm{d}x} + y = 2\sqrt{xy}$;

(4) $x^2 y\,\mathrm{d}x - (x^3 + y^3)\,\mathrm{d}y = 0$.

2. 求下列微分方程满足初始条件的特解.

(1) $y' = \dfrac{x}{y} + \dfrac{y}{x}$, $y\big|_{x=-1} = 2$;

(2) $(x^2 + 2xy - y^2)\,\mathrm{d}x + (y^2 + 2xy - x^2)\,\mathrm{d}y = 0$, $y\big|_{x=1} = 1$.

§4.4 一阶线性微分方程

一阶线性
微分方程

4.4.1 一阶线性微分方程的概念

定义 形如
$$y' + p(x)y = Q(x)$$
的方程称为**一阶线性微分方程**, 其中 $p(x)$、$Q(x)$ 为已知连续函数.

当 $Q(x) = 0$ 时, 方程变为
$$y' + p(x)y = 0,$$
上式称为**一阶线性齐次微分方程**.

当 $Q(x) \neq 0$ 时, 对应的微分方程称为**一阶线性非齐次微分方程**.

下面介绍这两种方程的解法.

4.4.2 一阶线性齐次微分方程的解法

对于一阶线性齐次微分方程, 可以用分离变量法求出通解.

分离变量 $\dfrac{\mathrm{d}y}{y} = -p(x)\mathrm{d}x$, 两边积分 $\displaystyle\int\dfrac{1}{y}\mathrm{d}y = \int -p(x)\mathrm{d}x$, 得
$$\ln y = -\int p(x)\mathrm{d}x + \ln C,$$
故一阶线性齐次微分方程 $y' + p(x)y = 0$ 的通解为
$$y = Ce^{-\int p(x)\mathrm{d}x}.$$

例 1 求方程 $\dfrac{\mathrm{d}y}{\mathrm{d}x} + 3x^2 y = 0$ 的通解.

解 所给方程为一阶线性齐次方程, 且 $p(x) = 3x^2$, 根据通解公式, 得
$$y = Ce^{-\int p(x)\mathrm{d}x} = Ce^{-\int 3x^2\mathrm{d}x} = Ce^{-x^3}$$

即为所求方程的通解.

4.4.3 一阶线性非齐次微分方程的解法

求一阶线性非齐次微分方程 $y' + p(x)y = Q(x)$ 的通解，可采用"**常数变易法**"，即将上述一阶线性齐次微分方程通解中的常数 C 换成待定函数 $C(x)$，设微分方程 $y' + p(x)y = Q(x)$ 的解的形式为

$$y = C(x)e^{-\int p(x)dx},$$

于是 $y' = C'(x)e^{-\int p(x)dx} + C(x)(-p(x))e^{-\int p(x)dx}$.

将 y、y' 代入 $y' + p(x)y = Q(x)$，得

$$C'(x) = e^{\int p(x)dx}Q(x), \quad 两边积分，得$$

$$C(x) = \int e^{\int p(x)dx}Q(x)dx + C.$$

于是可得 $y = e^{-\int p(x)dx}\left[\int e^{\int p(x)dx}Q(x)dx + C\right]$.

可以验证，这就是一阶线性非齐次微分方程的通解.

一阶线性非
齐次微分方程

例 2 解微分方程 $y' + \dfrac{y}{x} = \sin x$.

解 设 $P(x) = \dfrac{1}{x}$，$Q(x) = \sin x$，由一阶线性非齐次微分方程的通解公式可得

$$y = e^{-\int \frac{1}{x}dx}(\int \sin x e^{\int \frac{1}{x}dx}dx + C)$$

$$= \frac{1}{x}(\int x\sin xdx + C) = \frac{\sin x}{x} - \cos x + \frac{C}{x}.$$

例 3 一个由电阻 $R = 10\ \Omega$，电感 $L = 2\ H$ 和电源电压 $E = 20\sin 5t$ V 串联而成的电路，开关 K 闭合后，电路中有电流通过，求电流 i 和时间 t 的函数关系.

解 由电学知识可知，当回路中电流变化时，L 上有感应电动势 $-L\dfrac{di}{dt}$，由回路定律得

$$20\sin 5t - 2\frac{di}{dt} - 10i = 0, \quad 即$$

$$\frac{di}{dt} + 5i = 10\sin 5t,$$

由一阶线性非齐次微分方程的通解公式可得

$$i(t) = \sin 5t - \cos 5t + Ce^{-5t},$$

将初始条件 $i(t)\big|_{t=0} = 0$ 代入，得 $C = 1$，故得电流 i 与时间 t 的函数关系为

$$i(t) = e^{-5t} + \sin 5t - \cos 5t = e^{-5t} + \sqrt{2}\sin\left(5t - \frac{\pi}{4}\right).$$

例 4 某人某天从食物中获取了 10500 J 热量，其中 5040 J 用于基础代谢. 他每天的活动强度相当于每千克体重消耗 67.2 J 热量，余下的热量均以脂肪的形式储存起来. 每42000 J 热量可转化为 1 kg 脂肪，这个人的体重是怎样随时间变化的，会达到平衡吗?

解 设体重为 $W(t)$，根据题意，先从 $\Delta t = 1$ 天的情况分析体重的变化量 ΔW. 每天的进食量相当于获得体重 $10500/42\,000 = 0.25$，基础代谢用去 $5040/42000 = 0.12$，活动消耗为 $67.2W/42000 = 0.0016W$，所以 $\Delta W = (0.25 - 0.12 - 0.0016W)\Delta t$，在长为 Δt 的时间间隔内，W 的平均变化率为

$$\frac{\Delta W}{\Delta t} = 0.13 - 0.0016W.$$

因其对任意的 Δt 皆成立，故令 $\Delta t \to 0$，求极限，得 $\dfrac{\mathrm{d}W}{\mathrm{d}t} = 0.13 - 0.0016W$ 或 $\dfrac{\mathrm{d}W}{\mathrm{d}t} + 0.0016W = 0.13$，由一阶线性非齐次微分方程的通解公式可得

$$W = \mathrm{e}^{-\int 0.0016\mathrm{d}t}\left(\int 0.13\mathrm{e}^{\int 0.0016\mathrm{d}t}\mathrm{d}t + C\right)$$

$$= \mathrm{e}^{-0.0016t}\left(\int 0.13\mathrm{e}^{0.0016t}\mathrm{d}t + C\right)$$

$$= \mathrm{e}^{-0.0016t}\left(\frac{0.13}{0.0016}\mathrm{e}^{0.0016t} + C\right)$$

$$= 81.25 + C\mathrm{e}^{-0.0016t}.$$

假设 $W(0) = W_0$，代入上式得 $C = W_0 - 81.25$，因此他的体重 W 随时间 t 变化的函数为 $W = 81.25 + (W_0 - 81.25)\mathrm{e}^{-0.0016t}$. 因为 $t \to \infty$ 时，$W \to 81.25$，故他的体重会在 $81.25\ \mathrm{kg}$ 处达到平衡.

习题 4.4

习题 4.4 答案

1. 求下列微分方程的通解.

(1) $xy' + y = x^2 + 3x + 2$；   (2) $y' + y\tan x = \sin 2x$；

(3) $(y^2 - 6x)y' + 2y = 0$；   (4) $(2\mathrm{e}^y - x)y' = 1$.

2. 求下列微分方程满足所给初始条件的特解.

(1) $\dfrac{\mathrm{d}y}{\mathrm{d}x} + \dfrac{y}{x} = \dfrac{\sin x}{x}$，$y\big|_{x=\pi} = 1$；

(2) $\dfrac{\mathrm{d}y}{\mathrm{d}x} + 3y = 8$，$y\big|_{x=0} = 2$；

(3) $xy' + y = \dfrac{\ln x}{x}$，$y\big|_{x=1} = \dfrac{1}{2}$.

3. 一曲线通过原点，并且它在点 (x, y) 处的切线斜率为 $2x + y$，求这条曲线的方程.

4. 已知物体在空气中冷却的速率与该物体及空气两者温度的差成正比. 假设室温为 $20\ ℃$ 时，一物体由 $100\ ℃$ 冷却到 $60\ ℃$ 需 $20\ \mathrm{s}$，共经过多少时间方可使此物体的温度从开始时的 $100\ ℃$ 降低到 $30\ ℃$？

§4.5 可降阶的高阶微分方程

可降阶的
高阶微分方程1

二阶或二阶以上的微分方程称为高阶微分方程. 解这类方程的基本思

想是通过某些变换把高阶方程降为低阶方程，再用前面的方法求解．

4.5.1 $y^{(n)} = f(x)$ 型微分方程

对于 $y^{(n)} = f(x)$ 型微分方程，只要通过 n 次积分就可求得通解．

例 1 求微分方程 $y''' = e^{2x} - 1$ 的通解．

解 对原微分方程连续积分三次得

$$y'' = \frac{1}{2}e^{2x} - x + C_1,$$

$$y' = \frac{1}{4}e^{2x} - \frac{1}{2}x^2 + C_1 x + C_2,$$

$$y = \frac{1}{8}e^{2x} - \frac{1}{6}x^3 + \frac{C_1}{2}x^2 + C_2 x + C_3.$$

可降阶的
高阶微分方程 2

4.5.2 $y'' = f(x, y')$ 型微分方程

$y'' = f(x, y')$ 型微分方程右端不显含未知函数 y，若令 $y' = p$，则 $y'' = \dfrac{dp}{dx} = p'$，代入原方程得

$$p' = f(x, p),$$

这是一个关于变量 x、p 的一阶微分方程，可用前面的方法求解，设其通解为

$$p = \varphi(x, C_1),$$

而 $p = \dfrac{dy}{dx}$，于是得到

$$\frac{dy}{dx} = \varphi(x, C_1),$$

对上式两边积分，得原微分方程的通解为

$$y = \int \varphi(x, C_1) \, dx + C_2.$$

例 2 求微分方程 $y'' = \dfrac{2xy'}{1 + x^2}$ 满足初始条件 $y|_{x=0} = 1$ 和 $y'|_{x=0} = 3$ 的特解．

解 令 $y' = p$，则 $y'' = p'$，代入原方程并分离变量，得

$$\frac{dp}{p} = \frac{2x \, dx}{1 + x^2}, \quad \text{两边积分，得}$$

$$\ln p = \ln(1 + x^2) + \ln C_1, \quad \text{则}$$

$$p = C_1(1 + x^2),$$

即 $y' = C_1(1 + x^2)$．

将 $y'|_{x=0} = 3$ 代入，得 $C_1 = 3$，因此有

$$y' = 3x^2 + 3, \quad \text{再积分，得}$$

$$y = x^3 + 3x + C_2.$$

可降阶的
高阶微分方程 3

将 $y\,|\,_{x=0}=1$ 代入，得 $C_2=1$，于是原方程的特解为

$$y = x^3 + 3x + 1.$$

4.5.3 $y''=f(y', y)$ 型微分方程

$y''=f(y', y)$ 型微分方程右端不含自变量 x，令 $y'=p$，显然，p 通过中间变量 y 而成为 x 的复合函数，由复合函数求导法则，得

$$y'' = \frac{\mathrm{d}p}{\mathrm{d}x} = \frac{\mathrm{d}p}{\mathrm{d}y} \cdot \frac{\mathrm{d}y}{\mathrm{d}x} = p\frac{\mathrm{d}p}{\mathrm{d}y},$$

代入原方程，得到 $p\dfrac{\mathrm{d}p}{\mathrm{d}y}=f(p, y)$，这是关于变量 y 和 p 的一阶微分方程，用前面的方法可以求得它的通解为

$$p = \varphi(y,\ C_1),$$

即 $\dfrac{\mathrm{d}y}{\mathrm{d}x}=\varphi(y,\ C_1)$，分离变量，得 $\dfrac{\mathrm{d}y}{\varphi(y,\ C_1)}=\mathrm{d}x(\varphi(y,\ C_1)\neq0)$，两端积分，得原方程的通解为

$$\int \frac{\mathrm{d}y}{\varphi(y,\ C_1)} = x + C_2.$$

例 3 解微分方程 $y'' + y'^2 = 0$.

解 令 $y'=p$，则 $y''=p\dfrac{\mathrm{d}p}{\mathrm{d}y}$，代入原方程，得

$$p\frac{\mathrm{d}p}{\mathrm{d}y} + p^2 = 0.$$

若 $p\neq0$，则 $\dfrac{\mathrm{d}p}{p}=-\mathrm{d}y$，两端积分，得 $\ln p = -y + \ln C_1$，即 $p = C_1\mathrm{e}^{-y}$，于是

$$\frac{\mathrm{d}y}{\mathrm{d}x} = C_1\mathrm{e}^{-y}，\quad 再积分，得$$

$$\mathrm{e}^y = C_1x + C_2 \ 或 \ y = \ln|\,C_1x + C_2\,|.$$

若 $p=0$，即 $y'=0$，得 $y=C$. 它显然满足原方程，但 $y=C$ 也含在 $y = \ln|\,C_1x + C_2\,|$ 中（令 $C_1=0$，便得）. 故原方程的通解为

$$y = \ln|\,C_1x + C_2\,|.$$

习题 4.5

习题 4.5 答案

1. 求下列微分方程的通解.

（1）$y'' = x + \sin x$；　　　　　　（2）$y''' = x\mathrm{e}^x$；

（3）$xy'' + y' = 0$；　　　　　　　（4）$y'' = (y')^3 + y'$.

2. 求下列微分方程满足所给初始条件的特解.

（1）$y^3y'' + 1 = 0$，$y\,|\,_{x=1}=1$，$y'\,|\,_{x=1}=0$；

（2）$y'' = y' + x$，$y\,|\,_{x=0}=y'\,|\,_{x=0}=1$.

3. 试求 $y'' = x$ 的经过点 $M(0, 1)$ 且在此点与直线 $y = \dfrac{x}{2} + 1$ 相切的积分曲线.

4. 质量为 m 的质点受力 F 的作用沿 Ox 轴作直线运动，设力 F 仅是时间 t 的函数，即 $F = F(t)$，开始时刻 $t = 0$ 时，$F(0) = F_0$，随着时间 t 增大，力 F 均匀减小，直到 $t = T$ 时，$F(T) = 0$，如果开始运动时，质点位于原点且初始速度为零，求质点的运动规律.

§4.6 二阶线性微分方程的解的结构

二阶微分方程解的结构

4.6.1 二阶线性微分方程的基本概念

定义 1 形如

$$y'' + p(x)y' + q(x)y = f(x) \tag{4-7}$$

的方程叫作**二阶线性微分方程**. 其中 $p(x)$、$q(x)$、$f(x)$ 都是连续函数，$p(x)$ 叫作微分方程 (4-7) 的自由项.

若 $f(x) \equiv 0$，则方程

$$y'' + p(x)y' + q(x)y = 0 \tag{4-8}$$

叫作与微分方程 (4-7) 对应的**二阶线性齐次微分方程**.

若 $f(x) \neq 0$，则微分方程 (4-7) 叫作**二阶线性非齐次微分方程**.

若 $p(x) = p$，$q(x) = q$ 是常数，则式 (4-7) 和式 (4-8) 分别叫作**二阶常系数线性非齐次 (或齐次) 微分方程**.

4.6.2 二阶线性齐次微分方程解的结构

定义 2 设 $y_1(x)$、$y_2(x)$ 是定义在区间 I 上的两个函数，若它们的比 $\dfrac{y_1(x)}{y_2(x)} = $ 常数，则称 $y_1(x)$ 与 $y_2(x)$ 在区间 I 上是线性相关的；若 $\dfrac{y_1(x)}{y_2(x)} \neq$ 常数，则称 $y_1(x)$ 与 $y_2(x)$ 在区间 I 上是线性无关的.

例如，因为 $\dfrac{2\mathrm{e}^x}{\mathrm{e}^x} = 2$，所以 $2\mathrm{e}^x$ 与 e^x 在任何区间上线性相关，因为 $\dfrac{\sin x}{\cos x} = \tan x \neq$ 常数，在 $x \neq k\pi - \dfrac{\pi}{2}$ 时，$\sin x$ 与 $\cos x$ 线性无关.

定理 1 如果 y_1、y_2 是二阶线性齐次微分方程 (4-8) 的解，那么 $y = C_1 y_1 + C_2 y_2$ 也是该方程的解.

证 因为 y_1、y_2 是方程 (4-8) 的解，所以有

$$y_1'' = p(x)y_1' + q(x)y_1 = 0,$$
$$y_2'' + p(x)y_2' + q(x)y_2 = 0.$$

将 $C_1 y_1 + C_2 y_2$ 代入方程 (4-8) 的左边，并利用上面两式得

$$(C_1 y_1 + C_2 y_2)'' + p(x)(C_1 y_1 + C_2 y_2)' + q(x)(C_1 y_1 + C_2 y_2)$$

$$= C_1(y_1'' + p(x)y_1' + q(x)y_1) + C_2(y_2'' + p(x)y_2' + q(x)y_2) = 0.$$

这就证明了 $y = C_1y_1 + C_2y_2$ 仍是方程（4-8）的解.

$C_1y_1 + C_2y_2$ 常叫作 y_1 与 y_2 的叠加，故定理 1 又叫作线性齐次微分方程解的叠加原理.

若 y_1、y_2 是方程（4-8）两个线性相关的解，即 $\dfrac{y_1}{y_2} = k$（常数），则 $y_1 = ky_2$，于是

$$C_1y_1 + C_2y_2 = C_1ky_2 + C_2y_2 = (C_1k + C_2)y_2 = Cy_2.$$

这时两个任意常数 C_1、C_2 就合并为一个常数 C，故 $C_1y_1 + C_2y_2$ 就不是方程（4-8）的通解.

若 y_1、y_2 是方程（4-8）两个线性无关的解，则 $C_1y_1 + C_2y_2$ 中的两个任意常数就不能合并，故把 $C_1y_1 + C_2y_2$ 叫作方程（4-8）的通解，于是，我们有如下定理：

定理 2　如果 y_1、y_2 是二阶线性齐次微分方程（4-8）的两个线性无关的解，那么 $y = C_1y_1 + C_2y_2$ 是该微分方程的通解.

4.6.3　二阶线性非齐次微分方程的解结构

定理 3　如果 y_1 是微分方程

$$y'' + p(x)y' + q(x)y = f_1(x) \tag{4-9}$$

的解，y_2 是微分方程

$$y'' + p(x)y' + q(x)y = f_2(x) \tag{4-10}$$

的解，则 $y_1 + y_2$ 是微分方程

$$y'' + p(x)y' + q(x)y = f_1(x) + f_2(x) \tag{4-11}$$

的解.

证　将 $y_1 + y_2$ 代入式（4-11）的左边，由式（4-9）和式（4-10）得

$$(y_1 + y_2)'' + p(x)(y_1 + y_2)' + q(x)(y_1 + y_2)$$
$$= (y_1'' + p(x)y_1' + q(x)y_1) + (y_2'' + p(x)y_2' + q(x)y_2)$$
$$= f_1(x) + f_2(x),$$

这就证明了 $y_1 + y_2$ 是式（4-11）的解.

定理 3 也叫叠加原理，显然与定理 1 的叠加原理是不相同的.

定理 4　如果 y^* 是二阶线性非齐次微分方程

$$y'' + p(x)y' + q(x)y = f(x) \tag{4-12}$$

的一个特解，y_1、y_2 是与式（4-12）对应的二阶线性齐次微分方程

$$y'' + p(x)y' + q(x)y = 0 \tag{4-13}$$

的两个线性无关的解，则式（4-12）的通解为

$$y = y^* + C_1y_1 + C_2y_2, \tag{4-14}$$

其中 C_1、C_2 是任意常数.

定理 4 完全可以在定理 3 的基础上进行证明. 事实上，在式（4-9）中令 $f_1(x) = f(x)$，在式（4-10）中令 $f_2(x) = 0$，则式（4-11）变成了式（4-12），用 y^* 取代式（4-9）中的 y_1，用 $C_1y_1 + C_2y_2$ 取代式（4-10）中的 y_2，而 y_1、y_2 又线性无关，所以由定理 3 可知，$y^* + C_1y_1 + C_2y_2$ 是式（4-12）的解，且是通解.

定理 4 指出，一个二阶线性非齐次微分方程的通解等于其对应的二阶线性齐次微分方程的通解和其本身的一个特解之和.

例 验证 $y_1 = \cos \omega x$，$y_2 = \sin \omega x$ 都是二阶线性齐次微分方程 $y'' + \omega^2 y = 0$ 的解，并写出该方程的通解.

解 由 $y_1 = \cos \omega x$ 得 $y_1' = -\omega \sin \omega x$，$y_1'' = -\omega^2 \cos \omega x$，代入方程左边，得
$$-\omega^2 \cos \omega x + \omega^2 \cos \omega x = 0.$$

故 y_1 是方程的解.

由 $y_2 = \sin \omega x$ 得 $y_2' = \omega \cos \omega x$，$y_2'' = -\omega^2 \sin \omega x$，代入方程左边，得
$$-\omega^2 \sin \omega x + \omega^2 \sin \omega x = 0,$$

故 y_2 是方程的解.

而 $\dfrac{y_1}{y_2} = \dfrac{\cos \omega x}{\sin \omega x} = \cot \omega x \neq$ 常数，因此，$y_1 = \cos \omega x$，$y_2 = \sin \omega x$ 线性无关，于是方程 $y'' + \omega^2 y = 0$ 的通解为

$$y = C_1 \cos \omega x + C_2 \sin \omega x.$$

习题 4.6 答案

习题 4.6

1. 验证 $y_1 = e^{x^2}$ 及 $y_2 = xe^{x^2}$ 都是 $y'' - 4xy' + (4x^2 - 2)y = 0$ 的解，并写出该方程的通解.

2. 证明 $y = C_1 x^2 + C_2 x^2 \ln x$（$C_1$、$C_2$ 是任意常数）是方程 $x^2 y'' - 3xy' + 4y = 0$ 的通解.

3. 设 y_1、y_2 都是 $y'' + p(x)y' + q(x)y = f(x)$ 的解，证明函数 $y = y_1 - y_2$ 必是与其对应的齐次方程 $y'' + p(x)y' + q(x)y = 0$ 的解.

4. 若已知 $y_1 = x^2$，$y_2 = x + x^2$，$y_3 = e^x + x^2$ 都是方程 $(x-1)y'' - xy' + y = -x^2 + 2x - 2$ 的解，求此方程的通解.

5. 设 $y_1 = \varphi(x)$ 是方程 $y'' + p(x)y' + q(x)y = 0$ 的一个解，设 $y_2 = y_1 u(x)$，求出与 y_1 线性无关的解 y_2，并写出所给方程的通解.

§4.7 二阶常系数线性微分方程

二阶常系数线性
齐次微分方程

4.7.1 二阶常系数线性齐次微分方程

二阶常系数线性齐次微分方程为

$$y'' + py' + qy = 0, \tag{4-15}$$

其中 p，q 为已知实常数.

这种方程的解法不需要积分，而只用代数方法就可求出通解.

由 4.6 节定理 2 可知，要求微分方程（4-15）的通解，只要求它的两个线性无关的解 y_1、y_2 即可.

当 r 是常数时，指数函数 $y = e^{rx}$ 和它的各阶导数只差一个常数因子，又因为式（4-15）中的 p、q 都是常数，所以我们猜测式（4-15）有形如

$$y = e^{rx} \tag{4-16}$$

的解. 因此我们用 $y = e^{rx}$ 来尝试, 看能否选取适当的常数 r, 使 $y = e^{rx}$ 满足式 (4-15), 为此将 $y = e^{rx}$, $y' = re^{rx}$ 及 $y'' = r^2 e^{rx}$ 代入式 (4-15), 得

$$e^{rx}(r^2 + pr + q) = 0,$$

即

$$r^2 + pr + q = 0. \tag{4-17}$$

由上面的分析可知, 若函数 $y = e^{rx}$ 是式 (4-15) 的解, 则 r 必须满足式 (4-17), 反之, 若 r 是式 (4-17) 的一个根, 就必有 $e^{rx}(r^2 + pr + q) = 0$. 这说明 $y = e^{rx}$ 是式 (4-15) 的一个解.

式 (4-17) 是一个以 r 为未知数的一元二次代数方程, 它叫作微分方程 (4-15) 的特征方程. 其中 r^2、r 的系数及常数项恰好依次是微分方程 (4-15) 中 y''、y' 及 y 的系数. 特征方程 (4-17) 的根 r_1 和 r_2 称为特征根.

特征方程 (4-17) 的特征根为 $r_{1,2} = \dfrac{-p \pm \sqrt{p^2 - 4q}}{2}$, 它们有以下三种情形.

(1) 当 $p^2 - 4q > 0$ 时, r_1、r_2 是两个不相等的实根:

$$r_1 = \frac{-p + \sqrt{p^2 - 4q}}{2}, \quad r_2 = \frac{-p - \sqrt{p^2 - 4q}}{2},$$

于是 $y_1 = e^{r_1 x}$ 和 $y_2 = e^{r_2 x}$ 都是微分方程 (4-15) 的解, 可以判定 y_1, y_2 线性无关, 所以微分方程 (4-15) 的通解为

$$y = C_1 e^{r_1 x} + C_2 e^{r_1 x}.$$

(2) 当 $p^2 - rq = 0$ 时, r_1、r_2 是两个相等的实根:

$$r_1 = r_2 = -\frac{p}{2},$$

于是, $y_1 = e^{r_1 x}$ 是微分方程 (4-15) 的一个解, 需求出另一个与 y_1 线性无关的解 y_2.

设 $\dfrac{y_2}{y_1} = u(x)$, 即 $y_2 = e^{r_1 x} u(x)$, 下面求 $u(x)$. 对 y_2 求导, 得

$$y_2' = e^{r_1 x}(u' + r_1 u), \quad y_2'' = e^{r_1 x}(u'' + 2r_1 u' + r_1^2 u),$$

将 y_2、y_2'、y_2'' 代入微分方程 (4-15), 得

$$e^{r_1 x}\left[(u'' + 2r_1 u' + r_1^2 u) + p(u' + r_1 u) + qu\right] = 0,$$

约去 $e^{r_1 x}$, 并以 u''、u'、u 为准合并同类项, 得

$$u'' + (2r_1 + p)u' + (r_1^2 + pr_1 + q)u = 0.$$

由于 r_1 是特征方程 (4-17) 的二重根, 因此, $r_1^2 + pr_1 + q = 0$ 且 $2r_1 + p = 0$, 于是得

$$u'' = 0.$$

因为我们只需得到一个不为常数的解, 所以不妨选取 $u = x$, 因此得微分方程 (4-15) 的另一个解为

$$y_2 = xe^{r_1 x},$$

于是微分方程 (4-15) 的通解为

$$y = C_1 e^{r_1 x} + C_1 xe^{r_1 x} = (C_1 + C_2 x)e^{r_1 x}.$$

(3) 当 $p^2 - 4q < 0$ 时，r_1、r_2 是一对共轭虚根：
$$r_1 = \alpha + i\beta, \quad r_2 = \alpha - i\beta.$$

其中 $\alpha = -\dfrac{p}{2}$，$\beta = \dfrac{\sqrt{4q - p^2}}{2}$，此时

$$y_1 = e^{(\alpha + i\beta)x} \text{ 和 } y_2 = e^{(\alpha - i\beta)x}$$

二阶常系数线性
齐次微分方程

是微分方程（4-15）的两个线性无关的解，于是其通解为

$$y = C_1 e^{(\alpha + i\beta)x} + C_2 e^{(\alpha - i\beta)x} = e^{\alpha x}(C_1 e^{i\beta x} + C_2 e^{-i\beta x}).$$

下面我们把通解化成实数形式，利用欧拉公式：

$$e^{i\theta} = \cos\theta + i\sin\theta, \quad e^{-i\theta} = \cos\theta - i\sin\theta,$$

于是我们有

$$y_1 = e^{\alpha x}(\cos\beta x + i\sin\beta x), \quad y_2 = e^{\alpha x}(\cos\beta x - i\sin\beta x).$$

由 4.6 节定理 1 可知，实函数

$$\frac{1}{2}(y_1 + y_2) = e^{\alpha x}\cos\beta x, \quad \frac{1}{2i}(y_1 - y_2) = e^{\alpha x}\sin\beta x$$

仍是微分方程（4-15）的解，并且

$$\frac{e^{\alpha x}\cos\beta x}{e^{\alpha x}\sin\beta x} = \cot\beta x \neq \text{常数},$$

即两个实函数是线性无关的，所以得到微分方程（4-15）的通解为

$$y = e^{\alpha x}(C_1\cos\beta x + C_2\sin\beta x).$$

综上所述，求 $y'' + py' + qy = 0$ 的通解步骤如下：

（1）写出特征方程 $r^2 + pr + q = 0$；

（2）求出特征根 r_1，r_2，并写出通解.

$y'' + py' + qy = 0$ 的通解总结见表 4-1.

表 4-1　$y''+py'+qy=0$ 的通解总结

$r^2 + pr + q = 0$ 有根 r_1、r_2	$y'' + py' + qy = 0$ 的通解
实根 $r_1 \neq r_2$	$y = C_1 e^{r_1 x} + C_2 e^{r_2 x}$
实根 $r_1 = r_2$	$y = (C_1 + C_2 x)e^{r_1 x}$
虚根 $r_{1,2} = \alpha \pm i\beta$	$y = e^{\alpha x}(C_1\cos\beta x + C_2\sin\beta x)$

例 1　求微分方程 $y'' - 6y' - 7y = 0$ 的通解.

解　特征方程 $r^2 - 6r - 7 = 0$ 的特征根为 $r_1 = -1$，$r_2 = 7$，故原方程的通解为

$$y = C_1 e^{-x} + C_2 e^{7x}.$$

例 2　求微分方程 $y'' - 10y' + 25y = 0$ 满足初始条件 $y\big|_{x=0} = 1$，$y'\big|_{x=0} = -1$ 的特解.

解　特征方程 $r^2 - 10r + 25 = 0$ 的特征根为 $r_1 = r_2 = 5$，故原方程的通解为

$$y = (C_1 + C_2 x)e^{5x},$$

将 $y\big|_{x=0} = 1$ 代入，得 $C_1 = 1$，故 $y = e^{5x} + C_2 x e^{5x}$，又

$$y' = 5e^{5x} + C_2(e^{5x} + 5xe^{5x}),$$

将 $y'\big|_{x=0} = -1$ 代入，得 $C_2 = -6$，于是所求特解为

$$y = e^{5x}(1 - 6x).$$

例 3 微分方程 $y'' - 2y' + 5y = 0$ 的一条积分曲线通过点 $(0, 1)$，且在该点和直线 $x+y = 1$ 相切，求这条曲线．

解 特征方程 $r^2 - 2r + 5 = 0$ 的特征根为 $r_1 = 1 + 2i$，$r_2 = 1 - 2i$，故原方程的通解为

$$y = e^x(C_1 \cos 2x + C_2 \sin 2x).$$

求通解的导数得

$$y' = e^x(C_1 \cos 2x + C_2 \sin 2x) + e^x(-2C_1 \sin 2x + 2C_2 \cos 2x).$$

将初始条件 $y \big|_{x=0} = 1$，$k = y' \big|_{x=0} = -1$ 分别代入 y 及 y'，得 $C_1 = 1$，$C_2 = -1$，故所求曲线方程为

$$y = e^x(\cos 2x - \sin 2x).$$

4.7.2　二阶常系数线性非齐次微分方程

二阶常系数线性非齐次微分方程为

$$y'' + py' + qy = f(x), \tag{4-18}$$

其中 p、q 是常数．

由 4.6 节定理 4 可知，要求微分方程（4-18）的通解，只要求与其对应的二阶常系数线性齐次微分方程

$$y'' + py' + qy = 0 \tag{4-19}$$

的通解 Y 和微分方程（4-18）本身的一个特解 y^* 即可，故微分方程（4-18）的通解为

$$y = Y + y^* \tag{4-20}$$

求微分方程（4-19）的通解 Y 前面已经解决，下面我们讨论如何求微分方程（4-18）本身的一个特解 y^*．

我们只就微分方程（4-18）中 $f(x)$ 的两种常见形式（也是常用形式）讨论求 y^* 的方法，这种方法仍然不用积分，我们把它叫作待定系数法．

1. $f(x) = e^{\lambda x} P_m(x)$ 型

在 $f(x) = e^{\lambda x} P_m(x)$ 中，λ 是常数，$P_m(x)$ 是 x 的一个 m 次多项式，即

$$P_m(x) = a_0 x^m + a_1 x^{m-1} + \cdots + a_{m-1} x + a_m,$$

因 $f(x) = e^{\lambda x} P_m(x)$ 是指数函数与多项式的乘积，这种乘积的导数仍然保持同样的形式，可设式（4-18）的特解为

$$y^* = e^{\lambda x} Q(x), \tag{4-21}$$

其中 $Q(x)$ 是一个待定多项式，求 y^* 的一、二阶导数得

$$y^{*\prime} = e^{\lambda x}[\lambda Q(x) + Q'(x)],$$

$$y^{*\prime\prime} = e^{\lambda x}[\lambda^2 Q(x) + 2\lambda Q'(x) + Q''(x)].$$

将 y^*、$y^{*\prime}$、$y^{*\prime\prime}$ 代入式（4-18），以 $Q''(x)$、$Q'(x)$、$Q(x)$ 为准整理得

二阶常系数线性
非齐次微分方程

$$e^{\lambda x}[Q''(x) + (2\lambda + p)Q'(x) + (\lambda^2 + p\lambda + q)Q(x)] = e^{\lambda x} P_m(x),$$

约去 $e^{\lambda x}(e^{\lambda x} \neq 0)$，得

$$[Q''(x) + (2\lambda + p)Q'(x) + (\lambda^2 + p\lambda + q)Q(x)] = P_m(x). \tag{4-22}$$

（1）当 λ 不是特征方程的根时，则 $\lambda^2 + p\lambda + q \neq 0$，由于式（4-22）右端 $P_m(x)$ 是 x

的一个 m 次多项式，为使两端恒等，$Q(x)$ 也应是 x 的一个 m 次多项式，即

$$Q(x) + b_0 x^m + b_1 x^{m-1} + \cdots + b_{m-1}x + b_m = Q_m(x),$$

其中 b_0，b_1，$\cdots$，b_m 是待定系数．此时可设式（4-18）的特解 y^* 为

$$y^* = e^{\lambda x} Q_m(x).$$

（2）当 λ 是特征方程的单根时，则 $\lambda^2 + p\lambda + q = 0$，而 $2\lambda + p \neq 0$，此时式（4-22）变为

$$Q''(x) + (2\lambda + p)Q'(x) = P_m(x).$$

显然，为使两端恒等，可取 $Q(x) = xQ_m(x)$，于是式（4-18）的特解 y^* 可设为

$$y^* = xe^{\lambda x} Q_m(x).$$

（3）当 λ 是特征方程的重根时，则 $\lambda^2 + p\lambda + q = 0$，且 $2\lambda + p = 0$，此时式（4-22）变为

$$Q''(x) = P_m(x).$$

显然，为使左右两端相等，可取 $Q(x) = x^2 Q_m(x)$，于是式（4-18）的特解 y^* 可设为

$$y^* = x^2 e^{\lambda x} Q_m(x).$$

综上所述，当式（4-18）右端 $f(x) = e^{\lambda x} P_m(x)$ 时，其特解 y^* 的设法总结见表 4-2.

表 4-2 特解 y^* 的设法 1

特征方程 $\lambda^2 + p\lambda + q = 0$	特解 y^* 的设法
λ 不是特征根	$y^* = e^{\lambda x} Q_m(x)$
λ 是特征单根	$y^* = xe^{\lambda x} Q_m(x)$
λ 是特征重根	$y^* = x^2 e^{\lambda x} Q_m(x)$

例 4 求微分方程 $y'' - y' - 2y = (x+1)e^x$ 的一个特解．

解 对应的齐次方程的特征方程为 $\lambda^2 - \lambda - 2 = 0$，解得特征根为 $\lambda_1 = -1$，$\lambda_2 = 2$，而 $f(x) = (x+1)e^x$，$\lambda = 1$ 显然不是特征根，故设所求特解为

$$y^* = (b_0 x + b_1)e^x.$$

求 y^* 的一、二阶导数，得

$$y^{*\prime} = b_0 e^x + (b_0 x + b_1)e^x, \quad y^{*\prime\prime} = 2b_0 e^x + (b_0 x + b_1)e^x,$$

将 y^*、$y^{*\prime}$、$y^{*\prime\prime}$ 代入原方程并合并同类项，得

$$b_0 e^x - 2(b_0 x + b_1)e^x = xe^x + e^x,$$
$$-2b_0 x + b_0 - 2b_1 = x + 1,$$

比较两端 x 同次幂的系数，得

$$\begin{cases} -2b_0 = 1, \\ b_0 - 2b_1 = 1, \end{cases} \text{解得} \begin{cases} b_0 = -\dfrac{1}{2}, \\ b_1 = -\dfrac{3}{4}. \end{cases}$$

故所求特解为

$$y^* = \left(-\frac{1}{2}x - \frac{3}{4}\right)e^x.$$

例5 求微分方程 $y'' - 2y' - 3y = 3e^{-x}$ 的通解.

解 （1）求对应的齐次方程 $y'' - 2y' - 3y = 0$ 的通解 Y.

特征方程 $r^2 - 2r - 3 = 0$ 的特征根为 $r_1 = -1$，$r_2 = 3$. 故对应的齐次方程的通解为
$$Y = C_1 e^{-x} + C_2 e^{3x}.$$

（2）求原方程的一个特解 y^*.

由于对 $f(x) = 3e^{-x}$，$\lambda = -1$ 是特征单根，又 $P_m(x) = 3$，设特解为
$$y^* = Axe^{-x},$$

求 y^* 的一、二阶导数，得
$$y^{*'} = Ae^{-x}(1 - x), \quad y^{*''} = Ae^{-x}(x - 2).$$

将 y^*、$y^{*'}$、$y^{*''}$ 代入原方程并合并同类项，得
$$-4A = 3, \quad A = -\frac{3}{4},$$

故原方程的一个特解为
$$y^* = -\frac{3}{4}xe^{-x}.$$

由式（4-20）可知，原方程的通解为
$$y = Y + y^* = C_1 e^{-x} + C_2 e^{3x} - \frac{3}{4}xe^{-x},$$

即 $y = \left(C_1 - \frac{3}{4}x\right)e^{-x} + C_2 e^{3x}.$

2. $f(x) = e^{\lambda x}(A\cos \omega x + B\sin \omega x)$ 型

$f(x) = e^{\lambda x}(A\cos \omega x + B\sin \omega x)$ 中的 λ、ω、A、B 都是已知常数，此时特解 y^* 的设法见表4-3，表中 C_1、C_2 是待定常数（不作讨论）.

表4-3 特解 y^* 的设法2

特征方程 $\lambda^2 + p\lambda + q = 0$	特解 y^* 的设法
$\lambda \pm i\omega$ 不是特征根	$y^* = e^{\lambda x}(C_1 \cos \omega x + C_2 \sin \omega x)$
$\lambda \pm i\omega$ 是特征根	$y^* = xe^{\lambda x}(C_1 \cos \omega x + C_2 \sin \omega x)$

例6 求微分方程 $y'' + 3y' + 2y = e^{-x}\cos x$ 的通解.

解 （1）求对应的齐次方程 $y'' + 3y' + 2y = 0$ 的通解 Y.

特征方程 $r^2 + 3r + 2 = 0$ 的特征根为 $r_1 = -1$，$r_2 = -2$，故对应的齐次方程的通解为
$$Y = C_1 e^{-x} + C_2 e^{-2x}.$$

（2）求原方程的一个特解 y^*.

由于 $f(x) = e^{-x}\cos x$，即 $\lambda = -1$，$\omega = 1$，显然，$-1 \pm i$ 不是特征方程 $\lambda^2 + 3\lambda + 2 = 0$ 的根，故特解 y^* 可设为
$$y^* = e^{-x}(A\cos x + B\sin x),$$

求 y^* 的一、二阶导数，得
$$y^{*'} = e^{-x}[(B - A)\cos x - (A + B)\sin x],$$
$$y^{*''} = e^{-x}(2A\sin x - 2B\cos x),$$

将 y^*、$y^{*\prime}$、$y^{*\prime\prime}$ 代入原方程合并同类项，得

$$\mathrm{e}^{-x}\big[(-A+B)\cos x-(A+B)\sin x\big]=\mathrm{e}^{-x}\cos x,$$

$$(B-A)\cos x-(B+A)\sin x=\cos x,$$

比较两端 $\cos x$ 及 $\sin x$ 前面的系数，得

$$\begin{cases}B-A=1,\\ -B-A=0,\end{cases}\qquad 解得\begin{cases}A=-\dfrac{1}{2},\\ B=\dfrac{1}{2}.\end{cases}$$

故原方程的一个特解为

$$y^*=\mathrm{e}^{-x}\left(-\frac{1}{2}\cos x+\frac{1}{2}\sin x\right)=\frac{1}{2}\mathrm{e}^{-x}(\sin x-\cos x).$$

由式（4-20）可知，原方程的通解为

$$y=Y+y^*=C_1\mathrm{e}^{-x}+C_2\mathrm{e}^{-2x}+\frac{1}{2}\mathrm{e}^{-x}(\sin x-\cos x)$$

$$=\mathrm{e}^{-x}\left(C_1+\frac{1}{2}\sin x-\frac{1}{2}\cos x\right)+C_2\mathrm{e}^{-2x}.$$

例 7　求微分方程 $y''+2y'=\sin^2 x$ 的通解.

解　（1）求得对应齐次微分方程 $y''+2y'=0$ 的通解为

$$Y=C_1+C_2\mathrm{e}^{-2x}.$$

（2）求微分方程 $y''+2y'=\sin^2 x$ 的一个特解 y^*.

由于 $f(x)=\sin^2 x=\dfrac{1}{2}-\dfrac{1}{2}\cos 2x$，设微分方程 $y''+2y'=\dfrac{1}{2}$ 的特解为 y_1^*，微分方程

$y''+2y'=-\dfrac{1}{2}\cos 2x$ 的特解为 y_2^*，即 $y^*=y_1^*+y_2^*$.

对微分方程 $y''+2y'=\dfrac{1}{2}$，求得特解 $y_1^*=\dfrac{1}{4}x$；对微分方程 $y''+2y'=-\dfrac{1}{2}\cos 2x$，求

得特解 $y_2^*=\dfrac{1}{16}\cos 2x-\dfrac{1}{16}\sin 2x$. 故原微分方程的通解为

$$y=C_1+C_2\mathrm{e}^{-2x}+\frac{1}{4}x+\frac{1}{16}\cos 2x-\frac{1}{16}\sin 2x$$

习题 4.7

1. 求下列微分方程的通解.

（1）$y''-2y'-3y=0$；

（2）$y''-2y'+5y=0$；

（3）$y''+6y'+9y=0$.

习题 4.7 答案

2. 求下列微分方程的通解.

（1）$2y''+y'-y=2\mathrm{e}^x$；

（2）$2y''+5y'=5x^2-2x-1$；

(3) $y'' - 6y' + 9y = e^{3x}(x + 1)$.

3. 求下列微分方程的通解.

(1) $y'' + 4y = \cos x$;

(2) $y'' - 2y' + 5y = e^x \sin 2x$;

(3) $y'' - 7y' + 6y = \sin x$.

4. 求下列微分方程满足初始条件的特解.

(1) $y'' + y' - 2y = 2x$, $y|_{x=0} = 0$, $y'|_{x=0} = 3$;

(2) $y'' + y + \sin 2x = 0$, $y|_{x=\pi} = 1$, $y'|_{x=\pi} = 1$;

(3) $y'' - 3y' + 2y = 5$, $y|_{x=0} = 1$, $y'|_{x=0} = 2$.

5. 在电阻 R、电感 L 与电容 C 的串联电路中，电源电压 $E = 5\sin 10t$ V，$R = 6\ \Omega$，$L = 1$ H，$C = 0.2$ F. 电容的初始电压为零，设开关闭合时 $t = 0$，求开关闭合后回路中的电流.

6. 一质量为 m 的潜水艇从水面由静止状态开始下降，所受阻力与下降速度成正比（比例系数为 k），求潜水艇下降深度 x 与时间 t 的函数关系.

§4.8　拉普拉斯变换

4.8.1　拉普拉斯变换的基本概念

本章前面给出了求解一阶线性微分方程与二阶常系数线性微分方程满足初始条件的解的方法. 一般是先求出其通解，然后根据其初始条件求出其特解. 总的说来方法比较复杂. 人们在寻找微分方程的一种更简捷的求解方法时，采用了将问题进行变换的思想方法，从而产生了拉普拉斯变换. 以下先介绍其主要思想.

我们知道，幂级数

$$\sum_{n=1}^{\infty} a_n x^n \tag{4-23}$$

在一定条件下收敛，其和是一个函数，可以记作 $S(x)$. 例如，当 $a_n = 1$ $(n = 1, 2, \cdots)$ 时，上述级数在 $-1 < x < 1$ 时收敛.

式（4-23）中的系数 a_n 实际上是在离散点 $n = 1, 2, \cdots$ 取值的一个函数，我们将其记作 $a(n)$，则

$$\sum_{n=1}^{\infty} a(n) x^n = S(x). \tag{4-24}$$

现在考虑如何将上述思想推广，以便函数 $a(n)$ 可以取遍连续区间 $(0, +\infty)$ 内的每一点. 于是我们将式（4-24）转换为积分公式，即

$$\int_0^{+\infty} a(t) x^t \mathrm{d}t = S(x). \tag{4-25}$$

上述广义积分在一定条件下收敛. 式（4-25）实际上已经通过积分将一个函数 $a(t)$ 转换为另一个函数 $S(x)$，我们称其为**积分变换**. 在许多实际问题中，$x<0$ 没有意义，因此我们只考虑 $x \geqslant 0$ 的情况.

根据日常使用的习惯，我们将函数 $a(t)$ 记作 $f(t)$. 另外在积分计算实践中，以 e 为底

的指数型函数往往在计算积分时比较方便．出于方便计算的考虑，我们可进一步将式 (4-25) 作一定的变化．因为 $x = \mathrm{e}^{\ln x}$ 对 $x > 0$ 成立，此时我们有 $x^t = \mathrm{e}^{t\ln x}$，并且按照经验，式（4-25）往往在 $x>0$ 但又比较接近 0（一般至少要求 $x<1$）的时候收敛，而此时 $-\infty < \ln x < 0$，因此，我们记 $s = -\ln x$，同时记 $S(x) = S(\mathrm{e}^{-s}) = F(x)$，则可将式（4-25）转换为

$$\int_0^{+\infty} f(t)\mathrm{e}^{-st}\mathrm{d}t = F(s).\qquad(4-26)$$

式（4-26）即为著名的**拉普拉斯变换**．

　　拉普拉斯变换是一种积分变换，能把微积分运算转化为代数运算，因而可使常系数线性微分方程变换为代数方程．于是在寻求常系数线性微分方程（组）的特解时，无须按常规方法先求通解，再求特解，只需借助拉普拉斯变换表即可求出特解，从而使计算简化．拉普拉斯变换还具有特殊的物理意义，因而在许多领域被广泛应用．

　　下面就拉普拉斯变换的一些概念、基本性质及几个常用的拉普拉斯变换作简要介绍．

　　定义　设函数 $f(t)$ 的定义域为 $[0, +\infty)$，若积分 $\int_0^{+\infty} f(t)\mathrm{e}^{-st}\mathrm{d}t$ 对于 s 在某一范围内的值存在，则此积分就确定了一个参数为 s 的函数，记作 $F(s)$．函数 $F(s)$ 称为 $f(t)$ 的**拉普拉斯变换**（简称拉氏变换，或称为 $f(t)$ 的**象函数**），$F(s) = \int_0^{+\infty} f(t)\mathrm{e}^{-st}\mathrm{d}t$ 称为函数 $f(t)$ 的**拉普拉斯变换式**，用 $L[f(t)]$ 表示，即

$$F(s) = L[f(t)].\qquad(4-27)$$

　　若 $F(s)$ 是 $f(t)$ 的拉普拉斯变换，则 $f(t)$ 称为 $F(s)$ 的**拉普拉斯逆变换**［或称为 $F(s)$ 的**象原函数**］，记作 $L^{-1}[F(s)]$，即

$$f(t) = L^{-1}[F(s)].\qquad(4-28)$$

　　说明　（1）在实际问题中，讨论和分析都是从某一时刻起．因此，在拉普拉斯变换定义中，只要求函数 $f(t)$ 在 $t \geq 0$ 时有定义即可，并假定在 $t<0$ 时 $f(t) = 0$．

　　（2）拉普拉斯变换将给定的函数 $f(t)$ 经过广义积分变换成一个新的函数 $F(s)$．一般来说，在实际中遇到的函数的拉普拉斯变换总是存在的．事实上，可以证明，当 $|f(t)| \leq C\mathrm{e}^{kt}$（$C$ 与 k 都为常数且 $C>0$，$k>0$）对所有 $t \in (0, +\infty)$ 都成立时（增长控制条件），$f(t)$ 的拉普拉斯变换一定存在．下文讨论中我们都假定增长控制条件成立，即函数 $f(t)$ 的拉普拉斯变换存在．

　　（3）拉普拉斯变换中的参数 s 一般不限于实数，也可以为复数．不过在本书中，为简单起见，我们把 s 当作正实数来讨论，这并不影响对拉普拉斯变换性质的研究，对于解决实际问题也已足够．

　　下面介绍如何用定义求拉普拉斯变换．

　　例 1　求函数 $f(t) = \mathrm{e}^{at}$（$t \geq 0$，a 是常数）的拉普拉斯变换．

　　解　$L[\mathrm{e}^{at}] = \int_0^{+\infty} \mathrm{e}^{at}\mathrm{e}^{-st}\mathrm{d}t = \int_0^{+\infty} \mathrm{e}^{(a-s)t}\mathrm{d}t$，这个积分在 $s>a$ 时收敛，所以可得

$$L[\mathrm{e}^{at}] = \int_0^{+\infty} \mathrm{e}^{(a-s)t}\mathrm{d}t = \left[\frac{\mathrm{e}^{(a-s)t}}{a-s}\right]\Bigg|_0^{+\infty} = \frac{1}{s-a}\ (s > a).$$

　　例 2　求函数 $f(t) = \sin kt$ 的拉普拉斯变换．

解 $L[\sin kt] = \int_0^{+\infty} \sin kt \cdot e^{-st} dt = -\frac{1}{s} \int_0^{+\infty} \sin kt d(e^{-st})$

$$= -\frac{1}{s} \left[\sin kt \cdot e^{-st} \Big|_0^{+\infty} - \int_0^{+\infty} e^{-st} d(\sin kt) \right] = \frac{k}{s} \left(\int_0^{+\infty} e^{-st} \cos kt dt \right)$$

$$= -\frac{k}{s^2} \left[\int_0^{+\infty} \cos kt d(e^{-st}) \right] = -\frac{k}{s^2} \left[\cos kt \cdot e^{-st} \Big|_0^{+\infty} - \int_0^{+\infty} e^{-st} d(\cos kt) \right]$$

$$= \frac{k}{s^2} \left(1 - k \int_0^{+\infty} e^{-st} \sin kt dt \right) = \frac{k}{s^2} \{ 1 - kL[\sin kt] \}.$$

化简可得 $L[\sin kt] = \dfrac{k}{s^2 + k^2}$ $(s > 0)$.

例3 求单位阶梯函数 $u(t) = \begin{cases} 0, & t < 0, \\ 1, & t \geq 0 \end{cases}$ 的拉普拉斯变换.

解 $L[u(t)] = \int_0^{+\infty} u(t) e^{-st} dt = \int_0^{+\infty} e^{-st} dt = \dfrac{1}{s}$ $(s > 0)$.

例4 求狄拉克函数 $\delta(t) = \begin{cases} 0, & t \neq 0, \\ \infty, & t = 0 \end{cases}$ 的拉普拉斯变换.

解 我们定义

$$\delta_\varepsilon(t) = \begin{cases} 0, & t < 0, \\ \dfrac{1}{\varepsilon}, & 0 \leq t \leq \varepsilon, \\ 0, & t > \varepsilon, \end{cases}$$

因此，原函数的拉普拉斯变换为

$$L[\delta(t)] = \int_0^{+\infty} \delta(t) e^{-st} dt = \int_0^{+\infty} \lim_{\varepsilon \to 0} \delta_\varepsilon(t) e^{-st} dt = \lim_{\varepsilon \to 0} \int_0^\varepsilon \frac{1}{\varepsilon} e^{-st} dt$$

$$= \lim_{\varepsilon \to 0} \frac{\int_0^\varepsilon e^{-st} dt}{\varepsilon} = \lim_{\varepsilon \to 0} \frac{-\dfrac{1}{s} e^{-st} \Big|_0^\varepsilon}{\varepsilon} = \lim_{\varepsilon \to 0} \frac{1 - e^{-s\varepsilon}}{s\varepsilon} \xlongequal{\text{运用洛必达法则}} \lim_{\varepsilon \to 0} e^{-s\varepsilon} = 1.$$

例3与例4中的单位阶梯函数 $u(t)$ 和狄拉克函数 $\delta(t)$ 为自动控制技术中的常用函数.
为了求得较为复杂函数的拉普拉斯变换，下面我们介绍拉普拉斯变换的几个基本性质.

4.8.2 拉普拉斯变换的基本性质

1. 线性性质

对于函数 $f(t)$ 和 $g(t)$ 以及任意常数 α 和 β，若 $L[f(t)]$ 和 $L[g(t)]$ 存在，则有关系式
$$L[\alpha f(t) + \beta g(t)] = \alpha L[f(t)] + \beta L[g(t)].$$

利用拉普拉斯变换的定义，可直接证明这个关系式成立. 根据这个性质，可以推出一系列函数的拉普拉斯变换.

例5 求函数 $f(t) = \dfrac{1}{a}(1 - e^{-\alpha t})$ 的拉普拉斯变换.

解 由线性性质可得

$$L\left[\frac{1}{a}(1 - e^{-\alpha t})\right] = \frac{1}{a}L[1 - e^{-\alpha t}] = \frac{1}{a}L[1] - \frac{1}{a}L[e^{-\alpha t}] = \frac{1}{a}\left(\frac{1}{s} - \frac{1}{s+a}\right) = \frac{1}{s(s+a)}.$$

2. 平移性质

若 $L[f(t)] = F(s)$，则

$$L[e^{\alpha t}f(t)] = F(s - a)\ (a \text{ 为常数}).$$

证明从略.

这个性质表明，象原函数乘以 e^{at} 等于其象函数位移 a 个单位，因此这个性质称为平移性质.

例 6　求 $L[te^{at}]$.

解　通过计算易得 $L[t] = \dfrac{1}{s^2}$，由平移性质可得 $L[te^{at}] = \dfrac{1}{(s-a)^2}$.

3. 延滞性质

若 $L[f(t)] = F(s)$，则 $L[f(t-a)] = e^{-as}F(s)\ (a > 0)$.

证明从略.

这个性质表明，函数 $f(t-a)$ 表示函数 $f(t)$ 在时间上滞后 a 个单位，如图 4-3 所示. 因此，这个性质称为延滞性质.

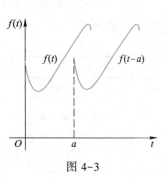

图 4-3

4. 微分性质

若 $L[f(t)] = F(s)$，则

$$L[f'(t)] = sF(s) - f(0).$$

特别地，当 $f(0) = 0$ 时，有 $L[f'(t)] = sF(s)$.

证　$L[f'(t)] = \displaystyle\int_0^{+\infty} f'(t)e^{-st}dt = f(t)e^{-st}\Big|_0^{+\infty} +$

$s\displaystyle\int_0^{+\infty} f(t)e^{-st}dt = sF(s) - f(0)(s > 0).$

此性质可推广到 n 阶导数，即

$$L[f^{(n)}(t)] = s^n F(s) - [s^{n-1}f(0) + s^{n-2}f'(0) + \cdots + f^{(n-1)}(0)].$$

特别地，当 $f(0) = f'(0) = \cdots = f^{(n-1)}(0) = 0$ 时，有

$$L[f^{(n)}(t)] = s^n F(s)\ (n \text{ 为自然数}).$$

说明　对象原函数的微分运算，通过拉普拉斯变换变化为 s 与它的象函数的乘法运算，拉普拉斯变换的微分性质可将 $f(t)$ 的常系数微分方程转化为 $F(s)$ 的代数方程，因此它在解微分方程中起着重要的作用.

例 7　求幂函数 $f(t) = t^n(t\cdots n, 0$ 是正整数$)$ 的拉普拉斯变换.

解　因为　$f'(t) = nt^{n-1}, f''(t) = n(n-1)t^{n-2}, \cdots, f^{(n)} = n!,$

所以有　　　　　　　　　$f(0) = f'(0) = \cdots = f^{(n-1)}(0) = 0.$

由拉普拉斯的微分性质，可得 $L[f(t)] = \dfrac{L[f^{(n)}(t)]}{s^n}$.

又因为 $L[f^{(n)}(t)] = L[n!] = n!\ L[1] = \dfrac{n!}{s}$，　所以 $f(t) = t^n$ 的拉普拉斯变换为

$$L[t^n] = \frac{n!}{s^{n+1}}.$$

5. 积分性质

若 $L[f(t)] = F(s)(s \neq 0)$，并且 $f(t)$ 连续，则 $L\left[\int_0^t f(t)\,dt\right] = \frac{F(s)}{s}$。

证 设 $\varphi(t) = \int_0^t f(t)\,dt$，显然 $\varphi(0) = 0$，$\varphi'(t) = f(t)$，所以可得

$$L[\varphi'(t)] = sL[\varphi(t)] - \varphi(0) = sL[\varphi(t)].$$

因为 $L[\varphi'(t)] = L[f(t)] = F(s)$，所以 $F(s) = sL[\varphi(t)] = sL\left[\int_0^t f(t)\,dt\right]$，即

$$L\left[\int_0^t f(t)\,dt\right] = \frac{F(s)}{s}.$$

这个性质表明，一个函数积分后再取拉普拉斯变换，等于这个函数的象函数除以参数 s。

为方便应用，现将在求解常系数线性微分方程的初值问题时经常遇到的拉普拉斯变换列出，见表 4-4。

表 4-4 拉普拉斯变换

象原函数 $f(t)$	象函数 $F(s)$
$\delta(t)$（狄拉克函数）	1
$u(t)$（单位阶梯函数）	$\dfrac{1}{s}$
t^n $(n = 1, 2, \cdots)$	$\dfrac{n!}{s^{n+1}}$
e^{at}	$\dfrac{1}{s-a}$
$1 - e^{-at}$	$\dfrac{a}{s(s+a)}$
$t^n e^{at}$ $(n = 1, 2, \cdots)$	$\dfrac{n!}{(s-a)^{n+1}}$
$\sin \omega t$	$\dfrac{\omega}{s^2 + \omega^2}$
$\cos \omega t$	$\dfrac{s}{s^2 + \omega^2}$
$\sin(\omega t + \varphi)$	$\dfrac{s\sin \varphi + \omega\cos \varphi}{s^2 + \omega^2}$
$\cos(\omega t + \varphi)$	$\dfrac{s\cos \varphi - \omega\sin \varphi}{s^2 + \omega^2}$
$t\sin \omega t$	$\dfrac{2\omega s}{(s^2 + \omega^2)^2}$
$t\cos \omega t$	$\dfrac{s^2 - \omega^2}{(s^2 + \omega^2)^2}$

象原函数 $f(t)$	象函数 $F(s)$
$e^{-at}\sin \omega t$	$\dfrac{\omega}{(s+a)^2 + \omega^2}$
$e^{-at}\cos \omega t$	$\dfrac{s+a}{(s+a)^2 + \omega^2}$
$\dfrac{1}{\omega^2}(1 - \cos \omega t)$	$\dfrac{1}{s(s^2 + \omega^2)}$
$e^{at} - e^{bt}$	$\dfrac{a-b}{(s-a)(s-b)}$
$2\sqrt{\dfrac{t}{\pi}}$	$\dfrac{1}{s\sqrt{s}}$
$\dfrac{1}{\sqrt{\pi t}}$	$\dfrac{1}{\sqrt{s}}$

4.8.3 拉普拉斯逆变换

在运用拉普拉斯变换求解常系数线性微分方程时，我们还会遇到需要根据已知的象函数 $F(s)$ 去求它的象原函数 $f(t)$ 的问题，即拉普拉斯逆变换问题．拉普拉斯变换和拉普拉斯逆变换是一一对应的．对于常用象函数的求取可以通过查表4-4求得结果．对一些不能直接利用拉普拉斯变换表求得逆变换的象函数，要结合拉普拉斯逆变换的性质求解．为此，接下来将常用拉普拉斯变换的部分重要性质用逆变换形式列出．

1. 线性性质

$$L^{-1}[\alpha F(s) + \beta G(s)] = \alpha f(t) + \beta g(t)(\alpha, \beta \text{ 为常数}).$$

2. 平移性质

$$L^{-1}F(s-a)] = e^{at}L^{-1}[F(s)] = e^{at}f(t)(a \text{ 为常数}).$$

3. 延滞性质

$$L^{-1}[e^{-as}F(s)] = f(t-a)(a \text{ 为常数}).$$

例8 求下列象函数的拉普拉斯逆变换．

（1）$F(s) = \dfrac{2s-t}{s^2}$；（2）$F(s) = \dfrac{s+3}{s^2 + 3s + 2}$．

解 （1）由线性性质及常用函数的拉普拉斯变换表，得

$$f(t) = L^{-1}\left[\frac{2s-5}{s^2}\right] = 2L^{-1}\left[\frac{1}{s}\right] - 5L^{-1}\left[\frac{1}{s^2}\right] = 2u(t) - 5t.$$

（2）首先将所给的象函数展开，即

$$F(s) = \frac{s+3}{s^2 + 3s + 2} = \frac{2}{s+1} - \frac{1}{s+2}.$$

于是由拉普拉斯变换表可查得

$$f(t) = L^{-1}\left[\frac{s+3}{s^2 + 3s + 2}\right] = L^{-1}\left[\frac{2}{s+1}\right] - L^{-1}\left[\frac{1}{s+2}\right] = 2e^{-t} - e^{-2t}.$$

4.8.4 拉普拉斯变换的应用

下面举例说明拉普拉斯变换在解常系数线性微分方程（组）中的应用.

例9 求微分方程 $y'' + 4y' - 12y = 0$ 满足初始条件 $y(0) = 1$，$y'(0) = 0$ 的解.

解 对方程两边取拉普拉斯变换，因为 $L[0] = 0$，所以

$$L[y'' + 4y' - 12y] = 0.$$

由拉普拉斯变换的线性性质，得

$$L[y''] + 4L[y'] - 12L[y] = 0.$$

再由拉普拉斯变换的微分性质得

$$s^2 L[y] - sy(0) - y'(0) + 4[sL[y] - y(0)] - 12L[y] = 0.$$

设 $L[y] = Y(s)$，并将初始条件代入，得

$$(s^2 + 4s - 12)Y(s) - s - 4 = 0,$$

$$即 \quad Y(s) = \frac{s + 4}{s^2 + 4s - 12}.$$

下面通过拉普拉斯逆变换求 $y(t)$，先将 $Y(s)$ 分解为部分分式之和，即

$$Y(s) = \frac{s + 4}{s^2 + 4s - 12} = \frac{\frac{1}{4}}{s + 6} + \frac{\frac{3}{4}}{s - 2}, \quad 于是有$$

$$y(t) = L^{-1}[Y(s)] = L^{-1}\left[\frac{\frac{1}{4}}{s + 6}\right] + L^{-1}\left[\frac{\frac{3}{4}}{s - 2}\right] = \frac{1}{4}e^{-6t} + \frac{3}{4}e^{2t}.$$

从例9可以看出，用拉普拉斯变换解常系数线性微分方程的步骤如下：

（1）对方程两边取拉普拉斯变换，设 $L[y] = Y(s)$，得出关于 $Y(s)$ 的代数方程；

（2）解此方程，求出 $Y(s)$；

（3）对 $Y(s)$ 取拉普拉斯逆变换，求出微分方程的解.

例10 求微分方程组 $\begin{cases} x' - x - 2y = t, \\ y' - 2x - y = t \end{cases}$ 满足初始条件 $x(0) = 2$，$y(0) = 4$ 的解.

解 对方程组两边取拉普拉斯变换，设 $L[x(t)] = X(s)$，$L[y(t)] = Y(s)$，得

$$\begin{cases} sX(s) - 2 - X(s) - 2Y(s) = \frac{1}{s^2}, \\ sY(s) - 4 - 2X(s) - Y(s) = \frac{1}{s^2}, \end{cases}$$

解此方程，得

$$\begin{cases} X(s) = \frac{28}{9} \cdot \frac{1}{s - 3} - \frac{1}{s + 1} - \frac{1}{3s^2} - \frac{1}{9s}, \\ Y(s) = \frac{28}{9} \cdot \frac{1}{s - 3} + \frac{1}{s + 1} - \frac{1}{3s^2} - \frac{1}{9s}, \end{cases}$$

取拉普拉斯逆变换，得微分方程组的解为

$$\begin{cases} x(t) = \dfrac{28}{9}e^{3t} - e^{-t} - \dfrac{t}{3} - \dfrac{1}{9}, \\ y(t) = \dfrac{28}{9}e^{-3t} + e^{-t} - \dfrac{t}{3} - \dfrac{1}{9} \end{cases}.$$

从上述各例可以看出，应用拉普拉斯变换求解常系数线性微分方程（组）是比较简单的．但这个方法对方程右端项（称为强迫项）的要求比较高．因此，并非任何常系数线性微分方程（组）都能用拉普拉斯变换求解．

接下来我们将拉普拉斯变换应用于力学与电学的两个实际问题中．

机械振动是工程技术上常遇到的现象．例如：振动沉桩机利用振动来克服土壤和桩之间的摩擦力以及桩前部的阻力，将桩打入土中；混凝土振动台利用振动克服混凝土颗粒的起始移动阻力和内摩擦力，将混凝土捣实．另一方面，工程技术中也需减弱不必要的振动，以保证机械的稳定性，保证操作人员的安全．下面我们介绍一个弹簧振动的例子．

例 11（弹簧机械振动问题） 有一个弹簧，它的上端固定，质量为 m 的物体挂在弹簧上，如图 4-4 所示．弹簧的弹性系数为 k. 取物体的平衡位置为坐标原点 O，取 x 轴竖直向下．给物体一个离开平衡位置的冲击力 $A\delta(t)$，其中，$\delta(t)$ 为狄拉克函数，那么物体便在平衡位置附近上下振动．在振动过程中，物体的位置 x 随时间 t 变化，即 x 是 t 的函数．这个函数反映了物体的运动规律，那么该物体的运动规律是什么？

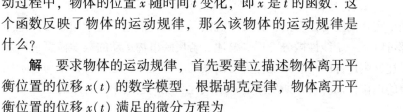

图 4-4

解 要求物体的运动规律，首先要建立描述物体离开平衡位置的位移 $x(t)$ 的数学模型．根据胡克定律，物体离开平衡位置的位移 $x(t)$ 满足的微分方程为

$$mx'' = A\delta(t) - kx，且 x(0) = 0，x'(0) = 0.$$

解此线性微分方程满足初始条件的解即得到物体的运动规律．

设 $L[x(t)] = X(s)$，对 $mx'' = A\delta(t) - kx$ 两边取拉普拉斯变换，并将初始条件代入，得

$$X(s) = \frac{A}{ms^2 + k}.$$

取拉普拉斯逆变换，得 $x(t) = \dfrac{A}{\sqrt{km}}\sin\sqrt{\dfrac{k}{m}}t.$

可见，振动物体按正弦规律运动，振幅为 $\dfrac{A}{\sqrt{km}}$，角频率为 $\sqrt{\dfrac{k}{m}}$.

例 12（电路的电磁振荡问题） 图 4-5 为 RC 串联电路图．其中，电阻 $R = 2\ \Omega$，电容 $C = 0.1\ \text{F}$，电源电动势 $E(t) = 100\sin 5t\ \text{V}$．当开关 K 合上后，电路中有电流通过．现在我们来研究电容器两极板间电压 u_C 随时间 t 的变化规律，其中，$u_C(0) = 0$.

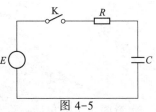

图 4-5

解 设电阻两端的电压为 u_R，电流为 $i(t)$．

根据回路电压定律，在任何一个闭合回路中，各元件上电压降的代数和等于电动势的代数和，即

$$u_R + u_C = E(t) = 100\sin 5t.$$

由于 $u_R = R_i(t)$，$i(t) = C\dfrac{\mathrm{d}u_C}{\mathrm{d}t}$，从而可以求得电压 u_C 满足的微分方程为

$$RC\dfrac{\mathrm{d}u_C}{\mathrm{d}t} + u_C(t) = 100\sin 5t.$$

解此线性微分方程，即可知电容器两极板间电压 u_C 随时间 t 的变化规律．

设 $L[u_C(t)] = U_C(s)$，对上式两边取拉普拉斯变换，并将初始条件和已知条件代入，化简得

$$U_C(s) = \frac{2500}{(s+5)(s^2+25)},$$

其部分分式展开式为

$$U_C(s) = \frac{50}{s+5} - \frac{50s}{s^2+25} + \frac{250}{s^2+25},$$

取拉普拉斯逆变换，得

$$u_C(t) = 50(\mathrm{e}^{-5t} - \cos 5t + \sin 5t).$$

从例 11 和例 12 两个实际问题可以看出，弹簧的机械振动数学模型、多个动态元件电路的电磁振荡数学模型都可以用一个线性微分方程来描述．若反映事物运动的数学模型可以用一个线性微分方程来描述，则这样的物理系统称为线性系统．线性系统在工程技术与科学领域的研究中占有很重要的地位，而拉普拉斯变换是求解线性系统问题的十分有用的工具．

习题 4.8

1. 求函数 $f(t) = 6t$ 的拉普拉斯变换．
2. 求函数 $f(t) = 1 + te^t$ 的拉普拉斯变换．
3. 求 $F(s) = \dfrac{2}{s+5}$ 的拉普拉斯逆变换．
4. 求 $F(s) = \dfrac{1}{4s^2+9}$ 的拉普拉斯逆变换．

习题 4.8 答案

5. 求微分方程组 $\begin{cases} y' + y - x = \mathrm{e}^{-t}, \\ x' + x = 0 \end{cases}$，满足初始条件 $y(0) = 0$，$x(0) = 1$ 的解．

本章小结

一、主要内容

本章内容主要包括一阶常微分方程、二阶常系数线性微分方程和拉普拉斯变换．

二、重点与难点

重点：可分离变量微分方程的求解、一阶线性微分方程的通解公式、拉普拉斯变换的概念及性质、求常用函数的拉普拉斯变换的方法.

难点：二阶常系数线性齐次微分方程和二阶常系数线性非齐次微分方程的解法、拉普拉斯变换的应用.

三、学习指导

(1) 分离变量法是对形如 $y' = f(x)g(y)$ 的微分方程，先通过分离变量，再对方程两边积分，求出通解的方法.

(2) 对于一阶线性非齐次微分方程 $y' + P(x)y = Q(x)$，可直接利用积分因子法求解.

(3) 对于二阶常系数线性齐次微分方程 $y'' + py' + qy = 0$，为求其通解，先求出特征方程 $\lambda^2 + p\lambda + q = 0$ 的根，然后根据特征根的不同情况，写出对应的微分方程的通解.

(4) 对于二阶常系数线性非齐次微分方程 $y'' + py' + qy = f(x)$，为求其通解，先求出其对应齐次微分方程的通解 Y，然后求出非齐次微分方程自身的一个特解 y^*，最后根据解的结构定理，写出通解 $y = y^* + Y$.

(5) 应将拉普拉斯变换的性质与常用函数的拉普拉斯变换表结合起来求函数的拉普拉斯变换与拉普拉斯逆变换.

(6) 拉普拉斯变换可以方便地应用于求解常系数线性微分方程，其步骤如下：

1) 对方程两边取拉普拉斯变换，设 $L[y] = Y(s)$，得出关于 $Y(s)$ 的代数方程；

2) 解此方程，求出 $Y(s)$；

3) 对 $Y(s)$ 取拉普拉斯逆变换，求出微分方程的解.

测试题四

一、填空题

1. _____叫作微分方程.

2. 可分离变量的微分方程的一般形式是_____.

3. 微分方程 $\dfrac{\mathrm{d}y}{\mathrm{d}x} = \dfrac{1}{x}$ 的通解是_____.

4. 微分方程 $y' - 2y = 0$ 的通解是_____.

5. 微分方程 $y'' - 5y' + 6y = 0$ 的特征方程是_____.

二、选择题

1. 下列方程中，不是微分方程的是（   ）.

    A. $(x - 1)\mathrm{d}x - (y + 1)\mathrm{d}y = 0$ B. $y'' = x^2 + y^2$

C. $y = 2x + 5$ D. $\dfrac{d^2 x}{dt^2} - x = \sin t$

2. 微分方程 $x^2 y'' + x(y')^3 + x^4 = 1$ 的阶数是（　　）.

   A. 一阶   B. 二阶

   C. 三阶   D. 四阶

3. $y'' = \cos x$ 的通解是（　　）.

   A. $y = \sin x$ B. $y = \sin x + C$

   C. $y = -\cos x + C_1 x + C_2$ D. $y = -\cos x + c_1 x$

4. $y' + 2xy = 0$，$y|_{x=0} = 1$ 的特解是（　　）.

   A. $y = e^{-x^2}$ B. $y = -e^{-x^2}$

   C. $y = e^{x^2}$ D. $y = -e^{x^2}$

5. 微分方程 $y'' - 7y' + 10y = 0$ 的特征方程是（　　）.

   A. $r^2 - 7r + 10 = 0$ B. $r^2 + 10r - 7 = 0$

   C. $r^2 + 7r - 10 = 0$ D. $r^2 - 10r + 7 = 0$

三、判断题

1. 若微分方程的解中含有任意常数，则称这个解为微分方程的通解.　　　　　　　（　　）

2. 方程 $y^2 y'^2 + y^2 = 1$ 是二阶的微分方程.　　　　　　　　　　　　　　　（　　）

3. $y = 5x^2$ 是方程 $xy' = 2y$ 的一个解.　　　　　　　　　　　　　　　　　（　　）

4. 如果 y_1、y_2 是方程 $y'' + p(x)y' + q(x)y = 0$ 的解，那么 $y = C_1 y_1 + C_2 y_2$ 是该方程的通解（其中 C_1、C_2 是任意常数）.　　　　　　　　　　　　　　　　　　　　（　　）

5. 如果 y^* 是方程 $y'' + p(x)y' + q(x)y = f(x)$ （1） 的一个特解，y_1、y_2 是对应的齐次微分方程 $y'' + p(x)y' + q(x)y = 0$ 的两个线性无关的解，则方程 （1） 的通解为 $y = y^* + C_1 y_1 + C_2 y_2$，其中 C_1、C_2 是任意常数.　　　　　　　　　　　　　　　　　　（　　）

四、求下列微分方程的通解

1. $\dfrac{dy}{dx} = 3x^2$.   2. $y' - 3xy = x$.

3. $y''' = \cos t$.   4. $2y dx + x dy - xy dy = 0$.

5. $y' + y = \cos x$.   6. $y' - 4y = e^{3x}$.

7. $x^2 y'' + xy' = 1$.   8. $y'' + y' - 2y = 0$.

9. $y'' + 4y' + 3y = 5\sin x$.   10. $y'' + 9y' = 6\sin 3x$.

五、求下列微分方程的特解

1. $y'' + 12y' + 36y = 0$， $y|_{x=0} = 4$，$y'|_{x=0} = 2$.

2. $y' - \dfrac{x}{1+x^2} y = x + 1$， $y|_{x=0} = \dfrac{1}{2}$.

3. $y' + 2xy = xe^{-x^2}$，$y|_{x=0} = 1$.

4. $(1 + e^x)yy' = e^y$， $y|_{x=0} = 0$.

5. $y'' + 6y' + 9y = 5xe^{-3x}$,　　$y|_{x=0} = 0$，$y'|_{x=0} = 2$.

六、解答题

已知二阶常系数线性齐次微分方程的一个特解为 $y = e^{2x}$，对应的特征方程的判别式等于 0，求此微分方程满足初始条件 $y|_{x=0} = 1$，$y'|_{x=0} = 1$ 的特解.

七、应用题

一个质量为 4 kg 的物体挂在弹簧上，弹簧伸长了 0.01 m. 现将弹簧拉长 0.02 m，然后放开，求弹簧的运动规律（设阻尼系数为 0）.

测试题四答案

*第 5 章　矩阵与行列式

【名人名言】

数学是各式各样的证明技巧.

——维特根斯坦

趣味阅读——矩阵与行列式的发展简史

线性代数作为一个独立的分支在 20 世纪才形成,然而它的历史却非常久远. "鸡兔同笼" 问题实际上就是一个简单的线性方程组求解的问题. 最古老的线性问题是线性方程组的解法. 中国古代的数学著作《九章算术》对此已经作了比较完整的叙述,其中所述方法实质上相当于现代的对方程组的增广矩阵的行施行初等变换,消去未知量的方法.

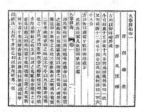

九章算术

由于费马和笛卡儿的工作,现代意义的线性代数基本上出现于 17 世纪. 直到 18 世纪末,线性代数的领域还只限于平面与空间. 19 世纪上半叶才完成了到 n 维线性空间的过渡.

随着研究线性方程组和变量的线性变换问题的深入,行列式和矩阵在 18 世纪、19 世纪先后产生,为处理线性问题提供了有力的工具,从而推动了线性代数的发展. 而向量概念的引入,形成了向量空间的概念. 凡是线性问题都可以用向量空间的观点加以讨论. 因此,向量空间及其线性变换,以及与此相联系的矩阵理论,构成了线性代数的中心内容.

凯莱

矩阵论始于凯莱,在 19 世纪下半叶,因若尔当的工作而达到了它的顶点. 1888 年,皮亚诺以公理的方式定义了有限维或无限维线性空间. 托普利茨将线性代数的主要定理推广到任意体上的最一般的向量空间中. 线性映射的概念在大多数情况下能够摆脱矩阵计算而不依赖于基的选择. 不用交换体而用未必交换之体或环作为算子之定义域,这就引向同模的概念,这一概念明显地推广了线性空间的理论并重新整理了 19 世纪所研究过的情况.

"代数" 这个词在中文中出现较晚,在清代时才传入中国,当时被人们译成 "阿尔热巴拉",直到 1859 年,清代著名的数学家、翻译家李善兰才将它翻译成 "代数",之后一直沿用.

【导学】

在生产实践、科学研究和经济活动中，往往需要解多元一次方程组. 本章主要介绍行列式的概念与主要性质及其运算，克莱姆法则，矩阵的概念、运算及其初等行变换，矩阵的秩及其运算等内容.

§5.1　行列式的概念与性质

行列式是由二元、三元线性方程组的解引出来的. 因此，首先讨论线性方程组的问题.

5.1.1　问题的引入

例 1　某项固定资产耐用年限 12 年，按直线折旧法每年折旧费用 300 元，残值是原来的 $\frac{1}{10}$，不计清理费用，求该项固定资产原值及残值.

解　设该项固定资产原值为 x 元，残值为 y 元.
得方程组

$$\begin{cases} x - y = 300 \times 12, \\ x - 10y = 0, \end{cases}$$

解方程组得 $x = \dfrac{300 \times 12 \times (-10) - 0}{1 \times (-10) - (-1) \times 1} = 4\,000$，$y = \dfrac{1 \times 0 - 300 \times 12 \times 1}{1 \times (-10) - (-1) \times 1} = 400$.

则该项固定资产原值为 4000 元，残值为 400 元.

5.1.2　行列式的概念

解二元一次方程组：

$$\begin{cases} a_{11}x_1 + a_{12}x_2 = b_1, \\ a_{21}x_1 + a_{22}x_2 = b_2. \end{cases} \tag{5-1}$$

如果 $(a_{11}a_{22} - a_{21}a_{12}) \neq 0$，则方程组（5-1）的解为

$$\begin{cases} x_1 = \dfrac{b_1 a_{22} - b_2 a_{12}}{a_{11}a_{22} - a_{21}a_{12}}, \\ x_2 = \dfrac{a_{11}b_2 - a_{21}b_1}{a_{11}a_{22} - a_{21}a_{12}}. \end{cases} \tag{5-2}$$

在二元线性方程组解的式（5-2）中，两个分母都是 $a_{11}a_{22} - a_{21}a_{12}$，是由方程组（5-2）的四个系数确定的，把这四个系数按它们在方程组（5-2）中的位置，排成两行两列（横排称行，竖排称列）的数表：

$$\begin{matrix} a_{11} & a_{12} \\ a_{21} & a_{22} \end{matrix}. \tag{5-3}$$

为了便于记忆，应用方便，引出新的数学符号来表达 $a_{11}a_{22} - a_{21}a_{12}$，这个符号就是

行列式，记作 $\begin{vmatrix} a_{11} & a_{12} \\ a_{21} & a_{22} \end{vmatrix}$，即

$$\begin{vmatrix} a_{11} & a_{12} \\ a_{21} & a_{22} \end{vmatrix} = a_{11}a_{22} - a_{12}a_{21}. \tag{5-4}$$

上式称为二阶行列式. 数 a_{ij} 叫作二阶行列式第 i 行、第 j 列的元素，式（5-4）的右端称为二阶行列式的展开式.

二阶行列式的展开方法如下：

$$\begin{vmatrix} a_{11} & a_{12} \\ a_{21} & a_{22} \end{vmatrix}.$$

实对角线（叫作主对角线）上两数之积取正号，虚对角线上两数之积取负号，然后相加就是行列式的展开式.

利用二阶行列式的概念，式（5-2）中 x_1、x_2 的分子也可写成二阶行列式，即

$$b_1a_{22} - a_{12}b_2 = \begin{vmatrix} b_1 & a_{12} \\ b_2 & a_{22} \end{vmatrix}, \quad a_{11}b_2 - b_1a_{21} = \begin{vmatrix} a_{11} & b_1 \\ a_{21} & b_2 \end{vmatrix}.$$

若记 $D = \begin{vmatrix} a_{11} & a_{12} \\ a_{21} & a_{22} \end{vmatrix}$，$D_1 = \begin{vmatrix} b_1 & a_{12} \\ b_2 & a_{22} \end{vmatrix}$，$D_2 = \begin{vmatrix} a_{11} & b_1 \\ a_{21} & b_2 \end{vmatrix}$，

那么式（5-2）可写成

$$x_1 = \frac{D_1}{D} = \frac{\begin{vmatrix} b_1 & a_{12} \\ b_2 & a_{22} \end{vmatrix}}{\begin{vmatrix} a_{11} & a_{12} \\ a_{21} & a_{22} \end{vmatrix}}, \quad x_2 = \frac{D_2}{D} = \frac{\begin{vmatrix} a_{11} & b_1 \\ a_{21} & b_2 \end{vmatrix}}{\begin{vmatrix} a_{11} & a_{12} \\ a_{21} & a_{22} \end{vmatrix}} \quad (D \neq 0).$$

可以看出，行列式 D 是由方程组（5-1）中未知数的系数按原来的顺序排成的，叫作方程组的**系数行列式**. 行列式 D_1 是由方程组（5-1）中右边的常数项 b_1、b_2 分别代替行列式 D 中 x_1 的系数而得到的，行列式 D_2 是由 b_1、b_2 分别代替行列式 D 中 x_2 的系数而得到的.

例2 计算下列行列式

(1) $\begin{vmatrix} 1 & 3 \\ 0 & 0 \end{vmatrix}$; (2) $\begin{vmatrix} 15 & 23 \\ 0 & 4 \end{vmatrix}$; (3) $\begin{vmatrix} \sin\alpha & \cos\alpha \\ \cos\alpha & \sin\alpha \end{vmatrix}$.

解 (1) $\begin{vmatrix} 1 & 3 \\ 0 & 0 \end{vmatrix} = 1 \times 0 - 3 \times 0 = 0$;

(2) $\begin{vmatrix} 15 & 23 \\ 0 & 4 \end{vmatrix} = 15 \times 4 - 23 \times 0 = 60$;

(3) $\begin{vmatrix} \sin\alpha & \cos\alpha \\ \cos\alpha & \sin\alpha \end{vmatrix} = \sin^2\alpha - \cos^2\alpha$.

例3 用行列式解线性方程组 $\begin{cases} 14x_1 - 6x_2 + 1 = 0, \\ 3x_1 + 7x_2 - 6 = 0. \end{cases}$

解 先将方程组化成一般形式 $\begin{cases} 14x_1 - 6x_2 = -1, \\ 3x_1 + 7x_2 = 6, \end{cases}$ 则

$$D = \begin{vmatrix} 14 & -6 \\ 3 & 7 \end{vmatrix} = 14 \times 7 - (-6) \times 3 = 116 \neq 0,$$

$$D_1 = \begin{vmatrix} -1 & -6 \\ 6 & 7 \end{vmatrix} = (-1) \times 7 - (-6) \times 6 = 29,$$

$$D_2 = \begin{vmatrix} 14 & -1 \\ 3 & 6 \end{vmatrix} = 14 \times 6 - (-1) \times 3 = 87.$$

因为 $D \neq 0$，所以方程有解，即

$$x_1 = \frac{D_1}{D} = \frac{1}{4}, \quad x_2 = \frac{D_2}{D} = \frac{3}{4}.$$

5.1.3　三阶行列式

对于三元线性方程组 $\begin{cases} a_{11}x_1 + a_{12}x_2 + a_{13}x_3 = b_1, \\ a_{21}x_1 + a_{22}x_2 + a_{23}x_3 = b_2, \\ a_{31}x_1 + a_{32}x_2 + a_{33}x_3 = b_3, \end{cases}$ 利用加减消元法，可以得出其解为

$$\begin{cases} x_1 = \dfrac{b_1 a_{22} a_{33} + b_2 a_{32} a_{13} + b_3 a_{12} a_{23} - b_1 a_{23} a_{32} - b_2 a_{12} a_{33} - b_3 a_{22} a_{13}}{a_{11} a_{22} a_{33} + a_{12} a_{23} a_{31} + a_{13} a_{21} a_{32} - a_{11} a_{23} a_{32} - a_{12} a_{21} a_{33} - a_{13} a_{22} a_{31}}, \\[2mm] x_2 = \dfrac{b_1 a_{31} a_{23} + b_2 a_{11} a_{33} + b_3 a_{21} a_{13} - b_1 a_{21} a_{33} - b_2 a_{13} a_{31} - b_3 a_{23} a_{11}}{a_{11} a_{22} a_{33} + a_{12} a_{23} a_{31} + a_{13} a_{21} a_{32} - a_{11} a_{23} a_{32} - a_{12} a_{21} a_{33} - a_{13} a_{22} a_{31}}, \\[2mm] x_3 = \dfrac{b_1 a_{21} a_{32} + b_2 a_{12} a_{31} + b_3 a_{11} a_{22} - b_1 a_{22} a_{31} - b_2 a_{32} a_{11} - b_3 a_{12} a_{21}}{a_{11} a_{22} a_{33} + a_{12} a_{23} a_{31} + a_{13} a_{21} a_{32} - a_{11} a_{23} a_{32} - a_{12} a_{21} a_{33} - a_{13} a_{22} a_{31}}. \end{cases}$$

类似二元线性方程组，可得三元线性方程组：

$$D = \begin{vmatrix} a_{11} & a_{12} & a_{13} \\ a_{21} & a_{22} & a_{23} \\ a_{31} & a_{32} & a_{33} \end{vmatrix} = a_{11} a_{22} a_{33} + a_{21} a_{32} a_{13} + a_{31} a_{12} a_{23} - a_{11} a_{23} a_{32} - a_{12} a_{21} a_{33} - a_{13} a_{22} a_{31},$$

$$D_1 = \begin{vmatrix} b_1 & a_{12} & a_{13} \\ b_2 & a_{22} & a_{23} \\ b_3 & a_{32} & a_{33} \end{vmatrix} = b_1 a_{22} a_{33} + b_2 a_{32} a_{13} + b_3 a_{12} a_{23} - b_1 a_{23} a_{32} - b_2 a_{12} a_{33} - b_3 a_{22} a_{13},$$

$$D_2 = \begin{vmatrix} a_{11} & b_1 & a_{13} \\ a_{21} & b_2 & a_{23} \\ a_{31} & b_3 & a_{33} \end{vmatrix} = a_{11} b_2 a_{33} + a_{21} b_3 a_{13} + a_{31} b_1 a_{23} - a_{13} b_2 a_{31} - a_{23} b_3 a_{11} - a_{33} a_{21} b_1,$$

$$D_3 = \begin{vmatrix} a_{11} & a_{12} & b_1 \\ a_{21} & a_{22} & b_2 \\ a_{31} & a_{32} & b_3 \end{vmatrix} = a_{11} a_{22} b_3 + a_{21} a_{32} b_1 + a_{31} a_{12} b_2 - b_1 a_{22} a_{31} - b_2 a_{32} a_{11} - b_3 a_{21} a_{12}.$$

$$x_1 = \frac{D_1}{D}, \quad x_2 = \frac{D_2}{D}, \quad x_3 = \frac{D_3}{D}.$$

设有 3^2 个数排成三行三列的数表：

$$\begin{matrix} a_{11} & a_{12} & a_{13} \\ a_{21} & a_{22} & a_{23}, \\ a_{31} & a_{32} & a_{33} \end{matrix} \tag{5-5}$$

记

$$D = \begin{vmatrix} a_{11} & a_{12} & a_{13} \\ a_{21} & a_{22} & a_{23} \\ a_{31} & a_{32} & a_{33} \end{vmatrix} = a_{11}a_{22}a_{33} + a_{21}a_{32}a_{13} + a_{31}a_{12}a_{23} - a_{11}a_{23}a_{32} - a_{12}a_{21}a_{33} - a_{13}a_{22}a_{31}.$$

$$\tag{5-6}$$

式（5-6）称为由数表（5-5）所确定的三阶行列式，式（5-6）的右端称为三阶行列式的展开式，展开式共有 $3! = 6$ 项.

三阶行列式的展开有如图 5-1 所示的对角线法则.

实线中三数之积取正号，虚线中三数之积取负号，然后相加就是行列式的展开式. 这种展开法则叫作对角线法则.

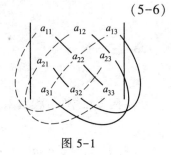

图 5-1

例 4 计算三阶行列式.

(1) $\begin{vmatrix} 1 & 2 & 3 \\ 2 & 3 & 1 \\ 3 & 1 & 2 \end{vmatrix}$;　　(2) $\begin{vmatrix} a_{11} & 0 & 0 \\ a_{21} & a_{22} & 0 \\ a_{31} & a_{32} & a_{33} \end{vmatrix}$;　　(3) $\begin{vmatrix} 1 & 2 & 3 \\ 0 & 4 & 0 \\ 0 & 0 & 5 \end{vmatrix}$.

解　(1) $\begin{vmatrix} 1 & 2 & 3 \\ 2 & 3 & 1 \\ 3 & 1 & 2 \end{vmatrix} = 1 \times 3 \times 2 + 2 \times 1 \times 3 + 3 \times 2 \times 1 - 3 \times 3 \times 3 - 1 \times 1 \times 1 - 2 \times 2 \times 2 = -18$;

(2) $\begin{vmatrix} a_{11} & 0 & 0 \\ a_{21} & a_{22} & 0 \\ a_{31} & a_{32} & a_{33} \end{vmatrix} = a_{11}a_{22}a_{33}$;

(3) $\begin{vmatrix} 1 & 2 & 3 \\ 0 & 4 & 0 \\ 0 & 0 & 5 \end{vmatrix} = 1 \times 4 \times 5 = 20$.

显然，对行列式（3）应用对角线法则进行展开的展开式中，除主对角线上三个元素的乘积这一项，其余各项至少有一个因子为零.

5.1.4　行列式的基本性质

行列式作为一种计算也有它固有的基本的计算性质. 在介绍行列式的性质之前，先给出转置行列式的概念.

定义 1　如果把行列式 $D = \begin{vmatrix} a_{11} & a_{12} & a_{13} \\ a_{21} & a_{22} & a_{23} \\ a_{31} & a_{32} & a_{33} \end{vmatrix}$ 中的行与列按原来的顺序互换，得到的新

行列式 $D^T = \begin{vmatrix} a_{11} & a_{21} & a_{31} \\ a_{12} & a_{22} & a_{32} \\ a_{13} & a_{23} & a_{33} \end{vmatrix}$，称为 D 的转置行列式，记作 D^T 或 D'.

行列式的基本性质如下所述.

性质 1　行列式与它的转置行列式相等.

例如，$D = \begin{vmatrix} 1 & 2 & 3 \\ 4 & 5 & 6 \\ 2 & 1 & 3 \end{vmatrix} = -9$，则 $D^T = \begin{vmatrix} 1 & 4 & 2 \\ 2 & 5 & 1 \\ 3 & 6 & 3 \end{vmatrix} = -9$.

性质 2　互换行列式中两行（两列）的位置，行列式变号.

例如，$D_1 = \begin{vmatrix} 1 & 2 & 3 \\ 4 & 5 & 6 \\ 2 & 1 & 3 \end{vmatrix} = -9$，而 $D_2 = \begin{vmatrix} 4 & 5 & 6 \\ 1 & 2 & 3 \\ 2 & 1 & 3 \end{vmatrix} = 9$.

性质 3　对行列式某一行（列）的元素同乘常数 k，等于常数 k 乘此行列式.

例如，$\begin{vmatrix} a_1 & b_1 & c_1 \\ ka_2 & kb_2 & kc_2 \\ a_3 & b_3 & c_3 \end{vmatrix} = k \begin{vmatrix} a_1 & b_1 & c_1 \\ a_2 & b_2 & c_2 \\ a_3 & b_3 & c_3 \end{vmatrix}$.

推论 1　如果行列式的某一行（列）有公因子，则可以把公因子提到行列式外面.

推论 2　如果行列式某一行（列）的所有元素都是零，则行列式等于零.

性质 4　如果行列式有两行（两列）对应元素相同，则行列式为零.

例如，$\begin{vmatrix} a_1 & b_1 & c_1 \\ a_2 & b_2 & c_2 \\ a_1 & b_1 & c_1 \end{vmatrix} = a_1 b_2 c_1 + a_2 b_1 c_1 + a_1 b_1 c_2 - a_1 b_2 c_1 - a_1 b_1 c_2 - a_2 b_1 c_1 = 0$.

推论 3　行列式中如果两行（列）对应元素成比例，那么行列式的值为零.

性质 5　如果行列式中某一行（列）的各元素均为两数之和，则行列式可表示为两个行列式之和.

例如，$D = \begin{vmatrix} 1 & 2 & 3 \\ 4 & 5 & 6 \\ 4 & 2 & 6 \end{vmatrix} = \begin{vmatrix} 1 & 2 & 3 \\ 4 & 5 & 6 \\ 2+2 & 1+1 & 3+3 \end{vmatrix} = \begin{vmatrix} 1 & 2 & 3 \\ 4 & 5 & 6 \\ 2 & 1 & 3 \end{vmatrix} + \begin{vmatrix} 1 & 2 & 3 \\ 4 & 5 & 6 \\ 2 & 1 & 3 \end{vmatrix} = 18$.

性质 6　把行列式的某一行（列）的各元素乘以同一个数后加到另一行（列）对应的元素上去，行列式的值不变.

例如，$\begin{vmatrix} a_1 & b_1 & c_1 \\ a_2 & b_2 & c_2 \\ a_3 & b_3 & c_3 \end{vmatrix} = \begin{vmatrix} a_1 & b_1 & c_1 \\ a_2+ka_1 & b_2+kb_1 & c_2+kc_1 \\ a_3 & b_3 & c_3 \end{vmatrix}$.

注意　为了书写简便，利用行列式性质时，有如下约定.

(1) 以 r_i 表示第 i 行，c_j 表示第 j 列；

(2) $r_i \leftrightarrow r_j (c_i \leftrightarrow c_j)$ 表示 i，j 两行（列）互换；

(3) $kr_i(kc_i)$ 表示数 k 乘以第 i 行（列）；

(4) $r_i + kr_j(c_i + kc_j)$ 表示第 j 行（列）的所有元素同乘以数 k 后加到第 i 行（列）.

定义 2 将行列式中第 i 行第 j 列元素 a_{ij} 所在的行和列划去后，余下的元素按原有次序排列成一个新的行列式，称这个行列式为元素 a_{ij} 的余子式，记作 M_{ij}. M_{ij} 与 $(-1)^{i+j}$ 的乘积称为元素 a_{ij} 的代数余子式，记作 A_{ij}，即 $A_{ij} = (-1)^{i+j}M_{ij}$.

性质 7 行列式等于其任意一行（或列）对应的代数余子式的乘积的和，即

$$D = \begin{vmatrix} a_{11} & a_{12} & a_{13} \\ a_{21} & a_{22} & a_{23} \\ a_{31} & a_{32} & a_{33} \end{vmatrix} = a_{i1}A_{i1} + a_{i2}A_{i2} + a_{i3}A_{i3}(i = 1, 2, 3)，$$ 此性质称为行列式的展开性质.

例 5 计算行列式.

$$(1) \ D = \begin{vmatrix} 3 & 0 & -2 \\ 2 & 1 & 3 \\ -2 & 3 & 1 \end{vmatrix}; \qquad (2) \ D = \begin{vmatrix} a & x & 2a-x \\ b & y & 2b-y \\ c & z & 2c-z \end{vmatrix}.$$

解 $(1) \ D = \begin{vmatrix} 3 & 0 & -2 \\ 2 & 1 & 3 \\ -2 & 3 & 1 \end{vmatrix} = 3 \times (-1)^{1+1} \begin{vmatrix} 1 & 3 \\ 3 & 1 \end{vmatrix} + 0 \times (-1)^{1+2} \begin{vmatrix} 2 & 3 \\ -2 & 1 \end{vmatrix} + (-2) \times$

$(-1)^{1+3} \begin{vmatrix} 2 & 1 \\ -2 & 3 \end{vmatrix} = 3 \times (-8) + 0 + (-2) \times 8 = -40;$

$(2) \ D = \begin{vmatrix} a & x & 2a-x \\ b & y & 2b-y \\ c & z & 2c-z \end{vmatrix} = \begin{vmatrix} a & x & 2a \\ b & y & 2b \\ c & z & 2c \end{vmatrix} + \begin{vmatrix} a & x & -x \\ b & y & -y \\ c & z & -z \end{vmatrix} = 0 + 0 = 0.$

例 6 解方程 $\begin{vmatrix} x-1 & 0 & 1 \\ 0 & x-2 & 0 \\ 1 & 0 & x-1 \end{vmatrix} = 0.$

解 $\begin{vmatrix} x-1 & 0 & 1 \\ 0 & x-2 & 0 \\ 1 & 0 & x-1 \end{vmatrix} = (x-1)(x-2)(x-1) - (x-2) = x(x-2)^2 = 0.$ 所以方程的解为 $x_1 = 0$，$x_2 = x_3 = 2$.

习题 5.1

1. 计算下列各行列式.

$(1) \ \begin{vmatrix} 3 & 5 \\ 1 & 5 \end{vmatrix};$ $\qquad (2) \ \begin{vmatrix} -3 & 5 \\ 2 & -5 \end{vmatrix};$ $\qquad (3) \ \begin{vmatrix} \sin \alpha & \cos \alpha \\ \sin \beta & \cos \beta \end{vmatrix};$

$(4) \ \begin{vmatrix} 0 & 0 \\ 3 & 5 \end{vmatrix};$ $\qquad (5) \ \begin{vmatrix} 3 & 4 & -5 \\ 11 & 6 & -1 \\ 2 & 3 & 6 \end{vmatrix};$ $\qquad (6) \ \begin{vmatrix} 3 & 2 & 1 \\ 2 & 3 & 2 \\ 1 & 2 & 3 \end{vmatrix};$

$$(7)\ \begin{vmatrix} 4 & 2 & 3 \\ 2 & 3 & 0 \\ 3 & 0 & 0 \end{vmatrix};\qquad (8)\ \begin{vmatrix} a & b & 0 \\ c & 0 & b \\ 0 & c & a \end{vmatrix}.$$

2. 利用行列式解方程组.

习题 5.1 答案

$$(1)\ \begin{cases} 4x + 3y = 5, \\ 3 + 4y = 6; \end{cases} \qquad (2)\ \begin{cases} \dfrac{2}{3}x_1 + \dfrac{1}{5}x_2 = 6, \\[2mm] \dfrac{1}{6}x_1 - \dfrac{1}{2}x_2 = -4; \end{cases}$$

$$(3)\ \begin{cases} 2x - y + 3z = 3, \\ 3x + y - 5z = 0, \\ 4x - y + z = 3; \end{cases} \qquad (4)\ \begin{cases} ax_1 + bx_2 = c, \\ bx_2 + cx_3 = a,\ (abc \neq 0). \\ ax_1 + cx_3 = b, \end{cases}$$

§5.2　行列式的计算

上节我们介绍了二阶行列式、三阶行列式的概念和计算方法，大家自然会想到：会不会有四阶行列式、五阶行列式、n 阶行列式呢？它们与二阶行列式、三阶行列式是否有相似的定义、计算公式和性质呢？下面，我们就来回答这些问题.

5.2.1　高阶行列式

定义　设 $D = \begin{vmatrix} a_{11} & a_{12} & \cdots & a_{1n} \\ a_{21} & a_{22} & \cdots & a_{2n} \\ \vdots & \vdots & & \vdots \\ a_{n1} & a_{n2} & \cdots & a_{nn} \end{vmatrix}$，并称此由 n^2 个元素构成的行列式为 n 阶行列式.

其中，从左上角到右下角的元素 a_{11}，a_{22}，$\cdots$，a_{nn} 称为主对角线上的元素；相反，从左下角到右上角的元素 a_{n1}，$a_{n-1,\,2}$，$\cdots$，a_{1n} 称为次对角线上的元素. 划去元素 a_{ij} 所在的第 i 行和第 j 列上所有元素后构成的 $n-1$ 阶行列式

$$M_{ij} = \begin{vmatrix} a_{11} & \cdots & a_{1,\,j-1} & a_{1,\,j+1} & \cdots & a_{1n} \\ \vdots & & \vdots & \vdots & & \vdots \\ a_{i-1,\,1} & \cdots & a_{i-1,\,j-1} & a_{i-1,\,j+1} & \cdots & a_{i-1,\,n} \\ a_{i+1,\,1} & \cdots & a_{i+1,\,j-1} & a_{i+1,\,j+1} & \cdots & a_{i+1,\,n} \\ \vdots & & \vdots & \vdots & & \vdots \\ a_{n1} & \cdots & a_{n,\,j-1} & a_{n,\,j+1} & \cdots & a_{nn} \end{vmatrix}$$

称为元素 a_{ij} 的余子式，而将 $A_{ij} = (-1)^{i+j}M_{ij}$ 称为 a_{ij} 的代数余子式.

阶数大于 3 的行列式称为高阶行列式.

我们有性质 $D = \begin{vmatrix} a_{11} & a_{12} & \cdots & a_{1n} \\ a_{21} & a_{22} & \cdots & a_{2n} \\ \vdots & \vdots & & \vdots \\ a_{n1} & a_{n2} & \cdots & a_{nn} \end{vmatrix} = \sum\limits_{j=1}^{n} - a_{1j}A_{1j}.$

根据上述性质，可以将高阶行列式按某一行（或列）展开，并使之降阶，即

$$D = a_{i1}A_{i1} + a_{i2}A_{i2} + \cdots + a_{in}A_{in} \quad (i = 1, 2, 3, \cdots, n).$$

例 1 计算 $D = \begin{vmatrix} 1 & 0 & -2 & -1 \\ 2 & 0 & -1 & 0 \\ 0 & 2 & 1 & -1 \\ 1 & -1 & 0 & 2 \end{vmatrix}$.

解 将行列式按第 1 行展开，得

$$D = 1 \times (-1)^{1+1} \begin{vmatrix} 0 & -1 & 0 \\ 2 & 1 & -1 \\ -1 & 0 & 2 \end{vmatrix} + 0 \times (-1)^{1+2} \begin{vmatrix} 2 & -1 & 0 \\ 0 & 1 & -1 \\ 1 & 0 & 2 \end{vmatrix} + (-2) \times (-1)^{1+3}$$

$$\begin{vmatrix} 2 & 0 & 0 \\ 0 & 2 & -1 \\ 1 & -1 & 2 \end{vmatrix} + (-1) \times (-1)^{1+4} \begin{vmatrix} 2 & 0 & -1 \\ 0 & 2 & 1 \\ 1 & -1 & 0 \end{vmatrix} = 1 \times 3 + (-2) \times 6 - (-1) \times 4 = -5.$$

例 2 计算下列三角行列式（即主对角线上方的所有元素都为零的行列式）：

$$D = \begin{vmatrix} a_{11} & 0 & \cdots & 0 \\ a_{21} & a_{22} & \cdots & 0 \\ \vdots & \vdots & & \vdots \\ a_{n1} & a_{n2} & \cdots & a_{nn} \end{vmatrix}.$$

解 按第一行展开得

$$D = a_{11} \times (-1)^{1+1} = \begin{vmatrix} a_{22} & 0 & \cdots & 0 \\ a_{32} & a_{33} & \cdots & 0 \\ \vdots & \vdots & & \vdots \\ a_{n2} & a_{n3} & \cdots & a_{nn} \end{vmatrix} = a_{11} \begin{vmatrix} a_{22} & 0 & \cdots & 0 \\ a_{32} & a_{33} & \cdots & 0 \\ \vdots & \vdots & & \vdots \\ a_{n2} & a_{n3} & \cdots & a_{nn} \end{vmatrix},$$

上式右边的 $n-1$ 阶行列式再按上述方法展开可得

$$D = a_{11}a_{22} \begin{vmatrix} a_{33} & 0 & \cdots & 0 \\ a_{43} & a_{44} & \cdots & 0 \\ \vdots & \vdots & & \vdots \\ a_{n3} & a_{n4} & \cdots & a_{nn} \end{vmatrix},$$

如此 n 次后得 $D = a_{11}a_{22}a_{33}\cdots a_{nn}$.

同样，上节中行列式的性质对于 n 阶行列式也成立.

性质 1 将行列式的行列互换，行列式的值不变，即

$$\begin{vmatrix} a_{11} & a_{12} & \cdots & a_{1n} \\ a_{21} & a_{22} & \cdots & a_{2n} \\ \vdots & \vdots & & \vdots \\ a_{n1} & a_{n2} & \cdots & a_{nn} \end{vmatrix} = \begin{vmatrix} a_{11} & a_{21} & \cdots & a_{n1} \\ a_{12} & a_{22} & \cdots & a_{n2} \\ \vdots & \vdots & & \vdots \\ a_{1n} & a_{2n} & \cdots & a_{nn} \end{vmatrix}.$$

性质 2　互换行列式的两行（列），行列式的值为原行列式值的相反数，即

$$
\begin{vmatrix}
a_{11} & a_{12} & \cdots & a_{1n} \\
\vdots & \vdots & & \vdots \\
a_{i1} & a_{i2} & \cdots & a_{in} \\
\vdots & \vdots & & \vdots \\
a_{j1} & a_{j2} & \cdots & a_{jn} \\
\vdots & \vdots & & \vdots \\
a_{n1} & a_{n2} & \cdots & a_{nn}
\end{vmatrix}
= -
\begin{vmatrix}
a_{11} & a_{12} & \cdots & a_{1n} \\
\vdots & \vdots & & \vdots \\
a_{j1} & a_{j2} & \cdots & a_{jn} \\
\vdots & \vdots & & \vdots \\
a_{i1} & a_{i2} & \cdots & a_{in} \\
\vdots & \vdots & & \vdots \\
a_{n1} & a_{n2} & \cdots & a_{nn}
\end{vmatrix},
$$

或

$$
\begin{vmatrix}
a_{11} & \cdots & a_{1i} & \cdots & a_{1j} & \cdots & a_{1n} \\
a_{21} & \cdots & a_{2i} & \cdots & a_{2j} & \cdots & a_{2n} \\
\vdots & & \vdots & & \vdots & & \vdots \\
a_{n1} & \cdots & a_{ni} & \cdots & a_{nj} & & a_{nn}
\end{vmatrix}
= -
\begin{vmatrix}
a_{11} & \cdots & a_{1j} & \cdots & a_{1i} & \cdots & a_{1n} \\
a_{21} & \cdots & a_{2j} & \cdots & a_{2i} & \cdots & a_{2n} \\
\vdots & & \vdots & & \vdots & & \vdots \\
a_{n1} & \cdots & a_{nj} & \cdots & a_{ni} & & a_{nn}
\end{vmatrix}.
$$

推论 1　如果行列式有两行（列）元素对应相等，则行列式的值为 0，即

$$
\begin{vmatrix}
a_{11} & a_{12} & \cdots & a_{1n} \\
\vdots & \vdots & & \vdots \\
a_{i1} & a_{i2} & \cdots & a_{in} \\
\vdots & \vdots & & \vdots \\
a_{i1} & a_{i2} & \cdots & a_{in} \\
\vdots & \vdots & & \vdots \\
a_{n1} & a_{n2} & \cdots & a_{nn}
\end{vmatrix}
= 0，\text{或}
\begin{vmatrix}
a_{11} & \cdots & a_{1i} & \cdots & a_{1i} & \cdots & a_{1n} \\
a_{21} & \cdots & a_{2i} & \cdots & a_{2i} & \cdots & a_{2n} \\
\vdots & & \vdots & & \vdots & & \vdots \\
a_{n1} & \cdots & a_{ni} & \cdots & a_{ni} & \cdots & a_{nn}
\end{vmatrix}
= 0.
$$

性质 3　行列式的某一行（列）的所有元素同乘以数 λ，等于用 λ 去乘这个行列式，即

$$
\begin{vmatrix}
a_{11} & a_{12} & \cdots & a_{1n} \\
\lambda a_{21} & \lambda a_{22} & \cdots & \lambda a_{2n} \\
\vdots & \vdots & & \vdots \\
a_{n1} & a_{n2} & \cdots & a_{nn}
\end{vmatrix}
= \lambda \times
\begin{vmatrix}
a_{11} & a_{12} & \cdots & a_{1n} \\
a_{21} & a_{22} & \cdots & a_{2n} \\
\vdots & \vdots & & \vdots \\
a_{n1} & a_{n2} & \cdots & a_{nn}
\end{vmatrix}.
$$

或

$$
\begin{vmatrix}
a_{11} & \lambda a_{12} & \cdots & a_{1n} \\
a_{21} & \lambda a_{22} & \cdots & a_{2n} \\
\vdots & \vdots & & \vdots \\
a_{n1} & \lambda a_{n2} & \cdots & a_{nn}
\end{vmatrix}
= \lambda \times
\begin{vmatrix}
a_{11} & a_{12} & \cdots & a_{1n} \\
a_{21} & a_{22} & \cdots & a_{2n} \\
\vdots & \vdots & & \vdots \\
a_{n1} & a_{n2} & \cdots & a_{nn}
\end{vmatrix}.
$$

推论 2　行列式某一行（列）元素的公因子可以提到这个行列式之外.

推论 3　若行列式某一行（列）的元素全为零，则该行列式之值为零.

推论 4　若行列式某两行（列）的元素成比例，则该行列式之值为零.

性质 4　把行列式某行（列）的所有元素的 λ 倍加到另一行（列）的对应元素上，行列式的值不变，即

$$
\begin{vmatrix}
a_{11} & a_{12} & \cdots & a_{1n} \\
\vdots & \vdots & & \vdots \\
a_{i1} & a_{i2} & \cdots & a_{in} \\
\vdots & \vdots & & \vdots \\
a_{j1} & a_{j2} & \cdots & a_{jn} \\
\vdots & \vdots & & \vdots \\
a_{n1} & a_{n2} & \cdots & a_{nn}
\end{vmatrix}
=
\begin{vmatrix}
a_{11} & a_{12} & \cdots & a_{1n} \\
\vdots & \vdots & & \vdots \\
a_{i1} & a_{i2} & \cdots & a_{in} \\
\vdots & \vdots & & \vdots \\
a_{j1}+\lambda a_{i1} & a_{j2}+\lambda a_{i2} & \cdots & a_{jn}+\lambda a_{in} \\
\vdots & \vdots & & \vdots \\
a_{n1} & a_{n2} & \cdots & a_{nn}
\end{vmatrix},
$$

或

$$
\begin{vmatrix}
a_{11} & \cdots & a_{1i} & \cdots & a_{1j} & \cdots & a_{1n} \\
a_{21} & \cdots & a_{2i} & \cdots & a_{2j} & \cdots & a_{2n} \\
\vdots & & \vdots & & \vdots & & \vdots \\
a_{n1} & \cdots & a_{ni} & \cdots & a_{nj} & \cdots & a_{nn}
\end{vmatrix}
=
\begin{vmatrix}
a_{11} & \cdots & a_{1i} & \cdots & a_{1j}+\lambda a_{1i} & \cdots & a_{1n} \\
a_{21} & \cdots & a_{2i} & \cdots & a_{2j}+\lambda a_{2i} & \cdots & a_{2n} \\
\vdots & & \vdots & & \vdots & & \vdots \\
a_{n1} & \cdots & a_{ni} & \cdots & a_{nj}+\lambda a_{ni} & \cdots & a_{nn}
\end{vmatrix}.
$$

性质 5　如果行列式某行（列）各元素都是两数之和，则此行列式可以分解为两个行列式的和，即

$$
\begin{vmatrix}
a_{11}+b_1 & a_{12}+b_2 & \cdots & a_{1n}+b_n \\
a_{21} & a_{22} & \cdots & a_{2n} \\
\vdots & \vdots & & \vdots \\
a_{n1} & a_{n2} & \cdots & a_{nn}
\end{vmatrix}
=
\begin{vmatrix}
a_{11} & a_{12} & \cdots & a_{1n} \\
a_{21} & a_{22} & \cdots & a_{2n} \\
\vdots & \vdots & & \vdots \\
a_{n1} & a_{n2} & \cdots & a_{nn}
\end{vmatrix}
+
\begin{vmatrix}
b_1 & b_2 & \cdots & b_n \\
a_{21} & a_{22} & \cdots & a_{2n} \\
\vdots & \vdots & & \vdots \\
a_{n1} & a_{n2} & \cdots & a_{nn}
\end{vmatrix},
$$

或

$$
\begin{vmatrix}
a_{11} & a_{12}+c_1 & \cdots & a_{1n} \\
a_{21} & a_{22}+c_2 & \cdots & a_{2n} \\
\vdots & \vdots & & \vdots \\
a_{n1} & a_{n2}+c_n & \cdots & a_{nn}
\end{vmatrix}
=
\begin{vmatrix}
a_{11} & a_{12} & \cdots & a_{1n} \\
a_{21} & a_{22} & \cdots & a_{2n} \\
\vdots & \vdots & & \vdots \\
a_{n1} & a_{n2} & \cdots & a_{nn}
\end{vmatrix}
+
\begin{vmatrix}
a_{11} & c_1 & \cdots & a_{1n} \\
a_{21} & c_2 & \cdots & a_{2n} \\
\vdots & \vdots & & \vdots \\
a_{n1} & c_n & \cdots & a_{nn}
\end{vmatrix},
$$

性质 6　行列式等于它的任一行（列）元素与它们对应的代数余子式的乘积之和，即

$$
\begin{vmatrix}
a_{11} & a_{12} & \cdots & a_{1n} \\
a_{21} & a_{22} & \cdots & a_{2n} \\
\vdots & \vdots & & \vdots \\
a_{n1} & a_{n2} & \cdots & a_{nn}
\end{vmatrix}
=\sum_{j=1}^{n} a_{1i}, \ A_{1j}, \ \text{或}
\begin{vmatrix}
a_{11} & a_{12} & \cdots & a_{1n} \\
a_{21} & a_{22} & \cdots & a_{2n} \\
\vdots & \vdots & & \vdots \\
a_{n1} & a_{n2} & \cdots & a_{nn}
\end{vmatrix}
=\sum_{j=1}^{n} a_{j1}A_{j1}.
$$

5.2.2　行列式的计算

计算行列式的主要方法是降阶，按行、按列展开公式来实现，但在展开之前往往先用性质对行列式进行恒等变换，化简之后再展开. 数学归纳法、递推法、公式法、三角化法、定义法也都是常用方法. 把每一行（列）加至第一行（列），把每一行（列）均减去第一行（列），逐行（列）相加（减）是一些常用的技巧，当零元素多时亦可立即展开.

对于阶数较高的行列式，直接利用行列式的定义计算并不是一个可行的方法. 为解决行列式的计算问题，应当利用行列式的性质进行有效的化简. 化简的方法也不是唯一的，化简时要善于发现具体问题的特点.

例 3　计算行列式 $\begin{vmatrix} 1 & 0 & -2 \\ 3 & 2 & -4 \\ 2 & 1 & 3 \end{vmatrix}$.

解法一（对角线法）　利用对角线法则进行展开计算.

$\begin{vmatrix} 1 & 0 & -2 \\ 3 & 2 & -4 \\ 2 & 1 & 3 \end{vmatrix} = 1 \times 2 \times 3 + 3 \times 1 \times (-2) + 2 \times 0 \times (-4) - 2 \times (-2) \times 2 -$

$1 \times 1 \times (-4) - 0 \times 3 \times 3 = 12.$

解法二（三角形法）　利用行列式的性质将行列式化为三角形行列式，然后将对角线元素相乘，得行列式的值.

$$\begin{vmatrix} 1 & 0 & -2 \\ 3 & 2 & -4 \\ 2 & 1 & 3 \end{vmatrix} \xrightarrow[r_3 - 2r_1]{r_2 - 3r_1} \begin{vmatrix} 1 & 0 & -2 \\ 0 & 2 & 2 \\ 0 & 1 & 7 \end{vmatrix} \xrightarrow{r_3 - \frac{1}{2}r_2} \begin{vmatrix} 1 & 0 & -2 \\ 0 & 2 & 2 \\ 0 & 0 & 6 \end{vmatrix} = 12.$$

解法三（降阶法）　利用代数余子式将行列式的阶降下去，如三阶行列式降为二阶行列式.

$$\begin{vmatrix} 1 & 0 & -2 \\ 3 & 2 & -4 \\ 2 & 1 & 3 \end{vmatrix} = 1 \times (-1)^{1+1} \begin{vmatrix} 2 & -4 \\ 1 & 3 \end{vmatrix} + 0 \times (-1)^{1+2} \begin{vmatrix} 3 & -4 \\ 2 & 3 \end{vmatrix} + (-2) \times (-1)^{1+3} \begin{vmatrix} 3 & 2 \\ 2 & 1 \end{vmatrix} = 12.$$

解法四（综合法）　根据题目灵活选择上述三种方法，进行计算.

$$\begin{vmatrix} 1 & 0 & -2 \\ 3 & 2 & -4 \\ 2 & 1 & 3 \end{vmatrix} \xrightarrow{c_3 + 2c_1} \begin{vmatrix} 1 & 0 & 0 \\ 3 & 2 & 2 \\ 2 & 1 & 7 \end{vmatrix} = 1 \times (-1)^{1+1} \begin{vmatrix} 2 & 2 \\ 1 & 7 \end{vmatrix} = 14 - 2 = 12.$$

例 4　计算行列式 $\begin{vmatrix} x & a & a & a \\ a & x & a & a \\ a & a & x & a \\ a & a & a & x \end{vmatrix}$.

解　$\begin{vmatrix} x & a & a & a \\ a & x & a & a \\ a & a & x & a \\ a & a & a & x \end{vmatrix} \xrightarrow{\text{将第 2、3、4 列都加到第 1 列}} \begin{vmatrix} x+3a & a & a & a \\ x+3a & x & a & a \\ x+3a & a & x & a \\ x+3a & a & a & x \end{vmatrix} =$

$(x+3a) \begin{vmatrix} 1 & a & a & a \\ 0 & x-a & 0 & 0 \\ 0 & 0 & x-a & 0 \\ 0 & 0 & 0 & x-a \end{vmatrix} = (x+3a)(x-a)^3.$

例 5　计算行列式 $\begin{vmatrix} 1 & 2 & 0 & 1 \\ 1 & 3 & 5 & 0 \\ 0 & 1 & 5 & 6 \\ 1 & 3 & 3 & 4 \end{vmatrix}$.

解　$\begin{vmatrix} 1 & 2 & 0 & 1 \\ 1 & 3 & 5 & 0 \\ 0 & 1 & 5 & 6 \\ 1 & 3 & 3 & 4 \end{vmatrix} \xlongequal[\begin{subarray}{l} r_4 - r_1 \end{subarray}]{r_2 - r_1} \begin{vmatrix} 1 & 2 & 0 & 1 \\ 0 & 1 & 5 & -1 \\ 0 & 1 & 5 & 6 \\ 0 & 1 & 3 & 3 \end{vmatrix} = \begin{vmatrix} 1 & 5 & -1 \\ 1 & 5 & 6 \\ 1 & 3 & 3 \end{vmatrix} \xlongequal{r_2 - r_1} \begin{vmatrix} 1 & 5 & -1 \\ 0 & 0 & 7 \\ 1 & 3 & 3 \end{vmatrix} =$

$$7 \times (-1)^{2+3} \begin{vmatrix} 1 & 5 \\ 1 & 3 \end{vmatrix} = (-7) \times (3 - 5) = 14.$$

例 6　证明 $\begin{vmatrix} 1 & a & a^2 - bc \\ 1 & b & b^2 - ca \\ 1 & c & c^2 - ab \end{vmatrix} = 0.$

证　$\begin{vmatrix} 1 & a & a^2 - bc \\ 1 & b & b^2 - ca \\ 1 & c & c^2 - ab \end{vmatrix} \xlongequal[\begin{subarray}{l} r_3 - r_1 \end{subarray}]{r_2 - r_1} \begin{vmatrix} 1 & a & a^2 - bc \\ 0 & b - a & (b - a)(a + b + c) \\ 0 & c - a & (c - a)(a + b + c) \end{vmatrix} =$

$$(b - a)(c - a) \begin{vmatrix} 1 & a + b + c \\ 1 & a + b + c \end{vmatrix} = 0.$$

所以原式成立.

例 7　计算行列式 $\begin{vmatrix} 1 & 1 & 1 \\ x_1 & x_2 & x_3 \\ x_1^2 & x_2^2 & x_3^2 \end{vmatrix}.$

解　$\begin{vmatrix} 1 & 1 & 1 \\ x_1 & x_2 & x_3 \\ x_1^2 & x_2^2 & x_3^2 \end{vmatrix} \xlongequal[\begin{subarray}{l} r_2 - x_1 r_1 \end{subarray}]{r_3 - x_1 r_2} \begin{vmatrix} 1 & 1 & 1 \\ 0 & x_2 - x_1 & x^3 - x_1 \\ 0 & x_2^2 - x_2 x_1 & x_3^2 - x_3 x_1 \end{vmatrix} \xlongequal{按第一列展开}$

$$\begin{vmatrix} x_2 - x_1 & x_3 - x_1 \\ x_2(x_2 - x_1) & x_3(x_3 - x_1) \end{vmatrix} =$$

$$(x_2 - x_1)(x_3 - x_1) \begin{vmatrix} 1 & 1 \\ x_2 & x_3 \end{vmatrix} = (x_2 - x_1)(x_3 - x_1)(x_3 - x_2).$$

例 8　计算行列式 $\begin{vmatrix} 1 & 1 & 1 & 1 \\ x_1 & x_2 & x_3 & x_4 \\ x_1^2 & x_2^2 & x_3^2 & x_4^2 \\ x_1^3 & x_2^3 & x_3^3 & x_4^3 \end{vmatrix}.$

解　$\begin{vmatrix} 1 & 1 & 1 & 1 \\ x_1 & x_2 & x_3 & x_4 \\ x_1^2 & x_2^2 & x_3^2 & x_4^2 \\ x_1^3 & x_2^3 & x_3^3 & x_4^3 \end{vmatrix} \xlongequal[\begin{subarray}{l} r_3 - x_1 r_2 \\ r_2 - x_1 r_1 \end{subarray}]{r_4 - x_1 r_3} \begin{vmatrix} 1 & 1 & 1 & 1 \\ 0 & x_2 - x_1 & x_3 - x_1 & x_4 - x_1 \\ 0 & x_2^2 - x_1 x_2 & x_3^2 - x_1 x_3 & x_4^2 - x_1 x_4 \\ 0 & x_2^3 - x_1 x_2^2 & x_3^3 - x_1 x_3^2 & x_4^3 - x_1 x_4^2 \end{vmatrix}.$

接下来请同学们自己完成，看能不能进一步推广.

习题 5.2

习题 5.2 答案

计算下列行列式.

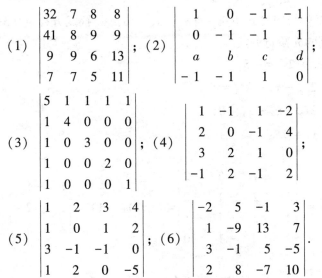

$$(1)\begin{vmatrix} 32 & 7 & 8 & 8 \\ 41 & 8 & 9 & 9 \\ 9 & 9 & 6 & 13 \\ 7 & 7 & 5 & 11 \end{vmatrix};\quad (2)\begin{vmatrix} 1 & 0 & -1 & -1 \\ 0 & -1 & -1 & 1 \\ a & b & c & d \\ -1 & -1 & 1 & 0 \end{vmatrix};$$

$$(3)\begin{vmatrix} 5 & 1 & 1 & 1 & 1 \\ 1 & 4 & 0 & 0 & 0 \\ 1 & 0 & 3 & 0 & 0 \\ 1 & 0 & 0 & 2 & 0 \\ 1 & 0 & 0 & 0 & 1 \end{vmatrix};\quad (4)\begin{vmatrix} 1 & -1 & 1 & -2 \\ 2 & 0 & -1 & 4 \\ 3 & 2 & 1 & 0 \\ -1 & 2 & -1 & 2 \end{vmatrix};$$

$$(5)\begin{vmatrix} 1 & 2 & 3 & 4 \\ 1 & 0 & 1 & 2 \\ 3 & -1 & -1 & 0 \\ 1 & 2 & 0 & -5 \end{vmatrix};\quad (6)\begin{vmatrix} -2 & 5 & -1 & 3 \\ 1 & -9 & 13 & 7 \\ 3 & -1 & 5 & -5 \\ 2 & 8 & -7 & 10 \end{vmatrix}.$$

§5.3　克莱姆法则

从上两节可以知道，二阶行列式、三阶行列式来源于二元、三元线性方程组的解. 那么，n 阶行列式与 n 元线性方程组有没有联系呢？能不能用 n 元行列式解 n 元线性方程组呢？其公式解是否与二元、三元线性方程组的解相似呢？

现在我们应用 n 阶行列式来解决 n 个未知数的线性方程组的问题（这里只考虑方程个数与未知量的个数相等的情形）.

n 个未知数、n 个方程的线性方程组的一般形式为

$$\begin{cases} a_{11}x_1 + a_{12}x_2 + a_{1n}x_n = b_1, \\ a_{21}x_1 + a_{22}x_2 + a_{2n}x_n = b_2, \\ \quad\vdots \\ a_{n1}x_1 + a_{n2}x_2 + a_{nn}x_n = b_n. \end{cases} \tag{5-7}$$

克莱姆法则：若线性方程组（5-7）的系数行列式不等于零，即

$$D = \begin{vmatrix} a_{11} & a_{12} & \cdots & a_{1n} \\ a_{21} & a_{22} & \cdots & a_{2n} \\ \vdots & \vdots & & \vdots \\ a_{n1} & a_{n2} & \cdots & a_{nn} \end{vmatrix} \neq 0,$$

则方程组（5-7）有唯一解：$x_1 = \dfrac{D_1}{D}$，$x_2 = \dfrac{D_2}{D}$，$\cdots$，$x_n = \dfrac{D_n}{D}$.

$$D_j = \begin{vmatrix} a_{11} & \cdots & a_{1,j-1} & b_1 & a_{1,j+1} & \cdots & a_{1n} \\ a_{21} & \cdots & a_{2,j-1} & b_2 & a_{2,j+1} & \cdots & a_{2n} \\ \vdots & & \vdots & \vdots & \vdots & & \vdots \\ a_{n1} & \cdots & a_{n,j-1} & b_n & a_{n,j+1} & \cdots & a_{nn} \end{vmatrix},$$

其中 $D_j(j = 1, 2, \cdots, n)$ 是把系数行列式 D 中第 j 列 a_{1j}, a_{2j}, $\cdots$, a_{nj} 换成方程组（5-7）的常数项 b_1, b_2, $\cdots$, b_n 而得到的 n 阶行列式.

例 1 解线性方程组 $\begin{cases} x_1 - x_2 + 2x_4 = -5, \\ 3x_1 + 2x_2 - x_3 - 2x_4 = 6, \\ 4x_1 + 3x_2 - x_3 - x_4 = 0, \\ 2x_1 - x_3 = 0. \end{cases}$

解 因为系数行列式

$$D = \begin{vmatrix} 1 & -1 & 0 & 2 \\ 3 & 2 & -1 & -2 \\ 4 & 3 & -1 & -1 \\ 2 & 0 & -1 & 0 \end{vmatrix} \xrightarrow{c_1 + 2c_3} \begin{vmatrix} 1 & -1 & 0 & 2 \\ 3 & 2 & -1 & -2 \\ 2 & 3 & -1 & -1 \\ 0 & 0 & -1 & 0 \end{vmatrix} = (-1)(-1)^{4+3} \begin{vmatrix} 1 & -1 & 2 \\ 1 & 2 & -2 \\ 2 & 3 & -1 \end{vmatrix}$$

$$\xrightarrow[r_3 - 2r_1]{r_2 - r_1} \begin{vmatrix} 1 & -1 & 2 \\ 0 & 3 & -4 \\ 0 & 5 & -5 \end{vmatrix} = \begin{vmatrix} 3 & -4 \\ 5 & -5 \end{vmatrix} = 5 \neq 0, \text{所以方程组有唯一解.}$$

$$D_1 = \begin{vmatrix} -5 & -1 & 0 & 2 \\ 6 & 2 & -1 & -2 \\ 0 & 3 & -1 & -1 \\ 0 & 0 & -1 & 0 \end{vmatrix} = (-1)(-1)^{4+3} \begin{vmatrix} -5 & -1 & 2 \\ 6 & 2 & -2 \\ 0 & 3 & -1 \end{vmatrix} \xrightarrow{c_2 + 3c_3} \begin{vmatrix} -5 & 5 & 2 \\ 6 & -4 & -2 \\ 0 & 0 & -1 \end{vmatrix}$$

$$= -\begin{vmatrix} -5 & 5 \\ 6 & -4 \end{vmatrix} = 10.$$

经过计算还可得到 $D_2 = \begin{vmatrix} -1 & -5 & 0 & 2 \\ 3 & 6 & -1 & -2 \\ 4 & 0 & -1 & -1 \\ 2 & 0 & -1 & 0 \end{vmatrix} = -15$, $D_3 = \begin{vmatrix} 1 & -1 & -5 & 2 \\ 3 & 2 & 6 & -2 \\ 4 & 3 & 0 & -1 \\ 2 & 0 & 0 & 0 \end{vmatrix} = 20$,

$$D_4 = \begin{vmatrix} 1 & -1 & 0 & -5 \\ 3 & 2 & -1 & 6 \\ 4 & 3 & -1 & 0 \\ 2 & 0 & -1 & 0 \end{vmatrix} = -25,$$

所以方程组的解为 $x_1 = \dfrac{D_1}{D} = \dfrac{10}{5} = 2$, $x_2 = \dfrac{D_2}{D} = \dfrac{-15}{5} = -3$,

$$x_3 = \frac{D_3}{D} = \frac{20}{5} = 4, \quad x_4 = \frac{D_4}{D} = \frac{-25}{5} = -5.$$

在方程组（5-7）中，当常数项 b_1, b_2, $\cdots$, b_n 全为零时，称其齐次线性方程组，即方程组

$$\begin{cases} a_{11}x_1 + a_{12}x_2 + a_{1n}x_n = 0, \\ a_{21}x_1 + a_{22}x_2 + \cdots a_{2n}x_n = 0, \\ \qquad\qquad \vdots \\ a_{n1}x_1 + a_{n2}x_2 + \cdots a_{nn}x_n = 0 \end{cases} \qquad (5\text{-}8)$$

为齐次线性方程组. 实际上, 有关力学稳定性问题和振动问题常常遇到这种方程组. 对于齐次线性方程组 (5-8), 由于行列式 D_j 中第 j 列的元素都是零, 所以 $D_j = 0$ ($j = 1$, 2, $\cdots$, n), 当其系数行列式 $D \neq 0$ 时, 根据克莱姆法则, 方程组 (5-8) 的唯一解是

$$x_1 = x_2 = \cdots = x_n = 0.$$

全部由零组成的解叫作**零解**.

推论 1　如果齐次线性方程组 (5-8) 的系数行列式 $D \neq 0$, 则它只有零解.

推论 2　齐次线性方程组 (5-8) 有非零解的必要条件是系数行列式 $D = 0$.

例 2　解齐次线性方程组 $\begin{cases} x_1 + 2x_2 + x_3 = 0, \\ -2x_1 + x_2 - x_3 = 0, \\ x_1 - 4x_2 + 2x_3 = 0. \end{cases}$

解　因为系数行列式 $D = \begin{vmatrix} 1 & 2 & 1 \\ -2 & 1 & -1 \\ 1 & -4 & 2 \end{vmatrix} = \begin{vmatrix} 1 & 2 & 1 \\ -1 & 3 & 0 \\ -1 & -8 & 0 \end{vmatrix} = \begin{vmatrix} -1 & 3 \\ -1 & -8 \end{vmatrix} = 11 \neq$

0, 所以方程组只有零解, 即 $x_1 = x_2 = x_3 = 0$.

在力学的稳定性问题和振动问题中, 方程组 (5-8) 的系数 a_{ij} 常与一个参数 λ 有关, 问题是求出一些 λ 的值, 使得方程组 (5-8) 有非零解.

例 3　当 λ 取何值时, 齐次线性方程组 $\begin{cases} (\lambda + 3)x_1 + 14x_2 + 2x_3 = 0, \\ -2x_1 + (\lambda - 8)x_2 - x_3 = 0, \\ -2x_1 - 3x_2 + (\lambda - 2)x_3 = 0 \end{cases}$ 有非零解?

解　方程组的系数行列式为

$$D = \begin{vmatrix} \lambda + 3 & 14 & 2 \\ -2 & \lambda - 8 & -1 \\ -2 & -3 & \lambda - 2 \end{vmatrix} = \begin{vmatrix} \lambda + 3 & 14 & 2 \\ -2 & \lambda - 8 & -1 \\ 2 - 2\lambda & -3 & \lambda - 2 \end{vmatrix} = \begin{vmatrix} \lambda - 1 & 14 & 2 \\ 0 & \lambda - 8 & -1 \\ 0 & 25 & \lambda + 2 \end{vmatrix}$$

$$= (\lambda - 1) \begin{vmatrix} \lambda - 8 & -1 \\ 25 & \lambda + 2 \end{vmatrix} = (\lambda - 1)(\lambda - 3)^2.$$

由推论 2 可知, 若所给的齐次线性方程组有非零解, 则其系数行列式 $D = 0$, 即 $(\lambda - 1)(\lambda - 3)^2 = 0$. 所以, 当 $\lambda = 1$ 或 $\lambda = 3$ 时, 所给的齐次线性方程组有非零解.

习题 5.3

1. 用克莱姆法则解下列方程组.

(1) $\begin{cases} x_1 + x_2 - 2x_3 = -3, \\ 5x_1 - 2x_2 + 7x_3 = 22, \\ 2x_1 - 5x_2 + 4x_3 = 4; \end{cases}$
(2) $\begin{cases} 2x_1 + x_2 - 5x_3 + x_4 = 8, \\ x_1 - 3x_2 \qquad - 6x_4 = 9, \\ 2x_2 - x_3 + 2x_4 = -5, \\ x_1 + 4x_2 - 7x_3 + 6x_4 = 0. \end{cases}$

2. λ 取何值时，齐次线性方程组 $\begin{cases} \lambda x_1 + x_2 + x_3 = 0, \\ x_1 + \lambda x_2 - x_3 = 0, \\ 2x_1 - x_2 + x_3 = 0 \end{cases}$ 有非零解？

习题 5.3 答案

§5.4　矩阵的概念及基本运算

矩阵亦如行列式一样，是由研究线性方程组的问题引出的. 不过，行列式是由特殊的线性方程组，即未知数个数与方程的个数相等，而且是由只有唯一解的方程组引出的. 而矩阵是从最一般的线性方程组引出的，所以矩阵比行列式的应用广泛得多，因而，矩阵是高等数学各个分支不可缺少的工具.

5.4.1　问题的引入

某企业月生产 5 种产品，各种产品的季度产值（单位：万元）见表 5-1.

表 5-1　产品的季度产值　　　　　　　　　　　　　　单位：万元

季　度	产　　品				
	1	2	3	4	5
1	80	58	75	78	64
2	98	70	85	84	76
3	90	75	90	90	80
4	88	70	82	80	76

这个排成 4 行 5 列的产值阵列 $\begin{pmatrix} 80 & 58 & 75 & 78 & 64 \\ 98 & 70 & 85 & 84 & 76 \\ 90 & 75 & 90 & 90 & 80 \\ 88 & 70 & 82 & 80 & 76 \end{pmatrix}$ 具体描述了这家企业各种产品

各季度的产值，同时也揭示了产值随季节变化的季增长率及年产量等情况.

又如，平面解析几何中平面直角变换公式为 $\begin{cases} x = x'\cos\theta - y'\sin\theta, \\ y = x'\sin\theta + y'\cos\theta, \end{cases}$ 可表示为

$$\begin{pmatrix} x \\ y \end{pmatrix} = \begin{pmatrix} \cos\theta & -\sin\theta \\ \sin\theta & \cos\theta \end{pmatrix} \begin{pmatrix} x' \\ y' \end{pmatrix}.$$

5.4.2　矩阵的概念

在线性方程组 $\begin{cases} a_{11}x_1 + a_{12}x_2 + \cdots + a_{1n}x_n = b_1, \\ a_{21}x_1 + a_{22}x_2 + \cdots + a_{2n}x_n = b_2, \\ \vdots \\ a_{m1}x_1 + a_{m2}x_2 + \cdots + a_{mn}x_n = b_m \end{cases}$ 中，把未知量的系数按其在线性方程

组中原来的位置顺序排成一个矩形数表 $\begin{pmatrix} a_{11} & a_{12} & \cdots & a_{1n} \\ a_{21} & a_{22} & \cdots & a_{2n} \\ \vdots & \vdots & & \vdots \\ a_{m1} & a_{m2} & \cdots & a_{mn} \end{pmatrix}$ ，对于这样的数表，给出以下定义：

定义 1　由 $m \times n$ 个数排成的 m 行 n 列的数表 $\begin{pmatrix} a_{11} & a_{12} & \cdots & a_{1n} \\ a_{21} & a_{22} & \cdots & a_{2n} \\ \vdots & \vdots & & \vdots \\ a_{m1} & a_{m2} & \cdots & a_{mn} \end{pmatrix}$ 称为 m 行 n 列矩阵，简称 $m \times n$ 矩阵．矩阵常用大写字母 A，B，C，$\cdots$ 表示．例如，上述矩阵可以记作 A 或 $A_{m \times n}$，有时也简记为 $A = (a_{ij})_{m \times n}$，其中 a_{ij} 为矩阵 A 第 i 行第 j 列的元素．

在以后的讨论中还会经常用到几种特殊的矩阵，下面分别给出它们的名称．

（1）方阵：当 $m = n$ 时，矩阵 A 称为 n 阶**方阵.**

（2）列矩阵：当 $n = 1$ 时，矩阵 A 只有一列，称为**列矩阵**，即 $A = \begin{pmatrix} a_{11} \\ a_{21} \\ \vdots \\ a_{m1} \end{pmatrix}$．

（3）行矩阵：当 $m = 1$ 时，矩阵 A 只有一行，称为**行矩阵**，即 $A = (a_{11} \quad a_{12} \quad \cdots \quad a_{1n})$．

（4）零矩阵：元素都是零的矩阵称为**零矩阵**，记作 $O_{m \times n}$ 或 O，如 $O_{3 \times 5} = \begin{pmatrix} 0 & 0 & 0 & 0 & 0 \\ 0 & 0 & 0 & 0 & 0 \\ 0 & 0 & 0 & 0 & 0 \end{pmatrix}$．

（5）对角矩阵：一个 n 阶方阵从左上角到右下角的对角线称为**主对角线**，如果一个方阵主对角线以外的元素都为零，则这个方阵称为**对角方阵**，即 $\begin{pmatrix} a_{11} & 0 & \cdots & 0 \\ 0 & a_{22} & \cdots & 0 \\ \vdots & \vdots & & \vdots \\ 0 & 0 & \cdots & a_{nn} \end{pmatrix}$．

（6）单位矩阵：主对角线上的元素都为 1 的对角方阵称为**单位矩阵**，记作 I，即

$$I = \begin{pmatrix} 1 & 0 & \cdots & 0 \\ 0 & 1 & \cdots & 0 \\ \vdots & \vdots & & \vdots \\ 0 & 0 & \cdots & 1 \end{pmatrix}．$$

（7）上三角矩阵：主对角线以下的元素都是零的方阵，称为**上三角矩阵**，即

$$\begin{pmatrix} a_{11} & a_{12} & \cdots & a_{1n} \\ 0 & a_{22} & \cdots & a_{2n} \\ \vdots & \vdots & & \vdots \\ 0 & 0 & \cdots & a_{nn} \end{pmatrix}．$$

（8）下三角矩阵：主对角线以上的元素都是零的方阵，称为**下三角矩阵**，即

$$\begin{pmatrix} a_{11} & 0 & \cdots & 0 \\ a_{21} & a_{22} & \cdots & 0 \\ \vdots & \vdots & & \vdots \\ a_{n1} & a_{n2} & \cdots & a_{nn} \end{pmatrix}.$$

（9）转置矩阵：把矩阵 A 的行和列按顺序互换，所得到的矩阵称为 A 的**转置矩阵**，记作 A^{T}，即

$$设 A = \begin{pmatrix} a_{11} & a_{12} & \cdots & a_{1n} \\ a_{21} & a_{22} & \cdots & a_{2n} \\ \vdots & \vdots & & \vdots \\ a_{m1} & a_{m2} & \cdots & a_{mn} \end{pmatrix}, \quad 则 A^{\mathrm{T}} = \begin{pmatrix} a_{11} & a_{21} & \cdots & a_{m1} \\ a_{12} & a_{22} & \cdots & a_{m2} \\ \vdots & \vdots & & \vdots \\ a_{1n} & a_{2n} & \cdots & a_{mn} \end{pmatrix}.$$

例如，$A = \begin{pmatrix} 1 & 2 & 3 \\ 7 & 8 & 10 \end{pmatrix}$，则 $A^{\mathrm{T}} = \begin{pmatrix} 1 & 7 \\ 2 & 8 \\ 3 & 10 \end{pmatrix}$.

5.4.3 矩阵的运算

1. 矩阵相等

定义 2　如果 $A = (a_{ij})$，$B = (b_{ij})$ 是两个 $m \times n$ 矩阵，且它们的对应元素都相等，即

$$a_{ij} = b_{ij} \quad (i = 1,\ 2,\ \cdots,\ m;\ j = 1,\ 2,\ \cdots,\ n),$$

则称矩阵 A 与矩阵 B 相等，记作 $A = B$.

2. 矩阵的加法与减法

定义 3　若 $A = (a_{ij})_{m \times n}$，$B = (b_{ij})_{m \times n}$，则 $A \pm B = (a_{ij} \pm b_{ij})_{m \times n}$. 例如，

$$\begin{pmatrix} 1 & -2 & 3 \\ 2 & 0 & 1 \end{pmatrix} + \begin{pmatrix} -1 & 1 & 5 \\ 0 & 7 & -3 \end{pmatrix} = \begin{pmatrix} 0 & -1 & 8 \\ 2 & 7 & -2 \end{pmatrix}.$$

矩阵的加法满足以下规律.

（1）交换律：$A + B = B + A$；

（2）结合律：$(A + B) + C = A + (B + C)$.

其中 A、B、C 都是 m 行 n 列矩阵.

3. 数与矩阵相乘

定义 4　设 $k \in \mathbf{R}$，$A = (a_{ij})_{m \times n}$，则 $kA = Ak = (ka_{ij})_{m \times n}$，即

$$kA = \begin{pmatrix} ka_{11} & ka_{12} & \cdots & ka_{1n} \\ ka_{21} & ka_{22} & \cdots & ka_{2n} \\ \vdots & \vdots & & \vdots \\ ka_{m1} & ka_{m2} & \cdots & ka_{mn} \end{pmatrix}.$$

例 1　$A = \begin{pmatrix} 1 & 3 & -4 \\ 5 & -1 & 7 \end{pmatrix}$，求 $3A$.

解　$3A = 3 \begin{pmatrix} 1 & 3 & -4 \\ 5 & -1 & 7 \end{pmatrix} = \begin{pmatrix} 3 & 9 & -12 \\ 15 & -3 & 21 \end{pmatrix}.$

例 2 已知 $A = \begin{pmatrix} 0 & 3 \\ 3 & 2 \\ 4 & -3 \end{pmatrix}$，$B = \begin{pmatrix} 0 & 2 \\ -2 & 0 \\ 4 & -2 \end{pmatrix}$，求 $A + \dfrac{1}{2}B$.

解 $A + \dfrac{1}{2}B = \begin{pmatrix} 0 & 3 \\ 3 & 2 \\ 4 & -3 \end{pmatrix} + \dfrac{1}{2}\begin{pmatrix} 0 & 2 \\ -2 & 0 \\ 4 & -2 \end{pmatrix} = \begin{pmatrix} 0 & 3 \\ 3 & 2 \\ 4 & -3 \end{pmatrix} + \begin{pmatrix} 0 & 1 \\ -1 & 0 \\ 2 & -1 \end{pmatrix} = \begin{pmatrix} 0 & 4 \\ 2 & 2 \\ 6 & -4 \end{pmatrix}$.

数与矩阵的乘法满足以下规律.

(1) 分配律：$k(A + B) = kB + kA$，$(k + l)A = kA + lA$；

(2) 结合律：$k(lA) = (kl)A$.

其中 A、B 都是 m 行 n 列矩阵，k、l 为任意常数.

4. 矩阵的乘法

设 $A = \begin{pmatrix} a_{11} & a_{12} & a_{13} \\ a_{21} & a_{22} & a_{23} \\ a_{31} & a_{32} & a_{33} \end{pmatrix}$，$B = \begin{pmatrix} b_{11} & b_{12} \\ b_{21} & b_{22} \\ b_{31} & b_{32} \end{pmatrix}$，规定 $AB = C = (c_{ij})_{3\times 2} = \begin{pmatrix} c_{11} & c_{12} \\ c_{21} & c_{22} \\ c_{31} & c_{32} \end{pmatrix}$，则

$$c_{11} = a_{11}b_{11} + a_{12}b_{21} + a_{13}b_{31}, \quad c_{12} = a_{11}b_{12} + a_{12}b_{22} + a_{13}b_{32},$$
$$c_{21} = a_{21}b_{11} + a_{22}b_{21} + a_{23}b_{31}, \quad c_{22} = a_{21}b_{12} + a_{22}b_{22} + a_{23}b_{32},$$
$$c_{31} = a_{31}b_{11} + a_{32}b_{21} + a_{33}b_{31}, \quad c_{32} = a_{31}b_{12} + a_{32}b_{22} + a_{33}b_{32},$$

$$AB = \begin{pmatrix} a_{11}b_{11} + a_{12}b_{21} + a_{13}b_{31} & a_{11}b_{12} + a_{12}b_{22} + a_{13}b_{32} \\ a_{21}b_{11} + a_{22}b_{21} + a_{23}b_{31} & a_{21}b_{12} + a_{22}b_{22} + a_{23}b_{32} \\ a_{31}b_{11} + a_{32}b_{21} + a_{33}b_{31} & a_{31}b_{12} + a_{32}b_{22} + a_{33}b_{32} \end{pmatrix}.$$

定义 5 设矩阵 $A = (a_{ip})_{m\times s}$，$B = (b_{pj})_{s\times n}$，则 $AB = (c_{ij})_{m\times n} = \left(\sum\limits_{p=1}^{s} a_{ip}b_{pj}\right)_{m\times n}$，即 $A_{m\times s}B_{s\times n} = C_{m\times n}$.

从定义可以看出，两矩阵相乘应注意以下问题：

• 只有当矩阵 A（左矩阵）的列数等于矩阵 B（右矩阵）的行数时，A 与 B 才能相乘；

• 两矩阵的乘积仍是一个矩阵，它的行数等于左矩阵的行数，它的列数等于右矩阵的列数.

矩阵乘法满足以下规律.

(1) 结合律：$(AB)C = A(BC)$，$k(AB) = (kA)B = A(kB)$；

(2) 分配律：$A(B + C) = AB + AC$，$(B + C)A = BA + CA$.

其中 A、B、C 均为矩阵，k 为常数.

注意 矩阵的乘法不满足交换律.

例 3 设矩阵 $A = \begin{pmatrix} 2 & -1 \\ -4 & 0 \\ 3 & 5 \end{pmatrix}$，$B = \begin{pmatrix} 9 & -8 \\ -7 & 10 \end{pmatrix}$，求 AB.

解 $AB = \begin{pmatrix} 2 & -1 \\ -4 & 0 \\ 3 & 5 \end{pmatrix}\begin{pmatrix} 9 & -8 \\ -7 & 10 \end{pmatrix}$

$$= \begin{pmatrix} 2\times9+(-1)\times(-7) & 2\times(-8)+(-1)\times10 \\ -4\times9+0\times(-7) & -4\times(-8)+0\times10 \\ 3\times9+5\times(-7) & 3\times(-8)+5\times10 \end{pmatrix} = \begin{pmatrix} 25 & -26 \\ -36 & 32 \\ -8 & 26 \end{pmatrix}.$$

例 4 已知 $A = \begin{pmatrix} 2 & -3 & -1 \\ 3 & 2 & 5 \end{pmatrix}$，$B = \begin{pmatrix} 1 & 2 \\ -5 & 1 \\ 3 & -1 \end{pmatrix}$，求 AB 和 BA．

解　$AB = \begin{pmatrix} 2 & -3 & -1 \\ 3 & 2 & 5 \end{pmatrix} \begin{pmatrix} 1 & 2 \\ -5 & 1 \\ 3 & -1 \end{pmatrix}$

$$= \begin{pmatrix} 2\times1+(-3)\times(-5)+(-1)\times3 & 2\times2+(-3)\times1+(-1)\times(-1) \\ 3\times1+2\times(-5)+5\times3 & 3\times2+2\times1+5\times1(-1) \end{pmatrix}$$

$$= \begin{pmatrix} 14 & 2 \\ 8 & 3 \end{pmatrix}.$$

$$BA = \begin{pmatrix} 1 & 2 \\ -5 & 1 \\ 3 & -1 \end{pmatrix} \begin{pmatrix} 2 & -3 & -1 \\ 3 & 2 & 5 \end{pmatrix}$$

$$= \begin{pmatrix} 1\times2+2\times3 & 1\times(-3)+2\times2 & 1\times(-1)+2\times5 \\ -5\times2+1\times3 & -5\times(-3)+1\times2 & -5\times(-1)+1\times5 \\ 3\times2+(-1)\times3 & 3\times(-3)+(-1)\times2 & 3\times(-1)+(-1)\times5 \end{pmatrix}$$

$$= \begin{pmatrix} 8 & 1 & 9 \\ -7 & 17 & 10 \\ 3 & -11 & -8 \end{pmatrix}.$$

由例 4 可知，矩阵与矩阵相乘不满足交换律，就是说，一般情况下 $AB \neq BA$．

例 5　求 $\begin{pmatrix} 2 & 1 \\ 4 & 2 \end{pmatrix} \begin{pmatrix} 1 & -2 \\ -2 & 4 \end{pmatrix}$．

解　$\begin{pmatrix} 2 & 1 \\ 4 & 2 \end{pmatrix} \begin{pmatrix} 1 & -2 \\ -2 & 4 \end{pmatrix} = \begin{pmatrix} 0 & 0 \\ 0 & 0 \end{pmatrix} = O_{2\times2}$．

例 5 说明两个非零矩阵的乘积可能是零矩阵，这种现象在数的乘法运算中是不可能出现的．

例 6 已知 $A = \begin{pmatrix} 1 & 3 & 2 \\ 3 & 0 & 6 \end{pmatrix}$，$B = \begin{pmatrix} 0 & 3 \\ 2 & 0 \\ 0 & 5 \end{pmatrix}$，$C = \begin{pmatrix} 0 & 5 \\ 2 & 0 \\ 0 & 4 \end{pmatrix}$，求 AB 和 AC．

解　$AB = \begin{pmatrix} 1 & 3 & 2 \\ 3 & 0 & 6 \end{pmatrix} \begin{pmatrix} 0 & 3 \\ 2 & 0 \\ 0 & 5 \end{pmatrix} = \begin{pmatrix} 6 & 13 \\ 0 & 39 \end{pmatrix}$；

$$AC = \begin{pmatrix} 1 & 3 & 2 \\ 3 & 0 & 6 \end{pmatrix} \begin{pmatrix} 0 & 5 \\ 2 & 0 \\ 0 & 4 \end{pmatrix} = \begin{pmatrix} 6 & 13 \\ 0 & 39 \end{pmatrix}.$$

说明：若 $AB = AC$，一般来说 $B \neq C$，即矩阵乘法不满足消去律．

例 7　已知 $A = \begin{pmatrix} a_{11} & a_{12} & a_{13} \\ a_{21} & a_{22} & a_{23} \\ a_{31} & a_{32} & a_{33} \end{pmatrix}$，$I = \begin{pmatrix} 1 & 0 & 0 \\ 0 & 1 & 0 \\ 0 & 0 & 1 \end{pmatrix}$，求 IA 和 AI.

解　$AI = \begin{pmatrix} a_{11} & a_{12} & a_{13} \\ a_{21} & a_{22} & a_{23} \\ a_{31} & a_{32} & a_{33} \end{pmatrix} \begin{pmatrix} 1 & 0 & 0 \\ 0 & 1 & 0 \\ 0 & 0 & 1 \end{pmatrix} = \begin{pmatrix} a_{11} & a_{12} & a_{13} \\ a_{21} & a_{22} & a_{23} \\ a_{31} & a_{32} & a_{33} \end{pmatrix}$；

$IA = \begin{pmatrix} 1 & 0 & 0 \\ 0 & 1 & 0 \\ 0 & 0 & 1 \end{pmatrix} \begin{pmatrix} a_{11} & a_{12} & a_{13} \\ a_{21} & a_{22} & a_{23} \\ a_{31} & a_{32} & a_{33} \end{pmatrix} = \begin{pmatrix} a_{11} & a_{12} & a_{13} \\ a_{21} & a_{22} & a_{23} \\ a_{31} & a_{32} & a_{33} \end{pmatrix}$.

由例 7 可知，单位矩阵 I 在矩阵乘法中所起的作用与数的乘法中数 "1" 所起的作用类似.

由以上几个例题可以看出，矩阵与矩阵相乘的运算与实数的乘法运算有类似的地方，也有差别很大的地方. 矩阵与矩阵相乘时，必须按定义和所满足的规律去乘，不能与实数乘法混淆，否则会出现错误.

5.4.4　用矩阵表示线性方程组

利用矩阵的乘法和矩阵相等的含义，可以把线性方程组写成矩阵形式.

例如，有二元一次方程组

$$\begin{cases} 3x_1 + 2x_2 = 12, \\ x_1 - 3x_2 = -7, \end{cases} \tag{5-9}$$

设 $A = \begin{pmatrix} 3 & 2 \\ 1 & -3 \end{pmatrix}$，$X = \begin{pmatrix} x_1 \\ x_2 \end{pmatrix}$，$B = \begin{pmatrix} 12 \\ -7 \end{pmatrix}$，则方程组 (5-9) 可写成 $AX = B$.

一般地，设有 n 个未知数 m 个方程的线性方程组

$$\begin{cases} a_{11}x_1 + a_{12}x_2 + a_{1n}x_n = b_1, \\ a_{21}x_1 + a_{22}x_2 + a_{2n}x_n = b_2, \\ \quad\quad\quad\quad \vdots \\ a_{m1}x_1 + a_{m2}x_2 + a_{mn}x_n = b_m, \end{cases} \tag{5-10}$$

$$A = \begin{pmatrix} a_{11} & a_{12} & \cdots & a_{1n} \\ a_{21} & a_{22} & \cdots & a_{2n} \\ \vdots & \vdots & & \vdots \\ a_{m1} & a_{m2} & \cdots & a_{mn} \end{pmatrix}, \quad X = \begin{pmatrix} x_1 \\ x_2 \\ \vdots \\ x_n \end{pmatrix}, \quad B = \begin{pmatrix} b_1 \\ b_2 \\ \vdots \\ b_m \end{pmatrix},$$

则方程组 (5-10) 可写成 $AX = B$.

方程 $AX = B$ 是线性方程组 (5-10) 的矩阵表达式，叫作**矩阵方程**，其中 A 叫作**系数矩阵**，X 叫作**未知数矩阵**，B 叫作**常数项矩阵**.

由方程组 (5-10) 中的系数与常数项组成的矩阵 $\begin{pmatrix} a_{11} & a_{12} & \cdots & a_{1n} & b_1 \\ a_{21} & a_{22} & \cdots & a_{2n} & b_2 \\ \vdots & \vdots & & \vdots & \vdots \\ a_{m1} & a_{m2} & \cdots & a_{mn} & b_m \end{pmatrix}$ 称为增广

矩阵，记作 $\overline{A}$.

因为线性方程组是由它的系数和常数项确定的，所以用增广矩阵 $\overline{A}$ 可清楚地表示一个线性方程组.

当方程组（5-10）的常数项 $b_1 = b_2 = \cdots = b_n = 0$ 时，方程组为**齐次线性方程组**. 齐次线性方程组的矩阵表示形式为 $AX = O$. 其中 $O = (0 \quad 0 \quad \cdots \quad 0)^{\mathrm{T}}$.

例8 利用矩阵乘法表示线性方程组 $\begin{cases} x_1 + 2x_2 + 3x_3 + 4x_4 = 1, \\ 4x_1 + x_2 + 2x_3 + 3x_4 = 2, \\ 3x_1 + 4x_2 + x_3 + 2x_4 = 2, \\ 2x_1 + 3x_2 + 4x_3 + x_4 = 1. \end{cases}$

解 设 $A = \begin{pmatrix} 1 & 2 & 3 & 4 \\ 4 & 1 & 2 & 3 \\ 3 & 4 & 1 & 2 \\ 2 & 3 & 4 & 1 \end{pmatrix}$，$X = \begin{pmatrix} x_1 \\ x_2 \\ x_3 \\ x_4 \end{pmatrix}$，$B = \begin{pmatrix} 1 \\ 2 \\ 2 \\ 1 \end{pmatrix}$.

因为 $AX = B$，所以方程组可表示为 $\begin{pmatrix} 1 & 2 & 3 & 4 \\ 4 & 1 & 2 & 3 \\ 3 & 4 & 1 & 2 \\ 2 & 3 & 4 & 1 \end{pmatrix} \begin{pmatrix} x_1 \\ x_2 \\ x_3 \\ x_4 \end{pmatrix} = \begin{pmatrix} 1 \\ 2 \\ 2 \\ 1 \end{pmatrix}$.

习题 5.4

1. 设矩阵 $A = \begin{pmatrix} -3 & 1 & 41 & b \\ -1 & a & 30 & -13 \end{pmatrix}$，$B = \begin{pmatrix} c & 1 & 41 & 3 \\ -1 & 0 & d & -13 \end{pmatrix}$，且 $A = B$，求元素 a，b，c，d 的数值.

2. 设 $A = \begin{pmatrix} 3 & 2 & 7 \\ 1 & 3 & 1 \\ 4 & 5 & -1 \end{pmatrix}$，$B = \begin{pmatrix} 4 & 3 & 7 \\ 1 & 8 & 1 \\ 6 & 7 & -5 \end{pmatrix}$，求 $A + B$，$B - A$，$3A + 2B$ 及 $3A - 2B$.

3. 计算下列乘积.

(1) $\begin{pmatrix} 2 & 3 & 1 \\ 1 & 5 & 7 \end{pmatrix} \begin{pmatrix} 2 & 0 \\ 3 & 1 \\ 1 & 0 \end{pmatrix}$；　　　(2) $\begin{pmatrix} 2 & 0 \\ 3 & 1 \\ 1 & 0 \end{pmatrix} \begin{pmatrix} 2 & 3 & 1 \\ 1 & 5 & 7 \end{pmatrix}$；

(3) $(1 \quad 2 \quad 3) \begin{pmatrix} 3 \\ 2 \\ 1 \end{pmatrix}$；　　　(4) $\begin{pmatrix} 1 \\ 2 \\ 3 \end{pmatrix} (-1 \quad -2)$；

(5) $\begin{pmatrix} 6 & 2 \\ 3 & 1 \end{pmatrix} \begin{pmatrix} 1 & -2 \\ -2 & 4 \end{pmatrix}$；　　　(6) $\begin{pmatrix} 1 & -2 \\ -2 & 4 \end{pmatrix} \begin{pmatrix} 6 & 2 \\ 3 & 1 \end{pmatrix}$.

4. 设 $A = \begin{pmatrix} 1 & 2 & -1 \\ 2 & 3 & 2 \\ -1 & 0 & 2 \end{pmatrix}$，$B = \begin{pmatrix} 0 & 1 & 2 \\ 2 & -1 & 0 \\ -1 & -1 & 3 \end{pmatrix}$，求 A^{T}，B^{T}，$A^{\mathrm{T}} + B^{\mathrm{T}}$，$A^{\mathrm{T}} \cdot B^{\mathrm{T}}$，$(A^{\mathrm{T}})^2$.

5. 对于下列各组矩阵 A 和 B，验证 $AB = BA = I$.

$(1)\ A = \begin{pmatrix} 1 & 2 & -3 \\ 0 & 1 & 2 \\ 0 & 0 & 1 \end{pmatrix},\ B = \begin{pmatrix} 1 & -2 & 7 \\ 0 & 1 & -2 \\ 0 & 0 & 1 \end{pmatrix}$;

$(2)\ A = \begin{pmatrix} \cos\theta & \sin\theta \\ -\sin\theta & \cos\theta \end{pmatrix},\ B = A^{\mathrm{T}}$.

习题 5.4 答案

§5.5　矩阵的初等变换、矩阵的秩

5.5.1　矩阵的初等变换

矩阵的初等变换是矩阵的一种十分重要的运算，它在解线性方程组时起到了重要的作用. 为了引进矩阵的初等变换，先来分析用消元法解线性方程组.

例 1　求解线性方程组 $\begin{cases} x_1 + 2x_2 + 3x_3 = -7, & (1) \\ 2x_1 - x_2 + 2x_3 = -8, & (2) \\ x_1 + 3x_2 = 7. & (3) \end{cases}$

解

$\begin{cases} x_1 + 2x_2 + 3x_3 = -7 \\ 2x_1 - x_2 + 2x_3 = -8 \\ x_1 + 3x_2 = 7 \end{cases}$ $\xrightarrow[\ (3)-(1)\ ]{\ (2)-2(1)\ }$ $\begin{cases} x_1 + 2x_2 + 3x_3 = -7 & (1) \\ -5x_2 - 4x_3 = 6 & (2) \\ x_2 - 3x_3 = 14 & (3) \end{cases}$

$\xrightarrow{\ (2)\longleftrightarrow(3)\ }$ $\begin{cases} x_1 + 2x_2 + 3x_3 = -7 & (1) \\ x_2 - 3x_3 = 14 & (2) \\ -5x_2 - 4x_3 = 6 & (3) \end{cases}$

$\xrightarrow{\ (3)+5(2)\ }$ $\begin{cases} x_1 + 2x_2 + 3x_3 = -7 & (1) \\ x_2 - 3x_3 = 14 & (2) \\ -19x_3 = 76 & (3) \end{cases}$

$\xrightarrow{\ -\frac{1}{19}(3)\ }$ $\begin{cases} x_1 + 2x_2 + 3x_3 = -7 & (1) \\ x_2 - 3x_3 = 14 & (2) \\ x_3 = -4 & (3) \end{cases}$

$\xrightarrow[\ (2)+3(3)\ ]{\ (1)-3(3)\ }$ $\begin{cases} x_1 + 2x_2 = 5 & (1) \\ x_2 = 2 & (2) \\ x_3 = -4 & (3) \end{cases}$ $\xrightarrow{\ (1)-2(2)\ }$ $\begin{cases} x_1 = 1, & (1) \\ x_2 = 2, & (2) \\ x_3 = -4. & (3) \end{cases}$

例 1 用消元法解线性方程组时，反复使用了以下三种变换：

（1）交换两个方程的相对位置；

（2）以不等于零的数乘某个方程；

（3）用一个常数 k 乘一个方程加到另一个方程上去.

这三种变换都是方程组的同解变换，所以最后求得的解是方程组的全部解.

另外，从解题的过程可以看出，在消元过程中，方程的未知数都不参加运算，参与运算的只是方程组中未知数的系数和常数项，这说明在解线性方程组的过程中，方程的变换就是它的增广矩阵的行的变换. 把方程组的上述三种同解变换移植到矩阵上，就得到矩阵的三种初等变换.

定义 1 下面三种变换称为矩阵的初等行变换：

（1）对调两行（对调 i，j 两行，记作 $r_i \leftrightarrow r_j$）；

（2）以数 $k \neq 0$ 乘某一行中的所有元素（第 i 行乘 k，记作 $r_i \times k$）；

（3）把某一行所有元素的 k 倍加到另一行对应的元素上去（第 j 行的 k 倍加到第 i 行上，记作 $r_i + kr_j$）.

下面用矩阵的初等行变换来解例 1 的方程组，其过程可与方程组的消元过程一一对应：

$$\overline{A} = \begin{pmatrix} 1 & 2 & 3 & -7 \\ 2 & -1 & 2 & -8 \\ 1 & 3 & 0 & 7 \end{pmatrix}$$

$$\xrightarrow[r_3 - r_1]{r_2 - 2r_1} = \begin{pmatrix} 1 & 2 & 3 & -7 \\ 0 & -5 & -4 & 6 \\ 0 & 1 & -3 & 14 \end{pmatrix} \xrightarrow{r_2 \leftrightarrow r_3} \begin{pmatrix} 1 & 2 & 3 & -7 \\ 0 & 1 & -3 & 14 \\ 0 & -5 & -4 & 6 \end{pmatrix}$$

$$\xrightarrow{r_3 + 5r_2} \begin{pmatrix} 1 & 2 & 3 & -7 \\ 0 & 1 & -3 & 14 \\ 0 & 0 & -19 & 76 \end{pmatrix} \xrightarrow{-\frac{1}{19}r_3} \begin{pmatrix} 1 & 2 & 3 & -7 \\ 0 & 1 & -3 & 14 \\ 0 & 0 & 1 & -4 \end{pmatrix}$$

$$\xrightarrow[r_2 + 3r_3]{r_1 - 3r_3} \begin{pmatrix} 1 & 2 & 0 & 5 \\ 0 & 1 & 0 & 2 \\ 0 & 0 & 1 & -4 \end{pmatrix} \xrightarrow{r_1 - 2r_2} \begin{pmatrix} 1 & 0 & 0 & 1 \\ 0 & 1 & 0 & 2 \\ 0 & 0 & 1 & -4 \end{pmatrix}.$$

由此得到方程组的解为 $\begin{cases} x_1 = 1, \\ x_2 = 2, \\ x_3 = -4. \end{cases}$

例 2 用初等变换解线性方程组 $\begin{cases} x_1 + 2x_2 + 3x_3 = 3, \\ 2x_1 + 5x_2 + 7x_3 = 6, \\ 3x_1 + 7x_2 + 8x_3 = 5. \end{cases}$

解 对方程组的增广矩阵 $\overline{A}$ 进行初等行变换：

$$\overline{A} = \begin{pmatrix} 1 & 2 & 3 & 3 \\ 2 & 5 & 7 & 6 \\ 3 & 7 & 8 & 5 \end{pmatrix} \xrightarrow[r_3 - 3r_1]{r_2 - 2r_1} \begin{pmatrix} 1 & 2 & 3 & 3 \\ 0 & 1 & 1 & 0 \\ 0 & 1 & -1 & -4 \end{pmatrix}$$

$$\xrightarrow[r_3 - r_2]{r_1 - 2r_2} \begin{pmatrix} 1 & 0 & 1 & 3 \\ 0 & 1 & 1 & 0 \\ 0 & 0 & -2 & -4 \end{pmatrix} \xrightarrow{-\frac{1}{2}r_3} \begin{pmatrix} 1 & 0 & 1 & 3 \\ 0 & 1 & 1 & 0 \\ 0 & 0 & 1 & 2 \end{pmatrix}$$

$$\xrightarrow[r_2 - r_3]{r_1 - r_3} \begin{pmatrix} 1 & 0 & 0 & 1 \\ 0 & 1 & 0 & -2 \\ 0 & 0 & 1 & 2 \end{pmatrix}.$$

故方程组的解为 $\begin{cases} x_1 = 1, \\ x_2 = -2, \\ x_3 = 2. \end{cases}$

本节所解的线性方程组都是未知数的个数与方程的个数相同的线性方程组，当系数行列式不为零时，方程组有唯一解. 此时有以下三种解法：

（1）利用克莱姆法则；

（2）利用逆矩阵（下一节介绍）；

（3）利用矩阵的初等行变换.

一般线性方程组的未知数的个数与方程个数可能相等，也可能不相等. 当未知数的个数与方程个数不相等或方程组的系数行列式为零时，不能用克莱姆法则或逆矩阵来解线性方程组. 当用矩阵的初等行变换来解时，又会遇到一些以前未遇到过的问题. 因此，为了进一步讨论线性方程组的求解问题，有必要引进矩阵的秩的概念.

5.5.2 矩阵的秩

定义 2　A 是 $m \times n$ 阶矩阵，任取 k 行 k 列，位于这些行与列的交点上的元素所构成的 k 阶行列式，称为矩阵 A 的一个 k 阶子式，其中 $k \leqslant \min(m, n)$.

定义 3　如果在矩阵 A 中有一个不等于 0 的 r 阶子式 D，且所有 $r+1$ 阶子式（如果存在）全等于 0，则称 D 为 A 的最高阶非零子式，数 r 称为矩阵 A 的秩，记作 $R(A)$，并规定零矩阵的秩等于零，记作 $R(A) = 0$.

根据定义可知，求一个矩阵的秩时，对于一个非零矩阵，一般来说可以从二阶子式开始逐一计算. 若所有二阶子式都为零，则矩阵的秩为 1，若找到一个不为零的二阶子式，就继续计算它的三阶子式，若所有三阶子式都为零，则矩阵的秩为 2，若找到了一个不为零的三阶子式，就继续计算它的四阶子式，直到求出矩阵的秩为止.

例 3　求矩阵 $A = \begin{pmatrix} 3 & 2 & 0 & -1 \\ 1 & 2 & -1 & 2 \\ 4 & 4 & -1 & 1 \end{pmatrix}$ 的秩.

解　计算它的二阶子式，因为 $\begin{vmatrix} 3 & 2 \\ 1 & 2 \end{vmatrix} \neq 0$，所以继续计算它的三阶子式，经计算它的四个三阶子式均为零，即

$$\begin{vmatrix} 3 & 2 & 0 \\ 1 & 2 & -1 \\ 4 & 4 & -1 \end{vmatrix} = 0, \quad \begin{vmatrix} 3 & 2 & -1 \\ 1 & 2 & 2 \\ 4 & 4 & 1 \end{vmatrix} = 0, \quad \begin{vmatrix} 3 & 0 & -1 \\ 1 & -1 & 2 \\ 4 & -1 & 1 \end{vmatrix} = 0, \quad \begin{pmatrix} 2 & 0 & -1 \\ 2 & -1 & 2 \\ 4 & -1 & 1 \end{pmatrix} = 0.$$

所以矩阵 A 的秩 $R(A) = 2$.

如果矩阵的行或列数较大，则求矩阵的秩将很麻烦，计算量会很大.

例 4　求矩阵 $A = \begin{pmatrix} 1 & 2 & 3 & 4 & 5 \\ 0 & 2 & 3 & 4 & 5 \\ 0 & 0 & 3 & 4 & 5 \\ 0 & 0 & 0 & 0 & 0 \end{pmatrix}$ 的秩.

解 容易算出 A 有三阶子式 $\begin{vmatrix} 1 & 2 & 3 \\ 0 & 2 & 3 \\ 0 & 0 & 3 \end{vmatrix} = 1 \times 2 \times 3 = 6 \neq 0.$

而 A 的每一个四阶子式的第四行都为零，所以 A 的所有四阶子式都等于零，矩阵 A 的秩 $R(A) = 3$.

从例 3 可以看出，用定义计算一个矩阵的秩需计算很多行列式，矩阵的行数、列数越多，计算量越大. 从例 4 可以看出，矩阵 A 的秩很方便就可求得，同时，我们注意到 A 是一个阶梯矩阵，其秩等于其非零行数，所以一般有下面的定理.

定理 1 行阶梯形矩阵的秩等于其非零行的行数.

定理 2 矩阵经过初等行变换后，其秩不变.

根据定理 1 和定理 2，求矩阵的秩的步骤如下：

（1）通过初等行变换变成行阶梯形矩阵；

（2）确定行阶梯形矩阵中非零行的个数；

（3）非零行的个数为该矩阵的秩.

例 5 设矩阵 $A = \begin{pmatrix} 1 & 2 & 0 & 0 & 1 \\ 1 & 11 & 3 & 6 & 16 \\ 0 & 6 & 2 & 4 & 10 \\ 1 & -19 & -7 & -14 & -34 \end{pmatrix}$，求矩阵的秩.

解 $A = \begin{pmatrix} 1 & 2 & 0 & 0 & 1 \\ 1 & 11 & 3 & 6 & 16 \\ 0 & 6 & 2 & 4 & 10 \\ 1 & -19 & -7 & -14 & -34 \end{pmatrix} \xlongequal[r_4 - r_1]{r_2 - r_1} \begin{pmatrix} 1 & 2 & 0 & 0 & 1 \\ 0 & 9 & 3 & 6 & 15 \\ 0 & 6 & 2 & 4 & 10 \\ 0 & -21 & -7 & -14 & -35 \end{pmatrix}$

$\xlongequal[r_4 + \frac{7}{3}r_2]{r_3 - \frac{2}{3}r_2} \begin{pmatrix} 1 & 2 & 0 & 0 & 1 \\ 0 & 9 & 3 & 6 & 15 \\ 0 & 0 & 0 & 0 & 0 \\ 0 & 0 & 0 & 0 & 0 \end{pmatrix}$，$R(A) = 2.$

例 6 求矩阵 $A = \begin{pmatrix} 1 & 3 & 2 \\ -2 & -1 & 1 \\ 2 & -1 & -3 \\ 3 & 5 & 4 \\ 1 & -3 & -2 \end{pmatrix}$ 的秩.

解 $A = \begin{pmatrix} 1 & 3 & 2 \\ -2 & -1 & 1 \\ 2 & -1 & -3 \\ 3 & 5 & 4 \\ 1 & -3 & -2 \end{pmatrix} \xlongequal[\substack{r_4 - 3r_1 \\ r_5 - r_1}]{\substack{r_2 + 2r_1 \\ r_3 - 2r_1}} \begin{pmatrix} 1 & 3 & 2 \\ 0 & 5 & 5 \\ 0 & -7 & -7 \\ 0 & -4 & -2 \\ 0 & -6 & -4 \end{pmatrix} \xlongequal[\frac{1}{7}r_3]{\frac{1}{5}r_2} \begin{pmatrix} 1 & 3 & 2 \\ 0 & 1 & 1 \\ 0 & -1 & -1 \\ 0 & -4 & -2 \\ 0 & -6 & -4 \end{pmatrix}$

$$\xrightarrow[\substack{r_3 + r_2 \\ r_4 + 4r_2 \\ r_5 + 6r_2}]{} \begin{pmatrix} 1 & 3 & 2 \\ 0 & 1 & 1 \\ 0 & 0 & 0 \\ 0 & 0 & 2 \\ 0 & 0 & 2 \end{pmatrix} \xrightarrow[\substack{r_4 - r_5 \\ r_3 \leftrightarrow r_5}]{} \begin{pmatrix} 1 & 3 & 2 \\ 0 & 1 & 1 \\ 0 & 0 & 2 \\ 0 & 0 & 0 \\ 0 & 0 & 0 \end{pmatrix},$$

$R(\boldsymbol{A}) = 3.$

习题 5.5

1. 求下列矩阵的秩.

$(1)\ \boldsymbol{A} = \begin{pmatrix} 1 & 2 & 3 \\ -1 & -3 & 4 \\ 1 & 1 & -2 \end{pmatrix};$　　　$(2)\ \boldsymbol{A} = \begin{pmatrix} 2 & 0 & 2 & 2 \\ 0 & 1 & 0 & 0 \\ 2 & 1 & 0 & 1 \\ 0 & 1 & 0 & 0 \end{pmatrix};$

$(3)\ \boldsymbol{A} = \begin{pmatrix} 1 & 0 & 0 & 1 & 4 \\ 0 & 1 & 0 & 2 & 5 \\ 0 & 0 & 1 & 3 & 0 \\ 1 & 2 & 3 & 14 & 32 \\ 4 & 5 & 6 & 32 & 27 \end{pmatrix}.$

2. 解线性方程组 $\begin{cases} 2x_1 - 3x_2 + x_3 - x_4 = 3, \\ 3x_1 + x_2 + x_3 + x_4 = 0, \\ 4x_1 - x_2 - x_3 - x_4 = 7, \\ -2x_1 - x_2 + x_3 + x_4 = -5. \end{cases}$

习题 5.5 答案

§5.6 逆矩阵

5.6.1 逆矩阵的定义

定义 1 设 $\boldsymbol{A}$ 为 n 阶方阵，如果存在一个 n 阶方阵 $\boldsymbol{B}$，使得 $\boldsymbol{AB} = \boldsymbol{BA} = \boldsymbol{I}$，那么方阵 $\boldsymbol{B}$ 叫作方阵 $\boldsymbol{A}$ 的逆矩阵，记作 $\boldsymbol{A}^{-1}$. 显然 $\boldsymbol{AA}^{-1} = \boldsymbol{A}^{-1}\boldsymbol{A} = \boldsymbol{I}$，

如果 $\boldsymbol{A}$ 有逆矩阵，则称 $\boldsymbol{A}$ 是可逆的.

可逆矩阵有以下性质：

(1) 若 $\boldsymbol{A}$ 有逆矩阵，则其逆矩阵是唯一的；

(2) $\boldsymbol{A}$ 的逆矩阵的逆矩阵就是 $\boldsymbol{A}$，即 $(\boldsymbol{A}^{-1})^{-1} = \boldsymbol{A}$.

例如，对于矩阵 $\boldsymbol{A} = \begin{pmatrix} 2 & 1 & 1 \\ 1 & 0 & 2 \\ 3 & 1 & 2 \end{pmatrix}$, $\boldsymbol{C} = \begin{pmatrix} -2 & -1 & 2 \\ 4 & 1 & -3 \\ 1 & 1 & -1 \end{pmatrix}$, 有

$$AC = \begin{pmatrix} 2 & 1 & 1 \\ 1 & 0 & 2 \\ 3 & 1 & 2 \end{pmatrix} \begin{pmatrix} -2 & -1 & 2 \\ 4 & 1 & -3 \\ 1 & 1 & -1 \end{pmatrix} = \begin{pmatrix} 1 & 0 & 0 \\ 0 & 1 & 0 \\ 0 & 0 & 1 \end{pmatrix} = I,$$

$$CA = \begin{pmatrix} -2 & -1 & 2 \\ 4 & 1 & -3 \\ 1 & 1 & -1 \end{pmatrix} \begin{pmatrix} 2 & 1 & 1 \\ 1 & 0 & 2 \\ 3 & 1 & 2 \end{pmatrix} = \begin{pmatrix} 1 & 0 & 0 \\ 0 & 1 & 0 \\ 0 & 0 & 1 \end{pmatrix} = I.$$

所以 A 是可逆的, C 是 A 的逆矩阵, 即 $C = A^{-1} = \begin{pmatrix} -2 & -1 & 2 \\ 4 & 1 & -3 \\ 1 & 1 & -1 \end{pmatrix}$.

5.6.2 逆矩阵的求法

定义 2 设 n 阶方阵 $A = \begin{pmatrix} a_{11} & a_{12} & \cdots & a_{1n} \\ a_{21} & a_{22} & \cdots & a_{2n} \\ \vdots & \vdots & & \vdots \\ a_{n1} & a_{n2} & \cdots & a_{nn} \end{pmatrix}$, 则 $\begin{vmatrix} a_{11} & a_{12} & \cdots & a_{1n} \\ a_{21} & a_{22} & \cdots & a_{2n} \\ \vdots & \vdots & & \vdots \\ a_{n1} & a_{n2} & \cdots & a_{nn} \end{vmatrix}$

叫作矩阵 A 的行列式, 记作 $|A|$.

设 A_{ij} 是 $|A|$ 中元素 a_{ij} 的代数余子式, 则矩阵 $\begin{pmatrix} A_{11} & A_{21} & \cdots & A_{n1} \\ A_{12} & A_{22} & \cdots & A_{n2} \\ \vdots & \vdots & & \vdots \\ A_{1n} & A_{2n} & \cdots & A_{nn} \end{pmatrix}$ 叫作方阵 A 的

伴随矩阵, 记作 A^*.

定理 若 n 阶方阵 A 的行列式 $|A| \neq 0$, 则 A 是可逆的, 并且 A 的逆矩阵为

$$A^{-1} = \frac{1}{|A|} A^*.$$

例 1 求矩阵 $A = \begin{pmatrix} 2 & 2 & 3 \\ 1 & -1 & 0 \\ -1 & 2 & 1 \end{pmatrix}$ 的逆矩阵.

解 因为 $|A| = \begin{vmatrix} 2 & 2 & 3 \\ 1 & -1 & 0 \\ -1 & 2 & 1 \end{vmatrix} = -1 \neq 0$, 所以 A^{-1} 存在.

由于

$$A_{11} = \begin{vmatrix} -1 & 0 \\ 2 & 1 \end{vmatrix} = -1, \quad A_{12} = -\begin{vmatrix} 1 & 0 \\ -1 & 1 \end{vmatrix} = -1, \quad A_{13} = \begin{vmatrix} 1 & -1 \\ -1 & 2 \end{vmatrix} = 1,$$

$$A_{21} = -\begin{vmatrix} 2 & 3 \\ 2 & 1 \end{vmatrix} = 4, \quad A_{22} = \begin{vmatrix} 2 & 3 \\ -1 & 1 \end{vmatrix} = 5, \quad A_{23} = -\begin{vmatrix} 2 & 2 \\ -1 & 2 \end{vmatrix} = -6,$$

$$A_{31} = \begin{vmatrix} 2 & 3 \\ -1 & 0 \end{vmatrix} = 3, \quad A_{32} = -\begin{vmatrix} 2 & 3 \\ 1 & 0 \end{vmatrix} = 3, \quad A_{33} = \begin{vmatrix} 2 & 2 \\ 1 & -1 \end{vmatrix} = -4,$$

则 $A^* = \begin{pmatrix} -1 & 4 & 3 \\ -1 & 5 & 3 \\ 1 & -6 & -4 \end{pmatrix}$，$A^{-1} = \dfrac{1}{|A|}A^* = \begin{pmatrix} 1 & -4 & -3 \\ 1 & -5 & -3 \\ -1 & 6 & 4 \end{pmatrix}$.

例 2　求矩阵 $A = \begin{pmatrix} 1 & 0 & 3 \\ 0 & 2 & 1 \\ 3 & 1 & 5 \end{pmatrix}$ 的逆矩阵.

解　因为 $|A| = \begin{vmatrix} 1 & 0 & 3 \\ 0 & 2 & 1 \\ 3 & 1 & 5 \end{vmatrix} = -9 \neq 0$，所以 A^{-1} 存在.

因为 $A_{11} = \begin{vmatrix} 2 & 1 \\ 1 & 5 \end{vmatrix} = 9$，$A_{12} = -\begin{vmatrix} 0 & 1 \\ 3 & 5 \end{vmatrix} = 3$，$A_{13} = \begin{vmatrix} 0 & 2 \\ 3 & 1 \end{vmatrix} = -6$，

$A_{21} = -\begin{vmatrix} 0 & 3 \\ 1 & 5 \end{vmatrix} = 3$，$A_{22} = \begin{vmatrix} 1 & 3 \\ 3 & 5 \end{vmatrix} = -4$，$A_{23} = -\begin{vmatrix} 1 & 0 \\ 3 & 1 \end{vmatrix} = -1$，

$A_{31} = \begin{vmatrix} 0 & 3 \\ 2 & 1 \end{vmatrix} = -6$，$A_{32} = -\begin{vmatrix} 1 & 3 \\ 0 & 1 \end{vmatrix} = -1$，$A_{33} = \begin{vmatrix} 1 & 0 \\ 0 & 2 \end{vmatrix} = 2$，

所以 $A^* = \begin{pmatrix} 9 & 3 & -6 \\ 3 & -4 & -1 \\ -6 & -1 & 2 \end{pmatrix}$.

则矩阵 A 的逆矩阵为 $A^{-1} = \dfrac{1}{|A|}A^* = -\dfrac{1}{9}\begin{pmatrix} 9 & 3 & -6 \\ 3 & -4 & -1 \\ -6 & -1 & 2 \end{pmatrix} = \begin{pmatrix} -1 & -\dfrac{1}{3} & \dfrac{2}{3} \\ -\dfrac{1}{3} & \dfrac{4}{9} & \dfrac{1}{9} \\ \dfrac{2}{3} & \dfrac{1}{9} & -\dfrac{2}{9} \end{pmatrix}$.

例 3　设 A 为对角矩阵 $A = \begin{pmatrix} a & 0 & 0 & 0 \\ 0 & b & 0 & 0 \\ 0 & 0 & c & 0 \\ 0 & 0 & 0 & d \end{pmatrix}$，判别 A 是否可逆? 若可逆，求出 A^{-1}.

解　$|A| = \begin{vmatrix} a & 0 & 0 & 0 \\ 0 & b & 0 & 0 \\ 0 & 0 & c & 0 \\ 0 & 0 & 0 & d \end{vmatrix} = abcd$. 当 $abcd = 0$ 时，矩阵 A 是不可逆的，即矩阵 A 的逆

矩阵不存在；当 $abcd \neq 0$ 时，矩阵 A 是可逆的.

因为 $A^* = \begin{pmatrix} A_{11} & A_{21} & A_{31} & A_{41} \\ A_{12} & A_{22} & A_{32} & A_{42} \\ A_{13} & A_{23} & A_{33} & A_{43} \\ A_{14} & A_{24} & A_{34} & A_{44} \end{pmatrix} = \begin{pmatrix} bcd & 0 & 0 & 0 \\ 0 & cda & 0 & 0 \\ 0 & 0 & dab & 0 \\ 0 & 0 & 0 & abc \end{pmatrix}$，

所以

$$A^{-1} = \frac{1}{abcd} A^* = \begin{pmatrix} \dfrac{1}{a} & 0 & 0 & 0 \\ 0 & \dfrac{1}{b} & 0 & 0 \\ 0 & 0 & \dfrac{1}{c} & 0 \\ 0 & 0 & 0 & \dfrac{1}{d} \end{pmatrix}.$$

设方阵 A 所对应的行列式为 $|A|$，则用初等行变换可将 A 化为单位矩阵；用初等行变换可以求方阵的逆矩阵. 方法如下：在 n 阶方阵 A 的右边引入一个 n 阶单位矩阵，得到一个 $n \times 2n$ 矩阵，记作 $(A \,|\, I)$，然后对 $(A \,|\, I)$ 进行初等变换，在将 A 变为单位矩阵的同时，右面 I 就变为 A^{-1}，即

$$(A \,|\, I) \xrightarrow{\text{初等行变换}} (I \,|\, A^{-1}).$$

如果 A 不能被化为单位矩阵，那么 A 不可逆.

例4 求 $A = \begin{pmatrix} 1 & 3 & 3 \\ 1 & 4 & 3 \\ 1 & 3 & 4 \end{pmatrix}$ 的逆矩阵.

解 因为 $(A \,|\, I) = \begin{pmatrix} 1 & 3 & 3 & 1 & 0 & 0 \\ 1 & 4 & 3 & 0 & 1 & 0 \\ 1 & 3 & 4 & 0 & 0 & 1 \end{pmatrix} \xrightarrow[r_3 - r_1]{r_2 - r_1} \begin{pmatrix} 1 & 3 & 3 & 1 & 0 & 0 \\ 0 & 1 & 0 & -1 & 1 & 0 \\ 0 & 0 & 1 & -1 & 0 & 1 \end{pmatrix}$

$\xrightarrow{r_1 - 3r_2} \begin{pmatrix} 1 & 0 & 3 & 4 & -3 & 0 \\ 0 & 1 & 0 & -1 & 1 & 0 \\ 0 & 0 & 1 & -1 & 0 & 1 \end{pmatrix} \xrightarrow{r_1 - 3r_3} \begin{pmatrix} 1 & 0 & 0 & 7 & -3 & -3 \\ 0 & 1 & 0 & -1 & 1 & 0 \\ 0 & 0 & 1 & -1 & 0 & 1 \end{pmatrix}$，

所以

$$A^{-1} = \begin{pmatrix} 7 & -3 & -3 \\ -1 & 1 & 0 \\ -1 & 0 & 1 \end{pmatrix}.$$

5.6.3 用逆矩阵解线性方程组

一般地，对于有 n 个未知数、m 个方程的线性方程组

$$\begin{cases} a_{11}x_1 + a_{12}x_2 + \cdots + a_{1n}x_n = b_1, \\ a_{21}x_1 + a_{22}x_2 + \cdots + a_{2n}x_n = b_2, \\ \qquad\qquad \vdots \\ a_{n1}x_1 + a_{n2}x_2 + \cdots + a_{nn}x_n = b_n, \end{cases}$$

设 $\quad A = \begin{pmatrix} a_{11} & a_{12} & \cdots & a_{1n} \\ a_{21} & a_{22} & \cdots & a_{2n} \\ \vdots & \vdots & & \vdots \\ a_{n1} & a_{n2} & \cdots & a_{nn} \end{pmatrix}, \ X = \begin{pmatrix} x_1 \\ x_2 \\ \vdots \\ x_n \end{pmatrix}, \ B = \begin{pmatrix} b_1 \\ b_2 \\ \vdots \\ b_n \end{pmatrix}.$

则方程组可写成 $AX = B$.

如果 A 可逆，则 $A^{-1}AX = IX = X = A^{-1}B$.

例 5　利用逆矩阵解线性方程组 $\begin{cases} x_1 + 2x_2 + x_3 = 3, \\ -2x_1 + x_2 - x_3 = -3, \\ x_1 - 4x_2 + 2x_3 = -5. \end{cases}$

解　设 $A = \begin{pmatrix} 1 & 2 & 1 \\ -2 & 1 & -1 \\ 1 & -4 & 2 \end{pmatrix}$, $X = \begin{pmatrix} x_1 \\ x_2 \\ x_3 \end{pmatrix}$, $B = \begin{pmatrix} 3 \\ -3 \\ -5 \end{pmatrix}$.

那么方程组可写成 $AX = B$.

因为 $|A| = \begin{vmatrix} 1 & 2 & 1 \\ -2 & 1 & -1 \\ 1 & -4 & 2 \end{vmatrix} = 11 \neq 0$, 所以 A^{-1} 存在.

又因为

$$A_{11} = \begin{vmatrix} 1 & -1 \\ -4 & 2 \end{vmatrix} = -2, \quad A_{21} = -\begin{vmatrix} 2 & 1 \\ -4 & 2 \end{vmatrix} = -8, \quad A_{31} = \begin{vmatrix} 2 & 1 \\ 1 & -1 \end{vmatrix} = -3,$$

$$A_{12} = -\begin{vmatrix} -2 & -1 \\ 1 & 2 \end{vmatrix} = 3, \quad A_{22} = \begin{vmatrix} 1 & 1 \\ 1 & 2 \end{vmatrix} = 1, \quad A_{32} = -\begin{vmatrix} 1 & 1 \\ -2 & -1 \end{vmatrix} = -1,$$

$$A_{13} = \begin{vmatrix} -2 & 1 \\ 1 & -4 \end{vmatrix} = 7, \quad A_{23} = -\begin{vmatrix} 1 & 2 \\ 1 & -4 \end{vmatrix} = 6, \quad A_{33} = \begin{vmatrix} 1 & 2 \\ -2 & 1 \end{vmatrix} = 5,$$

所以 $A^{-1} = \dfrac{1}{11}\begin{pmatrix} -2 & -8 & -3 \\ 3 & 1 & -1 \\ 7 & 6 & 5 \end{pmatrix} = \begin{pmatrix} -\dfrac{2}{11} & -\dfrac{8}{11} & -\dfrac{3}{11} \\ \dfrac{3}{11} & \dfrac{1}{11} & -\dfrac{1}{11} \\ \dfrac{7}{11} & \dfrac{6}{11} & \dfrac{5}{11} \end{pmatrix}$.

将 $AX = B$ 的两边都乘以 A^{-1}, 就得到 $A^{-1}AX = IX = X = A^{-1}B$, 于是就有 $X = A^{-1}B$, 即

$$X = \begin{pmatrix} x_1 \\ x_2 \\ x_3 \end{pmatrix} = \begin{pmatrix} -\dfrac{2}{11} & -\dfrac{8}{11} & -\dfrac{3}{11} \\ \dfrac{3}{11} & \dfrac{1}{11} & -\dfrac{1}{11} \\ \dfrac{7}{11} & \dfrac{6}{11} & \dfrac{5}{11} \end{pmatrix} \begin{pmatrix} 3 \\ -3 \\ -5 \end{pmatrix} = \begin{pmatrix} 3 \\ 1 \\ -2 \end{pmatrix}.$$

所以方程组的解为 $x_1 = 3$, $x_2 = 1$, $x_3 = -2$.

由例 5 可以看出，用逆矩阵解线性方程组的方法要比用克莱姆法则解线性方程组简单.

习题 5.6

1. 求 $A = \begin{pmatrix} 1 & 2 & 3 \\ 2 & 2 & 1 \\ 3 & 4 & 3 \end{pmatrix}$ 的代数余子式及逆矩阵.

2. 利用初等行变换求逆矩阵.

$$(1)\ A = \begin{pmatrix} 2 & 2 & 3 \\ 1 & -1 & 0 \\ -1 & 2 & 1 \end{pmatrix};\quad (2)\ A = \begin{pmatrix} 1 & -1 & 1 \\ 3 & 0 & 3 \\ -1 & 2 & 0 \end{pmatrix}.$$

3. 解线性方程组 $\begin{cases} x + 3y + z = 5, \\ x + y + 5z = -7, \\ 2x + 3y - 3z = 14. \end{cases}$

习题 5.6 答案

本章小结

一、二阶和三阶行列式的概念

二阶行列式的定义：$D = \begin{vmatrix} a_{11} & a_{12} \\ a_{21} & a_{22} \end{vmatrix} = a_{11}a_{22} - a_{12}a_{21}.$

三阶行列式的定义：

$$D = \begin{vmatrix} a_{11} & a_{12} & a_{13} \\ a_{21} & a_{22} & a_{23} \\ a_{31} & a_{32} & a_{33} \end{vmatrix} = a_{11}a_{22}a_{33} + a_{21}a_{32}a_{13} + a_{31}a_{12}a_{23} - a_{11}a_{23}a_{32} - a_{12}a_{21}a_{33} - a_{13}a_{22}a_{31}.$$

二、行列式的基本性质

（1）行列式与它的转置行列式相等.

（2）互换行列式中两行（两列）的位置，行列式变号.

（3）对行列式某一行（列）的元素同乘常数 k，等于常数 k 乘此行列式.

（4）如果行列式的某一行（列）有公因子，则可以把公因子提到行列式外面.

（5）如果行列式某一行（列）的所有元素都是零，则行列式的值为零.

（6）如果行列式有两行（两列）对应元素相同，则行列式的值为零.

（7）行列式中如果两行（列）对应元素成比例，那么行列式的值为零.

（8）如果行列式中某一行（列）的各元素均为两数之和，则行列式可表示为两个行列式之和.

（9）把行列式的某一行（列）的各元素乘以同一个数后加到另一行（列）对应的元素上去，行列式的值不变.

（10）行列式等于其任意一行（或列）对应的代数余子式的乘积的和.

三、行列式的运算

行列式是一个数，常用的计算方法如下：

（1）对角线法，利用对角线法则计算二、三阶行列式；

（2）三角形法，即利用性质把行列式转化为三角行列式，然后将对角线元素相乘；

（3）降阶法，即利用性质把行列式的某一行（列）中，除去一个元素外，把其余元素都化为零，然后利用代数余子式按这一行（列）展开；

（4）综合法，即同时应用降阶法和对角线法则.

计算行列式的方法主要是降阶法. 它是依靠按行、列展开公式来实现的，但在展开之前，一般先用性质进行恒等变换，然后再展开.

四、矩阵的定义、分类及运算

1. 定义

由 $m \times n$ 个数排成的 m 行 n 列的数表 $\begin{pmatrix} a_{11} & a_{12} & \cdots & a_{1n} \\ a_{21} & a_{22} & \cdots & a_{2n} \\ \vdots & \vdots & & \vdots \\ a_{m1} & a_{m2} & \cdots & a_{mn} \end{pmatrix}$ 称为 m 行 n 列矩阵，简称

$m \times n$ 阶矩阵.

2. 矩阵的分类

矩阵分为方阵、列矩阵、行矩阵、零矩阵、对角矩阵、单位矩阵、上三角矩阵、下三角矩阵及转置矩阵等.

3. 矩阵的运算

（1）矩阵相等：$a_{ij} = b_{ij}(i = 1, 2, \cdots, m; j = 1, 2, \cdots, n)$；

（2）矩阵的加与减运算：$\boldsymbol{A} = (a_{ij})_{m \times n}$，$\boldsymbol{B} = (b_{ij})_{m \times n}$，则 $\boldsymbol{A} \pm \boldsymbol{B} = (a_{ij} \pm b_{ij})_{m \times n}$；

（3）数与矩阵相乘：设 $k \in \mathbf{R}$，$\boldsymbol{A} = (a_{ij})_{m \times n}$，则 $k\boldsymbol{A} = \boldsymbol{A}k = (\mathrm{k}a_{ij})_{m \times n}$；

（4）矩阵的乘法 $\boldsymbol{A} = (a_{ij})_{m \times s}$，$\boldsymbol{B} = (b_{ij})_{s \times n}$，则 $\boldsymbol{A} \times \boldsymbol{B} = \boldsymbol{C}_{m \times n}$，其中 $c_{ij} = a_{i1}b_{1j} + a_{i2}b_{2j} + \cdots + a_{is}b_{sj}$.

矩阵是由 $m \times n$ 个数组成的 m 行 n 列的一张数表.

五、矩阵的初等变换

在求解线性方程组时常用到矩阵的初等行变换，其主要方法是对调两行；以数 $k(k \neq 0)$ 乘某一行中的所有元素，把某一行所有元素的 k 倍加到另一行对应的元素上去.

六、矩阵的秩及其求法

（1）矩阵的秩：$R(A) = r$.

（2）矩阵的秩的求法：用初等行变换将矩阵化为行阶梯形矩阵，则秩等于行阶梯形矩阵中非零行的行数.

七、逆矩阵的求法

（1）伴随矩阵的求法：$\boldsymbol{A}^{-1} = \dfrac{1}{|\boldsymbol{A}|}\boldsymbol{A}^*$，$(|\boldsymbol{A}| \neq 0)$.

（2）初等行变换的求法：在 n 阶方阵 $\boldsymbol{A}$ 的右边引入一个 n 阶单位矩阵，得到一个 $n \times 2n$ 矩阵，记作 $(\boldsymbol{A}|\boldsymbol{I})$，然后对 $(\boldsymbol{A}|\boldsymbol{I})$ 进行初等变换，在把 $\boldsymbol{A}$ 变为单位矩阵的同时，右面 $\boldsymbol{I}$ 就变为 $\boldsymbol{A}^{-1}$，即 $(\boldsymbol{A}|\boldsymbol{I}) \xrightarrow{\text{初等行变换}} (\boldsymbol{I}|\boldsymbol{A}^{-1})$.

八、线性方程组的求解

含有 n 个未知数、n 个方程的线性方程组，当其系数行列式不为零时，主要有以下三种解法：

（1）克莱姆法则，$x_i = \dfrac{D_i}{D}$（$i = 1$，2，$\cdots$，n），$D \neq 0$.

（2）逆矩阵法，先将方程组表示为矩阵形式 $\boldsymbol{AX} = \boldsymbol{B}$，求出 $\boldsymbol{A}$ 的逆矩阵 $\boldsymbol{A}^{-1}$，即可得到方程组的解为 $\boldsymbol{X} = \boldsymbol{A}^{-1}\boldsymbol{B}$.

（3）利用矩阵的初等行变换.

测试题五

测试题五答案

一、判断题

1. $\begin{vmatrix} 1 & 3 \\ 2 & 4 \end{vmatrix} + \begin{vmatrix} 1 & 2 \\ 2 & 3 \end{vmatrix} = \begin{vmatrix} 1 & 5 \\ 2 & 7 \end{vmatrix}$. （　　）

2. $\begin{pmatrix} 1 & 3 \\ 2 & 4 \end{pmatrix} + \begin{pmatrix} 1 & 2 \\ 2 & 3 \end{pmatrix} = \begin{pmatrix} 1 & 5 \\ 2 & 7 \end{pmatrix}$. （　　）

3. $\begin{pmatrix} a & b \\ c & d \end{pmatrix}$ 的伴随矩阵为 $\begin{pmatrix} d & -b \\ -c & a \end{pmatrix}$. （　　）

4. $\boldsymbol{A} = \begin{pmatrix} 1 & 0 \\ 0 & 0 \end{pmatrix}$，$\boldsymbol{B} = \begin{pmatrix} 0 & 1 \\ 0 & 0 \end{pmatrix}$，则 $\boldsymbol{AB} = \begin{pmatrix} 0 & 1 \\ 0 & 0 \end{pmatrix}$. （　　）

5. $(1 \quad -2 \quad 2)\begin{pmatrix} 1 \\ 2 \\ 3 \end{pmatrix} = \begin{pmatrix} 1 & -1 & 2 \\ 2 & -2 & 4 \\ 3 & -3 & 6 \end{pmatrix}$. （　　）

二、填空题

1. 方程组 $\begin{cases} x\cos\alpha - y\sin\alpha = \cos\beta \\ x\sin\alpha + y\cos\alpha = \sin\beta \end{cases}$ 的解是_____.

2. 设行列式 $D = \begin{vmatrix} 1 & 2 & 3 \\ 6 & 5 & 6 \\ -8 & -6 & 5 \end{vmatrix}$，则元素 $a_{21} = 6$ 的余子式是_____，代数余子式是_____；元素 $a_{31} = -8$ 的余子式是_____，代数余子式是_____.

3. 设 $\boldsymbol{A} = \begin{pmatrix} 1 & 0 & 3 \\ 1 & 2 & 0 \end{pmatrix}$，$\boldsymbol{B} = \begin{pmatrix} 1 & 1 \\ -1 & 1 \\ 2 & 0 \end{pmatrix}$，则 $\boldsymbol{AB} =$ _____.

4. 矩阵方程 $\begin{pmatrix} 2 & 1 \\ 1 & 2 \end{pmatrix}\boldsymbol{X} = \begin{pmatrix} 1 & 2 \\ -1 & 4 \end{pmatrix}$ 的解是_____.

5. 当矩阵 A 的_____与矩阵 B 的_____相同时，A 与 B 的和 $A + B$ 才有意义.

6. 当矩阵 A 的_____与矩阵 B 的_____相同时，乘积 $C = AB$ 才有意义. 这时 C 的行数等于_____，C 的列数等于_____.

7. $3 \times \begin{pmatrix} 2 & 1 \\ 4 & 3 \end{pmatrix}$_____；$\begin{pmatrix} 3 & 2 \\ 0 & 4 \end{pmatrix} - \begin{pmatrix} 2 & -2 \\ 0 & 5 \end{pmatrix} = $_____.

8. 设矩阵 $A = \begin{pmatrix} 1 & -4 & 1 \\ -2 & 0 & 3 \end{pmatrix}$，$B = \begin{pmatrix} -1 & 3 \\ 2 & 0 \\ 0 & -1 \end{pmatrix}$，则 $A + B^{\mathrm{T}} = $_____.

三、选择题

1. 在计算行列式时，下列变换中不改变行列式的值的变换是（　　）.

A. 第 i 行与第 j 行互换

B. 第 j 行的 k 倍与第 j 行相加，写入第 i 行

C. 第 i 行加上第 j 行的 k 倍写入第 i 行

D. 第 i 行的每一个元素同乘以一个数

2. 若 $D = \begin{vmatrix} a_{11} & a_{12} & a_{13} \\ a_{21} & a_{22} & a_{23} \\ a_{31} & a_{32} & a_{33} \end{vmatrix} = 1$，则 $D_1 = \begin{vmatrix} 3a_{11} & 3a_{11} - 4a_{12} & a_{13} \\ 3a_{21} & 3a_{21} - 4a_{22} & a_{23} \\ 3a_{31} & 3a_{31} - 4a_{32} & a_{33} \end{vmatrix} = $（　　）.

A. 9　　　　　　　B. -3　　　　　　　C. -12　　　　　　　D. -36

3. $\begin{vmatrix} 0 & 0 & 0 & -1 \\ 0 & 0 & 2 & 0 \\ 0 & 3 & 0 & 0 \\ 2 & 0 & 0 & 0 \end{vmatrix} = $（　　）.

A. 12　　　　　　　B. 8　　　　　　　C. -4　　　　　　　D. 4

4. 下列命题中正确的是（　　）.

A. 行列式 D 等于它的任意一行（或列）中所有元素与它们各自的余子式乘积之和

B. 行列式 D 中任意一行（或列）的元素与另一行（或列）对应元素的代数余子式乘积之和等于零

C. 用克莱姆法则解线性方程组时，方程组的个数应大于或等于未知量的个数

D. 当线性方程组的系数行列式不等于零时，方程组只有唯一零解

5. 若有矩阵 $A_{3 \times 2}$，$B_{2 \times 3}$，$C_{3 \times 3}$，下列可行的运算是（　　）.

A. AC　　　B. ABC　　　C. CB　　　　　D. $AB - AC$

6. 若有矩阵 $A_{m \times n}$，$B_{n \times m}$（$m \neq n$），则下列运算结果为 n 阶方阵的是（　　）.

A. $(AB)^{\mathrm{T}}$　　　B. AB　　　C. $(BA)^{\mathrm{T}}$　　　　D. $B^{\mathrm{T}}A^{\mathrm{T}}$

7. 四阶行列式 a_{32} 的余子式为（　　）.

A. $\begin{vmatrix} a_{11} & a_{13} & a_{14} \\ a_{21} & a_{23} & a_{24} \\ a_{41} & a_{43} & a_{44} \end{vmatrix}$　　　　　B. $\begin{vmatrix} a_{11} & a_{12} & a_{14} \\ a_{21} & a_{22} & a_{24} \\ a_{41} & a_{42} & a_{44} \end{vmatrix}$

C. $\begin{vmatrix} a_{11} & a_{13} & a_{14} \\ a_{31} & a_{32} & a_{34} \\ a_{41} & a_{42} & a_{44} \end{vmatrix}$ 　　　　　 D. $\begin{vmatrix} a_{11} & a_{13} & a_{14} \\ a_{21} & a_{23} & a_{24} \\ a_{41} & a_{43} & a_{44} \end{vmatrix}$

8. $A = \begin{pmatrix} 1 & 2 & -1 \\ 0 & 5 & -3 \\ -1 & 2 & 4 \end{pmatrix}$ 的伴随矩阵 A^* 应为 （　　）.

A. $\begin{pmatrix} 1 & 0 & -1 \\ 2 & 5 & 2 \\ -1 & -3 & 4 \end{pmatrix}$ 　　　　 B. $\begin{pmatrix} 2 & 0 & -1 \\ -2 & -3 & 0 \\ 0 & -2 & -1 \end{pmatrix}$

C. $\begin{pmatrix} 26 & -10 & -1 \\ 3 & 3 & 3 \\ 5 & -4 & 5 \end{pmatrix}$ 　　　　 D. $\begin{pmatrix} 26 & -10 & -1 \\ 1 & 1 & 1 \\ 5 & -4 & 5 \end{pmatrix}$

9. $\begin{pmatrix} 2 & 3 & 4 \\ 5 & -2 & 1 \\ 1 & 2 & 3 \end{pmatrix}$ 的逆矩阵是 （　　）.

A. $\begin{pmatrix} 8 & 1 & -11 \\ 14 & -2 & -18 \\ -12 & 1 & 19 \end{pmatrix}$ 　　　　 B. $\dfrac{1}{10}\begin{pmatrix} 8 & 1 & -11 \\ 14 & -2 & -18 \\ -12 & 1 & 19 \end{pmatrix}$

C. $\begin{pmatrix} \dfrac{4}{5} & \dfrac{1}{10} & \dfrac{11}{10} \\ \dfrac{7}{5} & \dfrac{1}{5} & \dfrac{9}{5} \\ \dfrac{6}{5} & \dfrac{1}{10} & \dfrac{19}{10} \end{pmatrix}$ 　　　　 D. $\begin{pmatrix} \dfrac{8}{10} & \dfrac{1}{10} & \dfrac{11}{10} \\ \dfrac{7}{5} & \dfrac{1}{5} & \dfrac{9}{5} \\ \dfrac{6}{5} & \dfrac{1}{5} & \dfrac{19}{5} \end{pmatrix}$

10. 已知 $\begin{pmatrix} 1 & -1 & -1 \\ 2 & -1 & -3 \\ -3 & -2 & 5 \end{pmatrix}\begin{pmatrix} x_1 \\ x_2 \\ x_3 \end{pmatrix} = \begin{pmatrix} 2 \\ 1 \\ 0 \end{pmatrix}$，矩阵 $\begin{pmatrix} x_1 \\ x_2 \\ x_3 \end{pmatrix}$ 的解是 （　　）.

A. $\begin{pmatrix} 5 \\ 0 \\ 3 \end{pmatrix}$ 　　 B. $\begin{pmatrix} 5 \\ 3 \\ 0 \end{pmatrix}$ 　　 C. $\begin{pmatrix} 0 \\ 3 \\ 5 \end{pmatrix}$ 　　 D. $\begin{pmatrix} 0 \\ 5 \\ 3 \end{pmatrix}$

四、计算题

1. 计算下列行列式.

(1) $\begin{vmatrix} x & y & x+y \\ y & x+y & x \\ x+y & x & y \end{vmatrix}$;　　　　 (2) $\begin{vmatrix} 1+a & 1 & 1 & 1 \\ 1 & 1-a & 1 & 1 \\ 1 & 1 & 1+b & 1 \\ 1 & 1 & 1 & 1-b \end{vmatrix}$;

$$(3)\begin{vmatrix} 1 & 1 & 1 & 1 \\ 1 & 2 & 3 & 4 \\ 1 & 3 & 6 & 10 \\ 1 & 4 & 10 & 20 \end{vmatrix}.$$

2. 求下列矩阵的逆矩阵.

$$(1)\begin{pmatrix} 1 & 2 & 3 \\ 6 & 4 & 2 \\ 1 & 2 & 5 \end{pmatrix}; \qquad (2)\begin{pmatrix} 2 & 1 & 0 & 0 \\ 0 & 2 & 1 & 0 \\ 0 & 0 & 2 & 1 \\ 0 & 0 & 0 & 2 \end{pmatrix}.$$

3. 用逆矩阵求解线性方程组 $\begin{cases} 2x + 2y + z = 5, \\ 3x + y + 5z = 0, \\ 3x + 2y + 3z = 0. \end{cases}$

第三篇

实 践 篇

第6章　MATLAB 数学实验

趣味阅读——MATLAB 的发展史

　　在 20 世纪 70 年代中期，Cleve Moler 博士和其同事在美国国家科学基金的资助下开发了调用 EISPACK 和 LINPACK 的 FORTRAN 子程序库．EISPACK 是特征值求解的 FORTRAN 程序库，LINPACK 是解线性方程的程序库．在当时，这两个程序库代表矩阵运算的最高水平．

　　到 20 世纪 70 年代后期，身为美国 New Mexico 大学计算机系系主任的 Cleve Moler，在给学生讲授线性代数课程时，想教学生使用 EISPACK 和 LINPACK 程序库，但他发现学生用 FORTRAN 编写接口程序很费时间，于是他开始自己动手，利用业余时间为学生编写 EISPACK 和 LINPACK 的接口程序．Cleve Moler 给这个接口程序取名为 MATLAB，该名为矩阵（matrix）和实验室（laboratory）两个英文单词的前三个字母的组合．在以后的数年里，在多所大学里 MATLAB 作为教学辅助软件使用，并作为面向大众的免费软件广为流传．

　　1983 年春天，Cleve Moler 到 Standford 大学讲学，MATLAB 深深地吸引了工程师 John Little．John Little 敏锐地觉察到 MATLAB 在工程领域的广阔应用前景．同年，他和 Cleve Moler、Steve Bangert 一起，用 C 语言开发了第二代专业版 MATLAB．这一代的 MATLAB 语言同时具备了数值计算和数据图示化的功能．

　　1984 年，Cleve Moler 和 John Little 成立了 MathWorks 公司，正式把 MATLAB 推向市场，并继续进行 MATLAB 的研究和开发．

　　在当今 30 多个数学类科技应用软件中，就软件数学处理的原始内核而言，可分为两大类：一类是数值计算型软件，如 MATLAB、Xmath、Gauss 等，这类软件长于数值计算，对处理大批数据效率高；另一类是数学分析型软件，如 Mathematica、Maple 等，这类软件以符号计算见长，能给出解析解和任意精确解，其缺点是处理大量数据时效率较低．MathWorks 公司顺应多功能需求之潮流，在其卓越数值计算和图示能力的基础上，又率先在专业水平上开拓了其符号计算、文字处理、可视化建模和实时控制能力，开发了满足多学科、多部门要求的新一代科技应用软件 MATLAB．经过多年的国际竞争，MATLAB 已经占据了数值软件市场的主导地位．

　　在 MATLAB 进入市场前，国际上的许多软件包都是直接用 FORTRAN、C 等编程语言开发的. 这种软件的缺点是使用面窄, 接口简陋, 程序结构不开放以及没有标准的基库, 很难适应各学科的最新发展, 因而很难推广. MATLAB 的出现, 为各国科学家开发学科软件提供了新的基础. 在 MATLAB 问世不久的 20 世纪 80 年代中期, 之前控制领域里的一些软件包纷纷被淘汰或在 MATLAB 上重建.

MathWorks 公司 1993 年推出了 MATLAB 4.0 版, 1995 年推出 4.2C 版 (for Win3.X), 1997 年推出 5.0 版, 1999 年推出 5.3 版. MATLAB 5.X 较 MATLAB 4.X 无论是界面还是内容都有长足的进步, 其帮助信息采用超文本格式和 PDF 格式, 在 Netscape 3.0、IE 4.0 及以上版本、Acrobat Reader 中可以方便地浏览.

时至今日, 经过 MathWorks 公司的不断完善, MATLAB 已经发展成为适合多学科、多种工作平台的功能强大的大型软件. 在国外, MATLAB 已经经受了多年考验. 在欧美等高校, MATLAB 已经成为线性代数、自动控制理论、数理统计、数字信号处理、时间序列分析、动态系统仿真等高级课程的基本教学工具; 成为攻读学位的大学生、硕士生、博士生必须掌握的基本技能. 在设计研究单位和工业部门, MATLAB 被广泛用于科学研究和解决各种具体问题. 在国内, 特别是工程界, MATLAB 也很盛行. 可以说, 无论你从事工程方面的哪个学科, 都能在 MATLAB 里找到合适的功能.

【导学】

计算机已经进入社会各个领域, 用以解决大量的科学计算问题, 这使得计算机数学及其产品——数学软件得到了不断的发展、提高和完善, 其中, MATLAB 发展迅速, 是应用较为广泛的数学软件之一. 本章将简要介绍 MATLAB 的基本操作、图形可视化, 以及一元函数微积分、线性代数问题的 MATLAB 求解.

§6.1　MATLAB 及其特点

6.1.1　MATLAB 简介

MATLAB 是 matrix 和 laboratory 两个词的组合, 意为矩阵工厂 (矩阵实验室). 是由美国 MathWorks 公司发布的主要面对科学计算、可视化以及交互式程序设计的高级计算环境. 它将数值分析、矩阵计算、科学数据可视化以及非线性动态系统的建模和仿真等诸多强大功能集成在一个易于使用的视窗环境中, 为科学研究、工程设计以及必须进行有效数值计算的众多科学领域提供了一种全面的解决方案, 并在很大程度上摆脱了传统非交互式程序设计语言 (如 C、FORTRAN) 的编辑模式, 代表了当今国际科学计算软件的先进水平.

MATLAB 和 Mathematica、Maple 并称为三大数学软件, 它在数学类科技应用软件中的数值计算方面首屈一指. MATLAB 可以进行矩阵运算、绘制函数和数据、实现算法、创建用户界面、连接其他编程语言的程序等, 主要应用于工程计算、控制设计、信号处理与通信、图像处理、信号检测、金融建模设计与分析等领域.

MATLAB 的基本数据单位是矩阵, 它的指令表达式与数学、工程中常用的形式十分相似，故用 MATLAB 来解算问题要比用 C、FORTRAN 等语言完成相同的事情简捷得多，并且 MATLAB 也吸收了像 Maple 等软件的优点，使 MATLAB 成为一个强大的数学软件．在新的版本中也加入了对 C、FORTRAN、C++、Java 的支持．

MATLAB 具有用法简单、可灵活运用、程式结构强又兼具延展性等特点。以下为其几个特色．

（1）强大的数值运算功能．在 MATLAB 环境中，有超过 500 种数学、统计、科学及工程方面的函数可使用，函数的标示自然，使得问题和解答像数学式子一般简单明了，让使用者可在解题方面全力发挥，而非浪费在电脑操作上．

（2）先进的资料视觉化功能．MATLAB 的物件导向图形架构让使用者可执行视觉数据，并制作高品质的图形，完成科学性或工程性的图文并茂的文章．

（3）高阶但简单的程式环境．作为一种直译式程式语言，MATLAB 容许使用者在短时间内写完程式，所花的时间约为用 FORTRAN 或 C 语言的几分之一，而且不需要编译（compile）及连接（link）即能执行，同时包含了更多及更容易使用的内建功能．

（4）开放及可延伸的架构．MATLAB 容许使用者接触它的大多数原始码，检视运算法，更改现存函数，甚至加入自己的函数使 MATLAB 成为使用者需要的环境．

（5）丰富的程式工具箱．MATLAB 的程式工具箱融合了套装前软件的优点，有一个灵活开放但容易操作的环境，提供了使用者在特别应用领域所需的许多函数．现有工具箱包括以下功能出数：符号运算、影像处理、统计分析、信号处理、神经网络、模拟分析、控制系统、即时控制、系统确认、强建控制、弧线分析、最佳化、模糊逻辑、U 分析及合成、化学计量分析．

6.1.2　MATLAB 的语言特点

一种语言之所以能如此迅速地普及，显示出如此旺盛的生命力，是因为它有着不同于其他语言的特点，正如 FORTRAN 和 C 等高级语言使人们摆脱了需要直接对计算机硬件资源进行操作一样，被称作第四代计算机语言的 MATLAB，利用其丰富的函数资源，使编程人员从烦琐的程序代码中解放出来．MATLAB 最突出的特点就是简洁，MATLAB 用更直观的、符合人们思维习惯的代码，代替了 C 和 FORTRAN 语言的冗长代码．MATLAB 给用户带来的是最直观、最简洁的程序开发环境．以下简单介绍 MATLAB 的主要特点．

MATLAB 的主界面如图 6-1 所示．

MATLAB 具有以下特点．

（1）语言简洁紧凑，使用方便灵活，库函数极其丰富．MATLAB 程序书写形式自由，利用其丰富的库函数避开繁杂的子程序编程任务，压缩了一切不必要的编程工作。由于库函数都由本领域的专家编写，用户不必担心函数的可靠性．可以说，用 MATLAB 进行科技开发是站在专家的肩膀上开展工作．

具有 FORTRAN 和 C 等高级语言知识的读者可能已经注意到，如果用 FORTRAN 或 C 语言去编写程序，尤其当涉及矩阵运算和画图时，会很麻烦．例如，如果用户想求解一个线性代数方程，就得编写一个程序块读入数据，然后再使用一种求解线性方程的算法（例如追赶法）编写一个程序块来求解方程，最后再输出计算结果，其中最麻烦的是求解方程．解线性方程的麻烦在于要对矩阵的元素作循环，选择稳定的算法以及代码的调试都

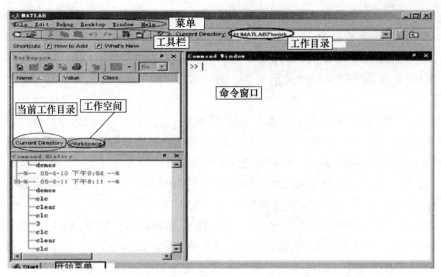

图 6-1

不容易．即使有部分源代码，用户也会感到麻烦，且保证运算的稳定性是一个难题．解线性方程的程序用 FORTRAN 和 C 这样的高级语言编写，至少需要四百多行，调试这种几百行的计算程序可以说很困难．以下介绍用 MATLAB 编写程序的具体过程．

用 MATLAB 求解下列方程，并求解矩阵 A 的特征值．

$Ax = b$，其中：

$$A = \begin{pmatrix} 32 & 13 & 45 & 67 \\ 23 & 79 & 85 & 12 \\ 43 & 23 & 54 & 65 \\ 98 & 34 & 71 & 35 \end{pmatrix},$$

$$b = \begin{pmatrix} 1 \\ 2 \\ 3 \\ 4 \end{pmatrix}.$$

解为：x = A \ b；设 A 的特征值组成的向量 e，e = eig（A）.

用键盘在 MATLAB 指令窗口中依次输入以下内容即可：

```
>> A = [32,13,45,67;23,79,85,12;43,23,54,65;98,34,71,35]
>> b = [1
2
3
4]
>> x = A \ b
>> e = eig (A)
```

可见，MATLAB 的程序极其简短．更为难能可贵的是，MATLAB 甚至具有一定的智能水平，如上面的解方程，MATLAB 会根据矩阵的特性选择方程的求解方法，所以用户根本不用怀疑 MATLAB 的准确性．

（2）运算符丰富．由于 MATLAB 是用 C 语言编写的，因此 MATLAB 提供了和 C 语言几乎一样多的运算符，灵活使用 MATLAB 的运算符将使程序变得极为简短．

（3）MATLAB 既具有结构化的控制语句（如 for 循环，while 循环，break 语句和 if 语句），又有面向对象编程的特性．

（4）程序限制不严格，程序设计自由度大．例如，在 MATLAB 里，用户无须对矩阵预定义就可使用．

（5）程序的可移植性很好，基本上不需要对程序进行修改就可以在各种型号的计算机和操作系统上运行。

（6）MATLAB 的图形功能强大．在 FORTRAN 和 C 语言里，绘图都很不容易，但在 MATLAB 里，数据的可视化非常简单．MATLAB 还具有较强的编辑图形界面的能力．

（7）和其他高级程序相比 MATLAB 的缺点是，程序的执行速度较慢．由于 MATLAB 的程序不用编译等预处理，也不生成可执行文件，程序为解释执行，所以运行速度较慢．

（8）功能强大的工具箱是 MATLAB 的另一特色．MATLAB 包含两个部分：核心部分和各种可选的工具箱．核心部分中有数百个核心内部函数．其工具箱又分为两类：功能性工具箱和学科性工具箱．功能性工具箱主要用来扩充其符号计算功能、图示建模仿真功能、文字处理功能以及与硬件实时交互功能，功能性工具箱用于多种学科．而学科性工具箱是专业性比较强的，如 control toolbox、signal processing toolbox、communication toolbox 等，这些工具箱都是由该领域内高学术水平专家编写的，所以用户无须编写自己学科范围内的基础程序，便可直接进行高、精、尖的研究．

（9）源程序的开放性．开放性也许是 MATLAB 最受人们欢迎的特点．除内部函数外，所有 MATLAB 的核心文件和工具箱文件都是可读可改的源文件，用户可通过对源文件的修改以及加入自己的文件构成新的工具箱．

6.1.3　MATLAB 的基本知识

1. 基本运算与函数

在 MATLAB 下进行基本数学运算，只需将运算式直接打入提示号（>>）之后，并按 Enter 键即可。例如：

```
>>(5 * 2+1. 3-0. 8) * 10/25
ans =4. 2000
```

MATLAB 会将运算结果直接存入默认变量 ans，代表 MATLAB 运算后的答案（Answer）并在屏幕上显示其数值．

小提示:" >>" 是 MATLAB 的提示符号（Prompt），但在 PC 中文视窗操作系统下，由于编码方式不同，此提示符号常会消失（看不见），但这并不会影响 MATLAB 的运算结果．

我们也可将上述运算式的结果设定给另一个变量 x：

```
>>x =(5 * 2+1. 3-0. 8) * 10^2/25
x = 42
```

此时 MATLAB 会直接显示 x 的值. 由上例可知, MATLAB 认识所有常用的数学运算符号, 如加 (+)、减 (-)、乘 (*)、除 (/), 以及幂次运算 (^).

小提示: MATLAB 将所有变量均存成 double 的形式, 所以不需进行变量声明 (Variable declaration). MATLAB 同时也会自动进行记忆体的使用和回收, 而不必像 C 语言, 必须由使用者一一指定. 这些功能使得 MATLAB 易学易用, 使用者可专心致力于撰写程式, 而不必被软件枝节问题所干扰.

若不想让 MATLAB 每次都显示运算结果, 只需在运算式最后加上分号 (;) 即可, 如:

y = sin(10) * exp(-0.3 * 4^2);

若要显示变量 y 的值, 直接输入 y 即可, 如:

>>y

y = -0.0045

在上例中, sin 是正弦函数, exp 是指数函数, 这些都是 MATLAB 常用的数学函数.

表 6-1 和表 6-2 分别列出了 MATLAB 常用的基本数学函数和三角函数.

表 6-1 MATLAB 常用的数学函数

函数符号	功　能	函数符号	功　能
abs(x)	纯量的绝对值或向量的长度	fix(x)	无论正负, 舍去小数至最近整数
angle(z)	复数 z 的相角 (Phase angle)	floor(x)	地板函数, 即舍去正小数至最近整数
sqrt(x)	开平方	ceil(x)	天花板函数, 即加入正小数至最近整数
real(z)	复数 z 的实部	rat(x)	将实数 x 化为分数表示
imag(z)	复数 z 的虚部	rats(x)	将实数 x 化为多项分数展开
conj(z)	复数 z 的共轭复数	sign(x)	符号函数 (Signum function)
round(x)	四舍五入至最近整数		

表 6-2 MATLAB 常用的三角函数

函数符号	功能说明	函数符号	功能说明
sin(x)	正弦函数	sinh(x)	超越正弦函数
cos(x)	余弦函数	cosh(x)	超越余弦函数
tan(x)	正切函数	tanh(x)	超越正切函数
asin(x)	反正弦函数	asinh(x)	反超越正弦函数
acos(x)	反余弦函数	acosh(x)	反超越余弦函数
atan(x)	反正切函数	atanh(x)	反超越正切函数
atan2(x,y)	四象限的反正切函数		

2. MATLAB 的查询命令

若对 MATLAB 函数的用法有疑问，可以随时使用查询命令. help 命令用来查询已知命令的用法. 例如，已知 inv 是用来计算反矩阵的命令，输入 help inv 即可得知有关 inv 命令的用法. （输入 help help 则显示 help 的用法，请试看看!）lookfor 用来寻找未知的命令. 例如要寻找计算反矩阵的命令，可输入 lookfor inverse，MATLAB 即会列出所有和关键字 inverse 相关的指令. 找到所需的命令后，即可用 help 进一步找出其用法. MATLAB 的常用命令见表 6-3.

表 6-3　MATLAB 的常用命令

命令名	含　义	命令名	含　义
help	在线帮助	helpwin	在线帮助窗口
helpdesk	在线帮助工作台	demo	运行演示程序
ver	版本信息	readme	显示 Readme 文件
who	显示当前变量	whos	显示当前变量的详细信息
clear	清空工作间的变量和函数	pack	整理工作间的内存
load	把文件调入变量到工作间	save	把变量存入文件中
quit/exit	退出 MATLAB	what	显示指定的 MATLAB 文件
lookfor	在 help 里搜索关键字	which	定位函数或文件
path	获取或设置搜索路径	echo	命令回显
cd	改变当前的工作目录	pwd	显示当前工作目录
dir	显示目录内容	unix	执行 unix 命令
dos	执行 dos 命令	!	执行操作系统命令
computer	显示计算机类型		

3. MATLAB 的向量常用函数

不论是行向量还是列向量，我们均可用相同的函数找出其元素个数、最大值、最小值等. 如：

```
>>length(z)    % z 的元素个数
ans = 6
>>max(z)    % z 的最大值
ans = 10
>>min(z)    % z 的最小值
ans =    4
```

向量的常用函数见表 6-4.

表 6-4 向量的常用函数

函数名	功 能	函数名	功 能
min(x)	向量 x 的元素的最小值	norm(x)	向量 x 的欧氏(Euclidean)长度
max(x)	向量 x 的元素的最大值	sum(x)	向量 x 的元素总和
mean(x)	向量 x 的元素的平均值	prod(x)	向量 x 的元素总乘积
median(x)	向量 x 的元素的中位数	cumsum(x)	向量 x 的累计元素总和
std(x)	向量 x 的元素的标准差	cumprod(x)	向量 x 的累计元素总乘积
diff(x)	向量 x 的相邻元素的差	dot(x, y)	向量 x 和 y 的内积
sort(x)	对向量 x 的元素进行排序(Sorting)	cross(x, y)	向量 x 和 y 的外积
length(x)	向量 x 的元素个数		

例1 求 $[12+2\times(7-4)]\div 3^2$ 的算术运算结果.

解 (1)用键盘在 MATLAB 指令窗口中输入以下内容:

```
>>(12+2*(7-4))/3^2
```

(2)在上述表达式输入完成后,按 Enter 键,该指令被执行.

(3)指令被执行后,在 MATLAB 指令窗口中显示以下结果:

```
ans =
    2
```

MATLAB 会忽略所有在百分比符号(%)之后的文字,因此百分比之后的文字均可视为程式的注释(Comments).

例2 计算圆面积 area $=\pi r^2$,半径 r=2.

解:用键盘在 MATLAB 指令窗口中输入以下内容:

```
>>r = 2;  %圆的半径 r=2.
>>area=pi*r^2;   %计算圆的面积 area
>>area
area =
    12.5664
```

例3 计算 $y\_1=[2\sin(0.3\pi)]/(1+\sqrt{5})$ 的值.

解 (1) 用键盘在 MATLAB 指令窗口中输入以下内容:

```
y1=2*sin(0.3*pi)/(1+sqrt(5))
```

(2) 按 Enter 键执行该指令得如下结果:

```
y1 =
    0.5000
```

例 4　合并同类项 $3x^3 - \dfrac{1}{2}x^3 + 3x^2$.

解　用键盘在 MATLAB 指令窗口中输入以下内容：

```
>>syms x;
          >>collect(3*x^3-0.5*x^3+3*x^2)
ans =
          5/2*x^3+3*x^2
```

例 5　求一元二次方程 $f(x) = ax^2 + bx + c$ 的实根.

解　用键盘在 MATLAB 指令窗口中输入以下内容：

```
>>syms a b c x;
          >>f=a*x^2+b*x+c;
          >>solve(f,x)
ans =
          -(b + (b^2 - 4*a*c)^(1/2))/(2*a)
-(b - (b^2 - 4*a*c)^(1/2))/(2*a)
```

习题 6.1

1. 熟悉 MATLAB 界面工作环境.
2. 熟练使用 help 命令查看 MATLAB 各个指令的格式.
3. 使用 MATLAB 求一元二次方程 $f(x) = 2x^2 + 3x + 1$ 的实根.

§6.2　一元函数问题的 MATLAB 求解

6.2.1　一维数组（向量）的创建

MATLAB 中一维数组的创建方法有多种，这里介绍两种最简单的方法.

（1）直接创建. 通过输入数组中每个元素值的方式直接建立. 具体方法：将所有元素依次写在括号中，元素之间用空格或逗号间隔. 例如：

```
>> a=[1 2 5 3 -2]
a =
    1    2    5    3    -2
>> a=[1,2,5,7,-1,3]
a =
    1    2    5    7    -1    3
```

（2）按"初值:步长:终值"方式创建. 在命令窗口输入"a=初值:步长:终值"，

则会创建以初值开始、终值结束，并以给定步长为增量的行向量，如果输入"a＝初值：终值"，则默认步长为1. 例如：

```
>> a＝0：2：10
a =
       0       2       4       6       8      10
>> a＝0：10
a =
       0    1    2    3    4    5    6    7    8    9   10
```

6.2.2 向量的运算

在 MATLAB 中，可直接对向量进行运算，其命令格式见表6-5.

表6-5　向量的命令格式

命令格式	意　义
A+B	求向量 A 与 B 的和
A-B	求向量 A 与 B 的差
k * A 或 A * k	求实数 k 与向量 A 的积
dot(A,B)或 sum(A. * B)	求向量 A 与 B 的数量积
cross(A,B)	求向量 A 与 B 的向量积
A. * B	求向量 A 和 B 对应元素相乘后的向量，称为向量的点乘运算；类似的还有点除运算（./）、点乘方运算（.^）等
norm(A)	求向量 A 的模
acos（dot（A，B）/（norm（A）* norm（B）））	求向量 A 与向量 B 的夹角（弧度制），若需要转换成角度制，可对结果 ans 进行 ans * 180/pi 的运算

例如，在指令窗口中，可对向量 $A = (1, 2, 3)$ 与 $B = (-2, 4, 0)$ 进行以下代数运算：

```
>> A=[1 2 3];
>> B=[-2 4 1];
>> 2 * A
ans =
     2    4    6
>> A * 2
ans =
     2    4    6
>> A+B
ans =
    -1    6    4
>> A-B
ans =
```

```
       3    -2    2
>> dot(A,B)
ans =
     9
>>sum(A. * B)
ans =
     9
>> cross(A,B)
ans =
   -10    -7    8
>> norm(B)
ans =
    4.5826
>>acos(dot(A,B)/(norm(A) * norm(B)))
ans =
    1.0182
```

例1　已知向量 $a = (-2, 4, 0)$，$b = (-6, -3, 8)$，求向量 a 与 b 的夹角.

解　命令语句如下：

```
>> a=[-2,4,0];b=[-6,-3,8];
>>acos(dot(a,b)/(norm(a) * norm(b)))
ans =
    1.5708
>>acos(dot(a,b)/(norm(a) * norm(b))) * 180/pi
ans =
    90
```

输出结果表示向量 a 与 b 的夹角为 90°.

6.2.3　二维函数图形的绘制

1. 利用 plot 函数绘制函数图形

MATLAB 用 plot 函数绘制函数图形，其命令调用格式如下：

```
        plot(x,y,'s1 s2 …')
```

该命令表示绘制分别以 x、y 为横、纵坐标的二维曲线，s1 和 s2，分别是用来指定线型、颜色等的字符参数，多个参数之间用空格隔开. 常用的基本线型和颜色及其符号见表 6-6.

表 6-6 基本线型呈颜色及其符号

符号	颜色	符号	线型	符号	线型
b	蓝	.	点	o	圆圈
c	青	-.	点画线	x	叉号
g	绿	+	十字号	s	正
k	黑	*	星号	d	菱形
m	紫红	--	虚线	p	五角星
r	红	-	实线（默认）	h	六角形
w	白	:	点连线		
y	黄	>	右三角		

注意 表 6-6 中的字母符号可以大写.

例2 用红色五角星画出函数 $y = \sin x$ 在 $[-2\pi, 2\pi]$ 上的图形.

解 命令语句如下:

```
>> x = -2 * pi:0.1:2 * pi;y = sin(x);plot(x,y,'r p')
```

执行上述命令将得到如图 6-2 所示的图形.

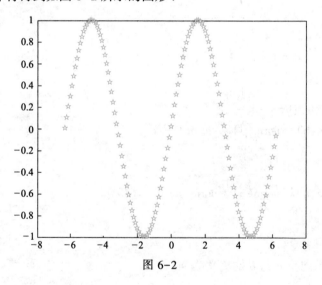

图 6-2

注意 使用 plot 作图命令之前需要定义函数自变量的范围,创建自变量向量 x。

MATLAB 还允许在一个窗口内同时绘制多条曲线,主要用于不同函数之间的比较或分段函数图形的绘制,其命令调用格式如下:

```
plot(x1,y1;'参数 1',x2,y2,'参数 2',…)
```

其中 x1 和 y1 确定第一条曲线的坐标值,参数 1 为第一条曲线的参数;x2 和 y2 确定第二条曲线的坐标值,参数 2 为第二条曲线的参数,…….

例3 画出分段函数 $y = \begin{cases} x^2 + 2x - 3, & -4 \leq x \leq 1, \\ \ln x, & 1 < x \leq 4 \end{cases}$ 的图形.

解 命令语句如下:

```
>> x1=-4:0.1:1;y1=x1.^2+2.*x1-3;x2=1:0.1:4;y2=log(x2);plot(x1,y1,x2,y2);
```

执行上述命令将得到如图 6-3 所示的图形.

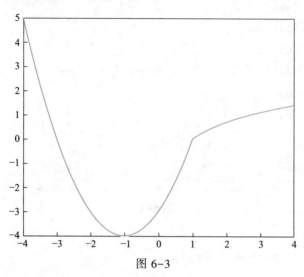

图 6-3

在实际应用中，经常需要在已经存在的图上绘制新的曲线，并保留原来的曲线，MATLAB 提供了以下命令来完成这项功能.

- hold on：使当前图形保留而不被刷新，并接受即将绘制的新图形.
- hold off：不保留当前轴及图形，绘制新图形后，原图即被刷新.

例 4　在同一窗口画出函数 $y=\sin x$ 与 $y=\cos x$ 在 $[-2\pi, 2\pi]$ 上的图形，用不同线型区分两条曲线.

解　命令语句如下：

```
>> x=-2*pi:0.1:2*pi;
>> y1=sin(x);
>> plot(x,y1,'-')
>> hold on
>> y2=cos(x);
>> plot(x,y2,'*')
```

执行上述命令将得到如图 6-4 所示的图形.

2. 利用 ezplot 函数绘制函数图形

在 MATLAB 中，系统还提供了 ezplot 函数来绘制符号函数的图形，省去了创建自变量向量 x 的命令，其调用格式如下：

```
ezplot('F',[a,b])
```

该命令表示绘制函数 $F=f(x)$ 或隐函数 $F=f(x,y)=0$ 在指定范围 $[a, b]$ 上的图形，若 $[a, b]$ 缺省，则默认绘制 $[-2\pi, 2\pi]$ 上的图形.

例 5　利用 ezplot 函数绘制以下函数的图形.

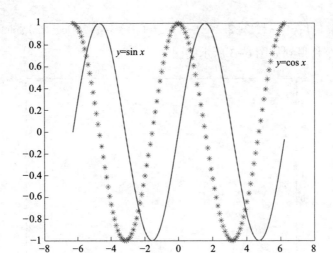

图 6-4

(1) $y = \dfrac{\sin x}{x}$ $(x \in [-4\pi, 4\pi])$;

(2) 隐函数 $x^2 \sin(x + y^2) + y^2 e^{x+y} + 5\cos(x^2 + y) = 0$ $(x \in [-2\pi, 2\pi])$.

解 (1) 命令语句如下:

> > ezplot('sin(x)/x',[-4*pi,4*pi])

执行上述命令将得到如图 6-5 所示的图形.

(2) 命令语句如下:

> > ezplot('x^2 * sin(x + y^2) + y^2 * exp(x + y) + 5 * cos(x^2 + y) = 0')

执行上述命令将得到如图 6-6 所示的图形.

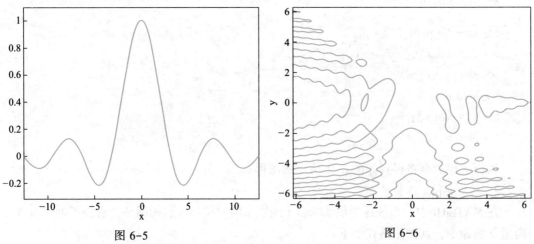

图 6-5

图 6-6

6.2.4 三维函数图形的绘制

MATLAB 用 plot3 函数绘制函数的三维图形, 其命令调用格式如下:

plot3(x,y,z,'s1 s2…')

该命令表示绘制参数函数 $\begin{cases} x = f(t)\,, \\ y = g(t)\,, \\ z = h(t) \end{cases}$ 的三维参量曲线，s1，s2，…分别是用来指定线型、

颜色等的字符参数.

MATLAB 用 ezplot3 函数绘制符号函数的三维图形，其命令调用格式如下：

ezplot3('x','y','z',[a,b])

该命令表示绘制参数函数 $\begin{cases} x = f(t)\,, \\ y = g(t)\,, \\ z = h(t) \end{cases}$ 在区间 $t \in [a,\ b]$ 上的三维参量曲线.

MATLAB 用 ezmesh 函数绘制函数的三维网格图，其命令调用格式如下：

ezmesh(x,[a,b,c,d]

该命令表示绘制二元符号函数 $z = f(x,\ y)$ 在平面区域 $a \leqslant x \leqslant b$，$c \leqslant y \leqslant d$ 内的网格图.

例6　画出三维螺旋线 $\begin{cases} x = t\sin t, \\ y = t\cos t, \\ z = t \end{cases}$（$t \in [0,\ 10\pi]$）的图形.

解　命令语句如下：

\>\> t=0:0.01 * pi:10 * pi;plot3(t. * sin(t),t. * cos(t),t)

执行上述命令将得到如图6-7所示的图形.

或者使用命令语句：

\>\> ezplot3('t. * sin(t)','t. * cos(t)''t',[0,10 * pi])

执行上述命令将执行上述命令将得到如图6-8所示的图形.

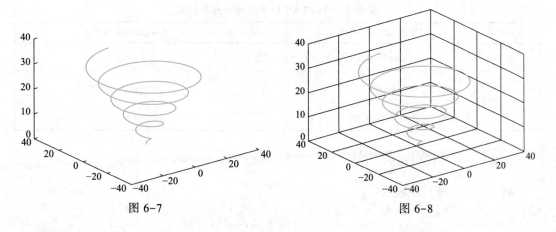

图 6-7　　　　　　　　　　　　　　　图 6-8

例7　在区域 $0 \leqslant x \leqslant 3$，$0 \leqslant y \leqslant 3$ 上绘制函数 $f(x,\ y) = \mathrm{e}^{\sin xy}$ 的三维网格图.

解　命令语句如下：

```
>>syms x y
>> z=exp(sin(x*y));
>>ezmesh(z,[0,3,0,3])
```

执行上述命令将得到如图6-9所示的图形.

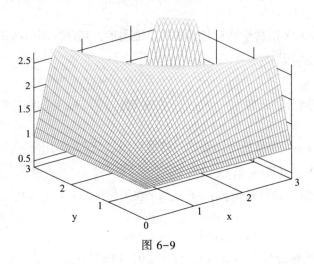

图 6-9

6.2.5 函数极限的求解

MATLAB 提供了强大的符号运算功能, 能够进行各种微积分运算. MATLAB 进行符号运算时, 首先需要创建符号对象, 通过 syms 函数来定义. 极限的求解是通过 limit 函数实现的, 其调用格式如下:

```
limit(f,x,a).
```

即求当自变量 x 趋近于 a 时, 函数 f 的极限.

此外, limit 函数还可以求单边极限, 其调用格式见表6-7.

表 6-7 MATLAB 中求极限的基本函数

数学运算	MATLAB 函数命令	数学运算	MATLAB 函数命令
$\lim\limits_{x\to a}f(x)$	limit(f,x,a)	$\lim\limits_{x\to\infty}f(x)$	limit(f,x,inf)
$\lim\limits_{x\to a^+}f(x)$	limit(f,x,a,'right')	$\lim\limits_{x\to+\infty}f(x)$	limit(f,x,inf,'right')
$\lim\limits_{x\to a^-}f(x)$	limit(f,x,a,'left')	$\lim\limits_{x\to-\infty}f(x)$	limit(f,x,inf,'left')

例 8 求函数极限 $\lim\limits_{x\to 0}\dfrac{\sin 5x}{x}$.

解 在指令窗口中输入:

```
>> clear                          %清除工作空间变量
>>syms x                          %创建符号变量x
>> limit(sin(5*x)/x,x,0)          %计算符号表达式在x趋向0条件下的极限
```

```
ans =                          %计算结果的默认赋值变量
5
```

例9　求函数极限 $\lim\limits_{x\to\infty}\left(1+\dfrac{2}{x}\right)^{x}$.

解　在指令窗口中输入：

```
>>syms x
>> limit((1+2/x)^x,x,inf)    %计算符号表达式在 x 趋向∞条件下的极限
ans =
exp(2)                        %输出结果为 e²
```

例10　求函数极限 $\lim\limits_{x\to1}(1-x)\tan\dfrac{\pi x}{2}$.

解　在指令窗口中输入：

```
>> limit((1-x)*tan(pi*x/2),x,1)    %计算符号表达式在 x 趋向1条件下的极限
ans =

2/pi                          %的输出结果为 2/π
```

例11　计算下列极限．

(1) $\lim\limits_{x\to0}\dfrac{\sin x}{5x}$；(2) $\lim\limits_{x\to\infty}\left(1+\dfrac{t}{x}\right)^{2x}$；(3) $\lim\limits_{x\to0^{+}}\dfrac{1}{x}$；(4) $\lim\limits_{x\to0}\dfrac{1}{\sin x}$.

解　(1) 在指令窗口中输入：

```
>>syms x t;
>> limit(sin(x)/(5*x),x,0)    %计算符号表达式在 x 趋向0条件下的极限
ans =
1/5                           %输出结果为 1/5
```

(2) 在指令窗口中输入：

```
>>syms x t;
>> y=(1+t/x)^(2*x);
>> limit(y,x,inf)
ans =
exp(2*t)
```

(3) 在指令窗口中输入：

```
>> limit(1/x,x,0,'right')
ans =
inf
```

(4) 在指令窗口中输入：

```
>> limit(1/sin(x),x,0)
```

ans =
NaN

即：（1）$\lim\limits_{x \to 0} \dfrac{\sin x}{5x} = \dfrac{1}{5}$；（2）$\lim\limits_{x \to \infty}\left(1 + \dfrac{t}{x}\right)^{2x} = e^{2t}$；（3）$\lim\limits_{x \to 0^+} \dfrac{1}{x} = +\infty$；（4）$\lim\limits_{x \to 0} \dfrac{1}{\sin x}$ 不存在.

说明：

（1）syms 是符号变量的说明函数，"syms x t" 意为 x 和 t 是符号变量. 进行符号运算时，须先对符号变量进行说明.

（2）将符号表达式赋给另一个变量时，要用单引号，如：y = '（1+t/x）^ （2 * x）'；意为将符号表达式赋给变量 y，不显示结果时后缀用分号，否则将显示运算结果.

（3）ans 意为 "答案"，它是系统设置的变量名，存放最近一次无赋值语句的运算结果.

（4）inf 意为 "+∞"，NaN 意为 "不存在"，它们也是系统设定的几个变量名，此外，还有 - inf、pi(π)、i 或 j（虚数单位）等.

习题 6.2

用 MATLAB 解决下列问题.

1. 已知向量 $\boldsymbol{a} = (2, -1, 2)$，$\boldsymbol{b} = (-1, 3, 5)$，求 $|\boldsymbol{a}|$，$\boldsymbol{a} \cdot \boldsymbol{b}$，$< \boldsymbol{a} \cdot \boldsymbol{b} >$.

2. 用红色叉号画出函数 $y = \cos x$ 在 $[-2\pi, 2\pi]$ 上的图形.

3. 作出分段函数 $\begin{cases} x^2 + x, & (-2 \leqslant x \leqslant 0), \\ \dfrac{1}{2}x + 1, & (0 < x \leqslant 2) \end{cases}$ 的图形，两条曲线用不同的颜色进行区分.

4. 作出三维螺旋线 $\begin{cases} x = \sin t, \\ y = \cos t, & (t \in [0, 10\pi]) \\ z = t, \end{cases}$ 的图形.

5. 绘制函数 $z = \dfrac{\sin \sqrt{x^2 + y^2}}{\sqrt{x^2 + y^2}}$ $(-7.5 \leqslant x \leqslant 7.5, -7.5 \leqslant y \leqslant 7.5)$ 的三维网格图.

6. 求下列极限.

（1）$\lim\limits_{x \to 0} \sin 2x \cdot \tan 3x$；（2）$\lim\limits_{x \to 1} \dfrac{2x + 3}{x - 1}$；

（3）$\lim\limits_{x \to 0} x^2 \sin \dfrac{1}{x}$；（4）$\lim\limits_{x \to \infty} \dfrac{x^3 + x^2 - 3x + 1}{x^2 + 7x - 2}$；

（5）$\lim\limits_{x \to 0} x \sin x \cos \dfrac{1}{x}$；（6）$\lim\limits_{x \to \infty} \tan \dfrac{1}{x} \arctan x$；

（7）$\lim\limits_{x \to 1}(3x^2 + 5x + 1)$；（8）$\lim\limits_{x \to 1}\left(1 - \dfrac{1}{2x - 1}\right)$.

§6.3　一元函数微分问题的 MATLAB 求解

6.3.1　导数

MATLAB 用 diff 函数求函数的导数，其命令调用格如下：

```
diff(F,x)    %求表达式 F 对指定变量 x 的一阶导数. 当 x 缺省时,变量由系统默认.
diff(F,x,n)  %求表达式 F 对指定变量 x 的 n 阶导数
-diff(F,x)/diff(F,y)      %求隐函数 F(x,y)=0 对指定变量 x 的导数.
```

例1　求下列导数.

（1）$y = x\cos x$ 关于 x 的一阶导数；（2）$y = x\cos x$ 关于 x 的三阶导数；

（3）$F = x\sin y + y\cos x$ 关于 y 的一阶导数.

解　（1）命令语句如下：

```
>>syms x y;
>> y=x * cos(x);
>> diff(y,x)
ans =
cos(x) - x * sin(x)
```

输出的结果表示 $y=x\cos x$ 关于 x 的一阶导数为 $\cos x - x\sin x$.

（2）命令语句如下：

```
>>syms x y;
>> y=x * cos(x);
>> diff(y,x,3)
ans =
x * sin(x) - 3 * cos(x)
```

输出的结果表示 $y=x\cos x$ 关于 x 的三阶导数为 $x\sin x - 3\cos x$.

（3）命令语句如下：

```
>>syms x y F;
>> F=x * sin(y)+y * cos(x);
>> diff(F,y)
ans =
cos(x) + x * cos(y)
```

输出的结果表示 $F = x\sin y + y\cos x$ 关于 y 的一阶导数为 $\cos x + x\cos y$.

例2　已知函数 $f(x)x = \dfrac{\sin x}{1 - \cos x}$，求 $f'\left(\dfrac{\pi}{3}\right)$.

解 命令语句如下：

```
>>syms x;
>> y=diff(sin(x)/(1-cos(x)));
>> y1=subs(y,'pi/3')
y1 =
-2
```

输出的结果表示 $f'(\pi/3) = -2$.

例 3 已知 $y = f(x)$ 是由方程 $\sin(x+y) = x^2 y$ 确定的函数，求 y'.

解 命令语句如下：

```
>>syms x y;
>> F=sin(x+y)-x^2*y;
>> -diff(F,x)/diff(F,y);
ans =
-(cos(x + y) - 2 * x * y)/(cos(x + y) - x^2)
```

输出的结果表示 $y' = \dfrac{-\cos(x + y) + 2xy)}{\cos(x + y) - x^2}$.

6.3.2 极值

MATLAB 中用来求无约束一元函数的极值的命令为 fminbnd，其命令调用格式如下：

```
f = 'f(x)';[xmin,ymin] = fminbnd(f,a,b)   % 求函数 f(x) 在区间(a,b)上的极小值,
%但它只能给出连续函数的局部最优解
f='-f(x)';[xmax,ymax]=fminbnd(f,a,b)    % 求函数 f(x) 在区间(a,b)上的极大值,
%这里极大值要取输出量 ymax 的相反数
```

例 4 求函数 $y = \sin(x - 2) + \dfrac{x}{5}$ 在区间 $[-3, 3]$ 上的极值.

解 命令语句如下：

```
>> f='sin(x-2)+x/5';
>>ezplot(f,[-3,3])   %作图主要是为了直观地观察函数图形,结合图形判断极值
结果
>> [xmin,ymin]=fminbnd(f,-3,3)
xmin =
    0.2278
ymin =
   -0.9342
>> f1='-sin(x-2)-x/5';
>> [xmax,ymax]=fminbnd(f1,-3,3)
xmax =
```

-2.5110

ymax =

　-0.4776

输出结果表示函数在 $x = 0.2278$ 处取得极小值 $y_{\min} = -0.9342$；在 $x = -2.5110$ 处取得极大值 $y_{\max} = 0.4776$.

例 5　有一块边长为 24 cm 的正方形铁皮，在其四角各截去一块面积相等的小正方形，将剩下部分做成无盖铁盒．问截去的小正方形边长为多少时，做出的铁盒容积最大？最大值为多少？

解　设截去的小正方形边长为 x cm，铁盒的容积为 V cm^3．则有

$V = x(24 - 2x)^2 \quad (0 < x < 12)$.

问题转化为求函数 $V = f(x)$ 在区间 (0,12) 内的最大值问题．

命令语句如下：

```
>> f='-x*(24-2*x)^2';
>> [x,V]=fminbnd(f,0,12)
x =
    4.0000
V =
   -1.0240e+03
```

输出结果表示截去的小正方形边长为 4 cm 时，铁盒的容积取得最大值 1024 cm^3.

习题 6.3

利用 MATLAB 解决下列问题．

1. 设 $y = f(x)$ 由方程 $e^{x+y} + y\ln(x+1) = \cos 2x$ 决定，求 y'.

2. 求函数 $y = 2\ln x + \sin^2\dfrac{\pi x}{2}$ 在 $x = 1$ 处的导数．

3. 求函数 $f(x) = (x-3)^2 - 1$ 在区间 (0, 5) 内的最小值．

§6.4　一元函数积分问题的 MATLAB 求解

6.4.1　积分

MATLAB 用 int 函数求一元函数的积分，其命令调用格式如下：

```
int(F,x)          %求表达式 F 对指定变量 x 的不定积分,当 x 缺省时,变量由系统默认
int(F,x,a,b)      %求表达式 F 对指定变量 x 在[a,b]上的定积分
int(F,x,a,inf)    %求表达式 F 对指定变量 x 在[a,+∞)上的反常积分
int(F,x,-inf,b)   %求表达式 F 对指定变量 x 在(-∞,b]上的反常积分
int(F,x,-inf,inf) %求表达式 F 对指定变量 x 在(-∞,+∞)上的反常积分
```

在实际操作中，如果表达式只有一个自变量，则 x 可以省略不写，另外，MATLAB 命令求出来的不定积分只是一个原函数，需要用户自行补加任意常数 C.

例1　求 $\int \left(2 - \sqrt{x} + \dfrac{1}{x} - \cos x \right) \mathrm{d}x$.

解　命令语句如下：

```
>>syms x;
>> int(2-sqrt(x)+1/x-cos(x))
ans =
2 * x + log(x) - sin(x) - (2 * x^(3/2))/3
```

输出结果表示 $\int \left(2 - \sqrt{x} + \dfrac{1}{x} - \cos x \right) \mathrm{d}x = 2x - \dfrac{2}{3} x^{\frac{3}{2}} + \ln x - \sin x + C$.

例2　求 $\int x \sqrt{ax^2 + b}\, \mathrm{d}x$.

解　命令语句如下：

```
>>syms x a b;
>> int(x * sqrt(a * x^2+b),x)
ans =
(a * x^2 +b)^(3/2)/(3 * a)
```

输出结果表示 $\int x \sqrt{a x^2 + b}\, \mathrm{d}x = \dfrac{(ax^2 + b)^{\frac{3}{2}}}{3a} + C$.

例3　求 $\int_0^1 (x^2 + 1)\, \mathrm{e}^x \mathrm{d}x$.

解　命令语句如下：

```
>>syms x;
>> y=(x^2+1) * exp(x);
>> int(y,0,1)
ans =
2 * exp(1) - 3
```

输出结果表示 $\int_0^1 (x^2 + 1)\, \mathrm{e}^x \mathrm{d}x = -3 + 2\mathrm{e}$.

例4　求 $\int_{-\infty}^0 2x\mathrm{e}^{-x^2} \mathrm{d}x$.

解　命令语句如下：

```
>>syms x
>> y=2 * x * exp(-x^2);
>> int(y,-inf,0)
ans =
-1
```

输出结果表示 $\int_{-\infty}^{0} 2xe^{-x^2}\mathrm{d}x = -1$.

6.4.2 常微分方程

MATLAB 用 dsolve 函数解常微分方程，其命令调用格式为如下：

```
y=dsolve('F', 'x')              %求微分方程 F 的通解,指定自变量为 x.
                                %当 x 缺省时,变量由系统默认为 t.
y=dsolve('F','G1','G2',…'x')    %求微分方程 F 在初始条件 G1,G2,…下的特解
                                %指定自变量为 x
```

MATLAB 中，可以用 Dny 表示 $y^{(n)}(x)$，还可以用 Dny（x0）= a 表示已知条件 $y^{(n)}(x_0) = a$，例如，DY 表示 y'，D2Y(3) 表示 $y''(3)$.

例 5 求微分方程 $y' = 2t + y$ 的通解.

解 命令语句如下：

```
>>  y=dsolve('Dy=2*t+y')
y =
C1*exp(t) - 2*t - 2
```

输出结果表示微分方程 $y' = 2t + y$ 的通解为 $y = C_1 e^t - 2t - 2$.

例 6 求微分方程 $y' = -\dfrac{x}{y}$ 的通解.

解 命令语句如下：

```
>>  y=dsolve('Dy=-x/y','x')
y =
2^(1/2)*(-x^2/2 + C1)^(1/2)
-2^(1/2)*(-x^2/2 + C1)^(1/2)
```

输出结果表示微分方程 $y' = -\dfrac{x}{y}$ 的通解为 $y = \pm\sqrt{2}\sqrt{-\dfrac{x^2}{2} + C_1}$.

说明 对输出结果进行适当变形，可知该微分方程的通解为 $y = \pm\sqrt{C - x^2}$，可写成隐函数形式，$x^2 + y^2 = C$.

例 7 求微分方程 $y''(1 + e^x) + y' = 0$ 的通解.

解 命令语句如下：

```
>> y=dsolve('D2y*(1+exp(x))+Dy=0','x')
y =
C1 + C2*(x - exp(-x))
```

输出结果表示微分方程 $y''(1 + e^x) + y' = 0$ 的通解为 $y = C_1 + C_2(x - e^{-x})$

例 8 求微分方程 $(1 + x^2)y'' - 2xy' = 0$ 满足初始条件 $y(0) = 1$，$y'(0) = 3$ 的特解.

解 命令语句如下：

```
>> y=dsolve('(1+x^2)*D2y=2*x*Dy','y(0)=1','Dy(0)=3','x')
y =
x*(x^2 + 3) + 1
```

输出结果表示所求特解为 $y = x^3 + 3x + 1$.

6.4.3 拉普拉斯变换

MATLAB 用 laplace 函数对函数进行拉普拉斯变换，其命令调用格式如下：

```
F=laplace(f,t,s)        %求函数表达式 f 的拉普拉斯变换
                        %f 是以 t 为自变量的函数，F 是以 s 为自变量的函数
f=ilaplace(F,s,t)       %求函数表达式 F 的拉普拉斯逆变换
                        %f 是以 t 为自变量的函数，F 是以 s 为自变量的函数
```

例 9 求函数 $f(t) = te^t \sin t$ 的拉普拉斯变换.

解 命令语句如下：

```
>>syms t s
>> f=t*exp(t)*sin(t);
>> F=laplace(f,t,s)
F =
(2*s - 2)/((s - 1)^2 + 1)^2
```

输出结果表示原函数的拉普拉斯变换为 $F(s) = \dfrac{2s - 2}{\left[(s-1)^2 + 1\right]^2}$.

例 10 求函数 $F(s) = \dfrac{3s - 4}{s^2 + 3}$ 的拉普拉斯逆变换.

解 命令语句如下：

```
>>syms t s
>> F=(3*s-4)/(s^2+3);
>> f=ilaplace(F,s,t)
f =
3*cos(3^(1/2)*t) - (4*3^(1/2)*sin(3^(1/2)*t))/3
```

输出结果表示原函数的拉普拉斯逆变换为 $f(t) = 3\cos(\sqrt{3}t) - \dfrac{4\sqrt{3}\sin(\sqrt{3}t)}{3}$.

例 11 求函数 $f(x) = x^2 e^{2x}\cos(x + \pi)$ 的拉普拉斯变换，并对结果进行拉普拉斯逆变换，看是否变换回原函数.

解 命令语句如下：

```
>>syms x y
>> f=x^2 * exp(2 * x) * cos(x+pi);
>> F=laplace(f,x,y)
F =
(2 * (y − 2))/((y − 2)^2 + 1)^2 + (2 * (2 * y − 4))/((y − 2)^2 + 1)^2 − (2 * (2 *
y − 4)^2 * (y − 2))/((y − 2)^2 + 1)^3
>> f=ilaplace(F,y,x)
f =
−x^2 * exp(2 * x) * cos(x)2
```

输出结果表示原函数的拉普拉斯变换为

$$F(y) = \frac{2(y-2)}{[(y-2)^2 + 1]^2} + \frac{2(2y-4)}{[(y-2)^2 + 1]^2} - \frac{2(y-2)(2y-4)^2}{[(y-2)^2 + 1]^3}.$$

$F(y)$ 的拉普拉斯逆变换为 $f(x) = -x^2 e^{2x} \cos x$，因为 $\cos(x + \pi) = -\cos x$，所以利用拉普拉斯逆变换可以变换回原函数．

习题 6.4

利用 MATLAB 解决下列问题．

1. 求微分方程 $y' = 2xy$ 的通解．

2. 求微分方程 $(1 + e^x) y'y = e^x$ 满足 $y(0) = 0$ 的特解．

3. 求函数 $f(t) = e^{at}$（$t \geq 0$，a 为常数）的拉普拉斯变换，并对结果进行拉普拉斯逆变换．

§6.5　线性代数问题的 MATLAB 求解

6.5.1　矩阵及其代数运算

1. 直接赋值法输入矩阵

在 MATLAB 中可以使用直接赋值法输入矩阵，其命令调用格式如下：

> A = [a11,a12,…,a1n;a21,a22,…,a2n;…;am1,am2,…,amn]

或者

> A = [a11 a12 … a1n;a21 a22 … a2n;…;am1 am2 … amn]

矩阵中同一行的元素用逗号或者空格隔开，不同的行用分号隔开，也可以用 Enter 键代替分号．

例如：

```
>> A = [1,4,7;2,3,6;5,7,9]
A =
```

```
      1      4      7
      2      3      6
      5      7      9
>> B=[1 2 3 4;2 3 6 8;3 2 1 6]
B =
      1      2      3      4
      2      3      6      8
      3      2      1      6
```

在命令窗口可直接输入含有分数元素的矩阵，如：

```
>> A=[1/2 -1/4 1/3;-1 3 -2;3/4 2/3 4/5]
A =
     0.5000    -0.2500     0.3333
    -1.0000     3.0000    -2.0000
     0.7500     0.6667     0.8000
>>sym(A)          %把数值矩阵转化成符号矩阵
ans =
[1/2,-1/4,1/3]
[-1,3,-2]
[3/4,2/3,4/5]
```

2. 特殊矩阵的创建

除了可用直接赋值法创建矩阵外，MATLAB 还内置了丰富的特殊矩阵指令函数，表 6-8列举了一些常用特殊矩阵命令的调用格式.

表 6-8　特殊矩阵命令的调用格式

函数调用格式	表示意义
ones(m,n)	生成 m×n 的元素全为 1 的矩阵
zeros(m,n)	生成 m×n 的零矩阵
eye(n)	生成 n 阶的单位矩阵
randn(m,n)	生成 m×n 的标准正态分布随机矩阵
rand(m,n)	生成 m×n 的 0~1 间均匀分布随机矩阵
magic(n)	生成 n 阶魔方矩阵
pascal(n)	生成 n 阶对称正定帕斯卡矩阵
vander(v)	生成以向量 v 为基础向量的范德蒙矩阵

例如：

```
>>randn(3,4)
ans =
     0.5377     0.8622    -0.4336     2.7694
     1.8339     0.3188     0.3426    -1.3499
```

```
      -2.2588    -1.3077    3.5784    3.0349
>> B=pascal(7)
B =
     1     1     1     1     1     1     1
     1     2     3     4     5     6     7
     1     3     6    10    15    21    28
     1     4    10    20    35    56    84
     1     5    15    35    70   126   210
     1     6    21    56   126   252   462
     1     7    28    84   210   462   924
```

3. 矩阵的基本运算

用 MATLAB 可以对矩阵进行一些基本的运算，常见的命令调用格式如下：

```
A'              %求矩阵 A 的转置矩阵
A+B             %求矩阵 A 与 B 的和
A-B             %求矩阵 A 与 B 的差
k*A 或 A*k     %求实数 k 与矩阵 A 的积
A*B             %求矩阵 A 与 B 的积
A.*B            %求同型矩阵 A 和 B 对应元素相乘后的矩阵，称为向量的点乘运算
                %类似的还有点除运算(./)、点乘方运算(.^)等
det(A)          %求方阵 A 的行列式
```

例如：

```
>> A=[1 4 7;2 5 8;3 6 9];
>> B=[-2 4 0;1 -3 2;-1 0 2];
>> A'
ans =
     1     4     7
     2     5     8
     3     6     9
>> 2*A
ans =
     2     8    14
     4    10    16
     6    12    18
>> det(B)
ans =
    -4
>> A+B
```

```
ans =
     -1      8      7
      3      2     10
      2      6     11
>> A-B
ans =
      3      0      7
      1      8      6
      4      6      7
>> A * B
ans =
     -5     -8     22
     -7     -7     26
     -9     -6     30
>> A. * B
ans =
     -2     16      0
      2    -15     16
     -3      0     18
```

在上述运算中，如果矩阵不满足运算的条件，如加减运算时两矩阵的维数不同，输出会提示错误.

6.5.2 逆矩阵与矩阵方程

在 MATLAB 中，用 inv 函数来求矩阵的逆矩阵和解矩阵方程，其调用格式见表 6-9：

表 6-9 逆矩阵和矩阵方程的调用格式

函数调用格式	表示意义
inv(A)	求矩阵 A 的逆矩阵
inv(A) * B	解矩阵方程 AX = B
A\B	解矩阵方程 AX = B
D * inv(C)	解矩阵方程 XC = D
D/C	解矩阵方程 XC = D

在命令窗口先输入矩阵 A，换行输入 B = inv(A)，按 Enter 键就能得到矩阵 A 的逆矩阵 B，如果 A 不可逆，则提示错误.

例 1 求矩阵 $A = \begin{pmatrix} 2 & 1 & 0 \\ 1 & 1 & 0 \\ 2 & -3 & 5 \end{pmatrix}$ 的逆矩阵.

解 命令语句如下：

```
>> A=[2 1 0;1 1 0;2 -3 5];
>> B=inv(A)
B =
    1.0000   -1.0000        0
   -1.0000    2.0000        0
   -1.0000    1.6000   0.2000
```

输出结果表示 $A = \begin{pmatrix} 2 & 1 & 0 \\ 1 & 1 & 0 \\ 2 & -3 & 5 \end{pmatrix}$ 的逆矩阵为 $B = \begin{pmatrix} 1 & -1 & 0 \\ -1 & 2 & 0 \\ -1 & -1.6 & 0.2 \end{pmatrix}$.

例2 已知矩阵 $A = \begin{pmatrix} 3 & 4 \\ -2 & -3 \end{pmatrix}$, $B = \begin{pmatrix} 2 \\ -1 \end{pmatrix}$, 解矩阵方程 $AX = B$.

解 命令语句如下:

```
>> A=[3 4;-2 -3];
>> B=[2;-1];
>> inv(A)*B
ans =
    2.0000
   -1.0000
```

或

```
>> A\B
ans =
    2.0000
   -1.0000
```

输出结果表示方程的解为 $X = \begin{pmatrix} 2 \\ -1 \end{pmatrix}$

例3 已知矩阵 $C = \begin{pmatrix} 1 & -2 \\ 3 & 2 \end{pmatrix}$, $D = \begin{pmatrix} 1 & 3 \\ 2 & 0 \end{pmatrix}$, 解矩阵方程 $XC = D$.

解 命令语句如下:

```
>> C=[1 -2;3 2];
>> D=[1 3;2 0];
>> D*inv(C)
ans =
   -0.8750    0.6250
    0.5000    0.5000
```

或

```
>>  sym(D/C)
ans =
[ -7/8, 5/8]
```

$$\begin{bmatrix} 1/2, 1/2 \end{bmatrix}$$

输出结果表示方程的解为 $X = \begin{pmatrix} -\dfrac{7}{8} & \dfrac{5}{8} \\ \dfrac{1}{2} & \dfrac{1}{2} \end{pmatrix}$.

6.5.3 线性方程组的求解

1. 利用 solve 函数解线性方程组

在 MATLAB 中，可用 solve 函数来解线性方程组，其调用格式如下：

$$[x1, x2, \cdots, xn] = solve(eqn1, eqn2, \cdots, eqnn)$$

其中, $x1, x2, \cdots, xn$ 表示 n 个未知变量, eqnn 表示第 n 个方程的符号表达式.

例 4 解线性方程组 $\begin{cases} x_1 + 2x_2 - x_3 = -4, \\ 3x_1 + 4x_2 - 2x_3 = -7, \\ 5x_1 - 4x_2 + x_3 = 14. \end{cases}$

解 命令语句如下：

```
>> [x1,x2,x3] = solve('x1+2*x2-x3=-4','3*x1+4*x2-2*x3=-7','5*x1-4*x2+x3=14')
x1 =
1
x2 =
-2
x3 =
1
```

输出结果表示方程组的解为 $x_1 = 1, \ x_2 = -2, \ x_3 = 1$.

例 5 解线性方程组 $\begin{cases} x_1 + x_2 + x_3 = 1, \\ 2x_1 + x_2 - 4x_3 = 0, \\ -x_1 + 5x_3 = 1. \end{cases}$

解 命令语句如下：

```
>> [x1,x2,x3] = solve('x1+x2+x3=1','2*x1+x2-4*x3=0','-x1+5*x3=1')
x1 =
-1+5*x3
x2 =
2-6*x3
x3 =
x3
```

输出结果表示方程组的解为 $\begin{cases} x_1 = 5x_3 - 1, \\ x_2 = -6x_3 + 2, \end{cases}$ (x_3 为自由变量).

2. 将线性方程组转化为矩阵方程求解

由于线性方程组都可转化成矩阵方程形式 $AX = B$(A 为线性方程组的系数矩阵,X 为未知数矩阵,B 为常数项矩阵), 所以可以利用解矩阵方程的方法求解线性方程组.

例 6 用矩阵解法求解线性方程组 $\begin{cases} x_1 + 2x_2 - x_3 = -4, \\ 3x_1 + 4x_2 - 2x_3 = -7, \\ 5x_1 - 4x_2 + x_3 = 14. \end{cases}$

解 命令语句如下:

```
>> A=[1 2 -1;3 4 -2;5 -4 1];
>> B=[-4;-7;14];
>> X=inv(A)*B
X =
     1
    -2
     1
```

输出结果表示方程组的解为 $x_1 = 1$,$x_2 = -2$,$x_3 = 1$.

3. 利用 rref 函数解线性方程组

在 MATLAB 中, 还可以用 rref 函数来解线性方程组, 其调用格式如下:

```
rref([A,B])
```

其中, A 为线性方程组的系数矩阵, B 为常数项矩阵. 利用 rref 函数解线性方程组本质上就是利用矩阵的初等行变换求解线性方程组的解.

例 7 解线性方程组 $\begin{cases} x_1 + x_2 - x_3 = 3, \\ x_1 + 2x_2 - 3x_3 = 1, \\ x_1 + 3x_2 - 6x_3 = 4. \end{cases}$

解 命令语句如下:

```
>> A=[1 1 -1;1 2 -3;1 3 -6];
>> B=[3;1;4];
>> C=([A,B])
C =
     1        1        -1         3
     1        2        -3         1
     1        3        -6         4
>> D=rref(C)
D =
     1        0         0        10
     0        1         0       -12
     0        0         1        -5
```

输出结果表示方程组的解为 $x_1 = 10$，$x_2 = -12$，$x_3 = -5$.

例 8 解线性方程组 $\begin{cases} 4x_1 - x_2 + 9x_3 = -6, \\ x_1 - 2x_2 + 4x_3 = -5, \\ 2x_1 + 3x_2 + x_3 = 4, \\ 3x_1 + 8x_2 - 2x_3 = 13. \end{cases}$

解 命令语句如下：

```
>> A = [4 -1 9;1 -2 4;2 3 1;3 8 -2];
>> B = [-6;-5;4;13];
>> C = rref([A,B])
C =
      1        0        2       -1
      0        1       -1        2
      0        0        0        0
      0        0        0        0
```

输出结果表示方程组的解为：$\begin{cases} x_1 = -2x_3 - 1, \\ x_2 = x_3 + 2, \end{cases}$ （x_3 为自由变量）.

习题 6.5

利用 MATLAB 解决下列问题

1. 已知矩阵 $A = \begin{pmatrix} 2 & 2 & 3 \\ 1 & -1 & 0 \\ -1 & 2 & 1 \end{pmatrix}$，$B = \begin{pmatrix} 1 & 1 & -13 \\ 1 & 1 & 0 \\ 2 & 1 & 1 \end{pmatrix}$；求 $A + B$，AB，$5A$，dA，

A'，A^{-1}，A^3.

2. 计算行列式 $\begin{vmatrix} 1 & 3 & 2 & 0 & 5 \\ 2 & -1 & 3 & 9 & -16 \\ 4 & 5 & 7 & 9 & -6 \\ -30 & 25 & 0 & 11 & 1 \\ 23 & 5 & -8 & 2 & -12 \end{vmatrix}$.

3. 求下列矩阵的秩

(1) $A = \begin{pmatrix} 1 & 2 & 3 \\ -1 & -3 & 4 \\ 1 & 1 & -2 \end{pmatrix}$； (2) $A = \begin{pmatrix} 2 & 0 & 2 & 2 \\ 0 & 1 & 0 & 0 \\ 2 & 1 & 0 & 1 \\ 0 & 1 & 0 & 0 \end{pmatrix}$.

4. 求下列矩阵的逆阵：

(1) $A = \begin{pmatrix} 1 & 2 & 3 \\ 6 & 4 & 2 \\ 1 & 2 & 5 \end{pmatrix}$； (2) $A = \begin{pmatrix} 2 & 1 & 0 & 0 \\ 0 & 2 & 1 & 0 \\ 0 & 0 & 2 & 1 \\ 0 & 0 & 0 & 2 \end{pmatrix}$.

5. 求解线性方程组:

(1) $\begin{cases} 2x_1 + 2x_2 + x_3 = 5, \\ 3x_1 + x_2 + 5x_3 = 0, \\ 3x_1 + 2x_2 + 3x_3 = 0; \end{cases}$　　(2) $\begin{cases} x + 3y + z = 5, \\ x + y + 5z = -7, \\ 2x + 3y - 3z = 14. \end{cases}$

本章小结

一、主要内容

本章简单地介绍了 MATLAB 的基本操作、图形可视化,以及一元函数微积分、线性代数的 MATLAB 求解.

二、重点与难点

重点:MATLAB 各种命令的调用格式和上机实际操作.

难点:MATLAB 各种命令在数学建模中的实际应用.

三、学习指导

(1) 进入 MATLAB 软件后,首先熟悉它的界面、基本输入和输出;

(2) 对各个命令首先进行模仿输入,看在计算机上能否得出正确结果,如果运行后提示错误,再对比找出命令中不对的地方加以修正;

(3) MATLAB 软件的功能远远不止本章介绍的内容,在数学建模活动中还经常会用到 MATLAB 编程基础、数据分析、数据拟合和优化工具箱等知识,感兴趣的读者可以自行购买 MATLAB 相关书籍,完善学习 MATLAB 软件的更多知识.

测试题六

一、填空题

1. 在 MATLAB 中,a = 1,b = i,则 a 占_____字节,b 占_____字节.

2. 在 MATLAB 中,inf 的含义是_____,NAN 的含义是_____.

3. 在 MATLAB 中,若想计算 $y = \dfrac{2\sin(0.3\pi)}{1 + \sqrt{5}}$ 的值,那么应该在 MATLAB 的指令窗中输入的 MATLAB 指令是_____.

4. 在 MATLAB 中,要求在闭区间 [0, 5] 上产生 50 个等距采样的一维数组 b,请写出具体的 MATLAB 指令_____.

5. 在 MATLAB 中,A = [0:1/2:2] * pi,那么 sin(A) _____.

6. 在 MATLAB 中,A=[1,2,3;4,5,6;7,8,0],B=[2,1,6;8,5,2;14,2,1]. 写出下面 MATLAB 语句执行的结果:(为节省篇幅,把矩阵写成 mat2str 的形式).

（1） A＝B ＿＿＿＿＿＿＿；

（2） A. * B ＿＿＿＿＿＿＿；

（3） A（:）´＿＿＿＿＿＿＿；

（4） A（1,:）* B（:,3）＿＿＿＿＿＿＿．

7. 在 MATLAB 中，写出下面 MATLAB 语句执行的结果：

（1） clear, A = ones（2,6），

A = ＿＿＿＿＿＿＿；

（2） A（:）= 1:2:24，

A = ＿＿＿＿＿＿＿；

（3） A（[1:3:7]），

结果＿＿＿＿＿＿＿；

（4） diag（diag（A）），

结果＿＿＿＿＿＿＿；

（5） B = A（:,end:-1:1），

B = ＿＿＿＿＿＿＿．

8. 在 MATLAB 中，A 是一个 10×10 数组，我们把该数组看成矩阵的话，则此矩阵的行列式值 ＿＿＿＿＿＿＿，此矩阵的逆矩阵（如果存在的话）= ＿＿＿＿＿＿＿．（用 MATLAB 的函数表示）

9. 一元多项式 $p = 2x^4 - 3x^2 + 4x$，表示 p 的 MATLAB 语句是＿＿＿＿，求 $p = 0$ 的根的 MATLAB 语句是 ＿＿＿＿＿＿＿，求 $x = 4.3$ 时 p 的数值的 MATLAB 语句是＿＿＿＿＿＿＿．

10. 在 MATLAB 中，A 是一个 1000 行 2 列的二维数值数组，现在要把 A 的第一列数据作为横坐标，把 A 的第二列数据作为纵坐标，画出一条曲线，试写出相应的 MATLAB 语句＿＿＿＿＿＿＿．

11. MATLAB 绘图指令中的＿＿＿＿＿＿＿指令允许用户在同一个图形窗里布置几个独立的子图．

12. 要清除 MATLAB 工作空间中保存的变量，应该使用＿＿＿＿＿＿＿指令．

13. 在 MATLAB 中，指令 findsym（sym（'sin（w * t）'），1）的执行结果是＿＿＿＿＿＿＿．

二、选择题

1. MATLAB 中，下面哪些变量名是合法的? （　　）．

　　A. _ num　　　　　　B. num_　　　　　　C. num-　　　　　　D. -num

2. 在 MATLAB 中，要给出一个复数 z 的模，应该使用（　　）函数．

　　A. mod（z）　　　　　　　　　　　　B. abs（z）

　　C. double（z）　　　　　　　　　　　D. angle（z）

3. 下面属于 MATLAB 的预定义特殊变量的是（　　）．

　　A. eps　　　　　B. none　　　　　C. zero　　　　　D. exp

4. 在 MATLAB 中，X 是一个一维数值数组，现在要把数组 X 中的所有元素按原来次

序的逆序排列输出，应该使用下面的（　　）指令.

    A. X［end:1］　　　　　　　　　　B. X［end:-1:1］

    C. X（end:-1:1）　　　　　　　　　D. X（end:1）

5. 在 MATLAB 中，A 是一个二维数组，要获取 A 的行数和列数，应该使用的 MATLAB 命令是（　　）.

    A. class（A）　　　B. sizeof（A）　　　C. size（A）　　　D. isa（A）

6. 在 MATLAB 中，用指令 x=1:9 生成数组 x. 现在要把 x 数组的第二和第七个元素都赋值为 0，应该在指令窗中输入（　　）.

    A. x（［2 7］）=（0 0）　　　　　B. x（［2,7］）=［0, 0］

    C. x［（2,7）］=［0 0］　　　　　D. x［（2 7）］=（0 0）

7. 在 MATLAB 中，依次执行以下指令：clear; A=ones(3,4); A(:)=[-6:5]. 这时，若在指令窗中输入指令 b=A(:,2)，那么，MATLAB 输出的结果应该是（　　）.

    A. b = -3　-2 -1　　　　　　　　B. b = -2 -1 0 1

    C. b = -5 -1 3　　　　　　　　　D. b = -5 -2 1 4

8. MATLAB 中，绘制三维曲面图的函数是（　　）.

    A. surf　　　　　　B. plot　　　　　　C. subplot　　　　D. plot3

9. MATLAB 中，要绘制三维空间曲线，应该使用（　　）函数.

    A. polar　　　　　　B. plot　　　　　　C. subplot　　　　D. plot3

10. 在 MATLAB 中，能正确的把 x、y 定义成符号变量的指令是（　　）.

    A. sym x y　　　　　　　　　　　B. sym x , y

    C. syms x , y　　　　　　　　　　D. syms x y

三、程序编写题

1. 请编写一段 MATLAB 程序，完成以下功能：

（1）找出 100~200 的所有质数，将这些质数存放在一个行数组里；

（2）求出这些质数之和；

（3）求出 100~200 的所有非质数之和（包括 100 和 200）.

2. $y = \left(0.7 + \dfrac{2\cos x}{1 + x^2}\right)\sin x$，编写一段 MATLAB 程序，要求如下：

（1）在［0, 2π］区间，每隔 0.01 取一个 x 数值，计算出相应的 y 的函数值；

（2）根据 MATLAB 计算出的数据，找出在［0, 2π］内该函数的极小值的坐标.

3. 编写一段 MATLAB 程序，绘制二元函数 $z = \dfrac{2\sin x \sin y}{xy}$ 的三维网线图，要求如下：

（1）x、y 的取值范围为 $-9 \leqslant x \leqslant 9$，$-9 \leqslant y \leqslant 9$；

（2）x、y 每隔 0.5 取一个点；

（3）图形的线型和颜色由 MATLAB 自动设定.

4. 编写一段 MATLAB 程序，绘制函数 $y_1 = x\sin\left(\dfrac{1}{x}\right)$，$y_2 = \sin(2x)$ 的图形，要求如下：

（1）x 的取值范围为 $-3 \leqslant x \leqslant 3$；

（2）x 每隔 0.01 取一个点；

（3）y_1 和 y_2 的图形要画在同一幅图里；

（4）图形的线型和颜色由 MATLAB 自动设定.

5. 求函数 $y = (1 + x)^{\frac{1}{x}}$ 在 $x = 0$ 处的极限.

6. 请编写一段 MATLAB 程序，求解下列方程组：

$$\begin{cases} x_1 + x_2 + 3x_3 - x_4 = 2, \\ x_2 - x_3 + x_4 = 1, \\ x_1 + x_2 + 2x_3 + 2x_4 = 4, \\ x_1 - x_2 + x_3 - x_4 = 0. \end{cases}$$

7. 请编写一段 MATLAB 程序，求下列函数在 $t=b$ 处的 3 阶导数：

$$y = a\sin(be^{c^t} + t^a).$$

8. 编写一段 MATLAB 程序，求下列不定积分：

$$\int \frac{1}{\sin^3 x}dx \int \frac{1}{a^2 - x^2}dx \int \frac{\sqrt{x^2 - 3} - \sqrt{x^2 + 3}}{\sqrt{x^4 - 9}}dx.$$

第 7 章　数学建模

【名人名言】

　　数学对观察自然作出重要的贡献，它解释了规律结构中简单的原始元素，而天体就是用这些原始元素建立起来的.

——开普勒

趣味阅读——数学建模发展简史

　　数学建模是在 20 世纪 60 和 70 年代进入一些西方国家大学的，我国的几所大学也在 80 年代初将数学建模引入课堂. 经过多年的发展，现在绝大多数本科院校和许多专科学校都开设了各种形式的数学建模课程和讲座，为培养学生利用数学方法分析、解决实际问题的能力开辟了一条有效的途径.

　　大学生数学建模竞赛最早是 1985 年在美国出现的，1989 年在几位从事数学建模教育的教师的组织和推动下，我国几所大学的学生开始参加美国的竞赛，而且积极性越来越高，在近几年的比赛中，我国的参赛校数、队数占到相当大的比例. 可以说，数学建模竞赛是在美国诞生，在中国开花、结果的.

　　1992 年，由中国工业与应用数学学会组织举办了我国 10 个城市的大学生数学模型联赛，74 所院校的 314 队参加. 教育部领导及时发现并扶植、培育了这一新生竞赛，决定从 1994 年起由教育部高等教育司和中国工业与应用数学学会共同主办全国大学生数学建模竞赛，每年一届. 全国大学生数学建模竞赛是全国高校规模最大的课外科技活动之一. 本竞赛每年 9 月（一般在中旬某个周末的星期五至下周星期一，共 3 天，72 小时）举行，竞赛面向全国大学生，不分专业，但竞赛分本科、专科两组，本科组竞赛所有大学生均可参加，专科组竞赛只有专科生（包括高职、高专生）可以参加.

【导学】

　　数学模型（Mathematical Model）是一种模拟表示，是用数学符号、数学式子、程序、图形等对实际课题本质属性的抽象而又简洁的刻画，它或能解释某些客观现象，或能预测未来的发展规律，或能为控制某一现象的发展提供某种意义下的最优策略或较好策略. 数学模型一般并非现实问题的直接翻版，它的建立常常既需要人们对现实问题深入细微的观察和分析，又需要人们灵活巧妙地利用各种数学知识. 这种应用知识从实际课题中抽象、提炼出数学模型的过程就称为数学建模（Mathematical Modeling）.

§7.1　数学建模概述

7.1.1　引例

引例 1　（储蓄问题）总本金 N 元，不妨设 7 种不同存款方式的月利率分别为 R_i（$i=1$，2，$\cdots$，7），10 年共 120 个月，而且每种存款方式到期后所有本息全部自动转存，或改存另外的方式．对第 i 种存款方式来说，一个存期到期后的本息总额为

$$A_i = (1 + R_i)^{n_i} N,\ (i = 1,\ 2,\ \cdots,\ 7)$$

这是一个基本的模型，对于每一个存款方式的一个存期的本息总额都可以算出，然后可以续存，也可以改存，本息总额都可以计算，也可以讨论各种不同方式进行组合存，最终使 10 年后有最高的收益．

事实上，采用多种方式组合存，使最终的收益最大，这个问题可以看成一个组合优化问题，可以在以后的学习中进一步研究．

引例 2　（军备竞赛问题）首先，由于各自的历史地位、地理环境和领土争端等原因，双方都有一个固有的增加军备的需求，即各自的固有军备增长率，分别记为常数 α 和 β．

其次，双方的军备增长与双方的敌对程度有关，即随着敌对情绪的增长而增加．如果一方的军备增加了，则另一方也必然要增加自己的军备，以便赶上或超过对方，即甲方的军备实力的增长与乙方的军备实力成正比，反之亦然．其比例系数分别记为 a 和 b，即表示受对方现有军备实力的刺激程度的度量．

再次，各方军备的增长与现有军备实力有关，由于经济实力的制约作用，军备实力越大，受经济制约的程度就越大，即军备增长率减少的程度与现有的军备实力成正比，其比例系数分别记为 c 和 d，即表示双方受各自经济制约程度的度量．

于是，可以得到甲乙双方的军备实力的增长率变化情况，即军备竞赛的数学模型为

$$\begin{cases} \dfrac{\mathrm{d}x}{\mathrm{d}t} = -cx + ay + \alpha, \\[2mm] \dfrac{\mathrm{d}y}{\mathrm{d}t} = bx - dy + \beta. \end{cases} \tag{7-1}$$

为了研究军备竞赛的结局，来求式（7-1）的平衡点，即令

$$\begin{cases} -cx + ay + \alpha = 0, \\ bx - dy + \beta = 0, \end{cases}$$

可以解得平衡点为

$$x^* = \frac{d\alpha + a\beta}{cd - ab},\ y^* = \frac{b\alpha + c\beta}{cd - ab}\ (cd \neq ab).$$

由此，可以对参数 a、b、c、d、α 和 β 相互之间的取值及关系进行讨论，分析军备竞赛的关系和效果．

结论：

（1）当双方制约发展军备的程度小于刺激对方发展军备的程度时，双方的军备竞赛

会无限地进行下去，最终导致战争；

（2）当双方没有厉害冲突和争端，和平共处时，都没有发展军备的欲望；

（3）当双方军备竞赛客观存在时，最终双方的军备实力还是会强大起来，最终达到平衡；

（4）由于一方军备的存在对另一方有一定的刺激作用，同时各方都有固有的军备增长需求，则双方的军备很快会发展起来，这说明单方面的裁军是不会长久的.

引例 3 （**军用设备的海中投放问题**）军方需要用轰炸机定点空投一军用球形设备到某海域，飞机速度为 100 m/s，球形设备半径为 0.1 m，密度为 0.85，当地海水密度为 1.03，若此设备在水中的摩擦力与速度相反且成正比，比例系数为 0.5 kg·s/m.

（1）军方希望球形设备不要落入比 65 m 还深的海水里，请你分析飞机当时飞行的高度应为多少？

（2）军方也关心球形设备停在海面上时的位置，请你给出具体的相对位置；

（3）试描述球形设备的轨迹特征，并画出球形设备的运动轨迹示意图.

分析：

（1）将下降过程分为两部分：水上部分与水下部分.

对于水上部分可以建立如下模型：

$$\begin{cases} \dfrac{1}{2}gt^2 = h, \\ v_s = gt, \\ s = v_0 t. \end{cases}$$

对于水下部分，将摩擦力在水平方向以及竖直方向上进行分解. 水平方向的摩擦力大小只与水平方向的初速度有关系，而竖直方向的摩擦力自然只与竖直方向的初速度有关系. 而进入海里的深度只与竖直方向有关. 因而只需要考虑竖直方向即可，可建立如下模型：

$$\begin{cases} ml''(t)x = k \cdot g \cdot l'(t) + f_{浮} - G_0, \\ l(0)x = 0, \\ l'(0) = v_0. \end{cases}$$

其中

$$\begin{cases} G_0 = \dfrac{4}{3} \times 0.85 \times (0.1^3\pi)g = 35.6, \\ f_{浮} = \dfrac{4}{3} \times 0.18 \times (0.1x^3\pi)xg = 7.54, \\ m = \dfrac{4}{3} \times 0.85 \times (0.1^3\pi)xg \times 1\,000, \end{cases}$$

t 是入水的时间，$l'(t)$ 是竖直方向 t 时刻的速度，$l''(t)$ 是竖直方向的加速度，$l(0)$ 是零时刻球在竖直方向的位移，$l'(0)$ 是零时刻的竖直方向的速度.

由于 v_0 并不是已知的，将球减速的过程看作球从 65 m 处往海面上升的加速过程，从而有

$$\begin{cases} ml_1''(t)x = k \cdot g \cdot l_1'(t) + f_浮 - G_0, \\ l_1(0) = 0, \\ l_1'(0) = 0. \end{cases}$$

求解得 $l_1(t) = 1.1\,e^{1.37t} - 1.51t - 1.1$. 又 $l_1(t) = 65$，则可求解出时间 t 和飞行高度 h.

（2）根据问题（1）可以求得物体在水面上的水平位移 s_1，现在只要求得在水中的水平位移 s_2 就可以得到最终的物体停在海面上的位置 $s_1 + s_2$.

建立如下模型：

$$\begin{cases} mh''(t) = k \cdot g \cdot h'(t), \\ h(0)x = 0, \\ h'(0) = v_0, \end{cases}$$

其中

$$\begin{cases} m = \dfrac{4}{3} \times 0.85 \times (0.1^3 \pi) = 3.65, \\ v_0 = 100, \end{cases}$$

$h'(t)$ 是水平方向 t 时刻的速度，$h''(t)$ 是水平方向的加速度，$h(0)$ 是零时刻球在水平方向的位移，$h'(0)$ 是零时刻的水平方向的速度.

求解得 $h(t) = 72.65 - 72.65e^{-1.3764\,t}$ 和 $h'(t) = 100e^{-1.3764\,t} = 0$，则可以求出 s_2.

因而球最终所停的位置距离下落点为 $s_1 + s_2$.

（3）由问题（1）和问题（2），将海平面以下取成负数，则有模型：

$$\begin{cases} ml''(t) = kgl'(t) + f_浮 - G_0, \\ l(T) = -65, \\ l'(T) = 0. \end{cases}$$

求解得 $l(t) = 70.7\,e^{1.376t} + 1.51t - 70.67$.

结合问题（1）和问题（2）的解，作出球在空气中的平抛运动以及在水面下的运动轨迹.

7.1.2 数学模型与数学建模

1. 数学模型的定义

数学模型还没有一个统一的准确的定义，因为站在不同的角度可以有不同的定义. 不过从以上几个引例我们可以给出如下定义.

数学模型是针对现实世界的某一特定对象，为了一个特定的目的，根据特定的内在规律，作出必要的简化和假设，运用适当的数学工具，采用形式化语言，概括或近似地表述出来的一种数学结构式. 它或者能解释特定对象的现实性态，或者能预测对象的未来状态，或者能提供处理对象的最优决策或控制. 数学模型既来源于现实又高于现实，不是实际原形，而是一种模拟，在数值上可以作为公式应用，可以推广到与原物相近的一类问题，可以作为某事物的数学语言，可译成算法语言，编写程序在计算机上运行.

2. 数学模型的分类

（1）按模型的应用领域，数学模型可分为生物数学模型、医学数学模型、地质数学模型、数量经济学模型、数学社会学模型、数学物理学模型；

(2) 按是否考虑随机因素，数学模型可分为确定性模型和随机性模型；

(3) 按是否考虑模型的变化，数学模型可分为静态模型和动态模型；

(4) 按应用离散方法或连续方法，数学模型可分为离散模型和连续模型；

(5) 按建立模型的数学知识，数学模型可分为几何模型、微分方程模型、图论模型、规划论模型、马氏链模型；

(6) 按人们对事物发展过程的了解程度，数学模型可分为：①白箱模型，指那些内部规律比较清楚的模型，如力学、热学、电学以及相关的工程技术问题；②灰箱模型，指那些内部规律尚不十分清楚，在建立和改善模型方面还有许多工作要做的问题，如气象学、生态学、经济学等领域的模型；③黑箱模型，指那些内部规律还很少为人们所知的现象，如生命科学、社会科学等方面的问题，但由于因素众多、关系复杂，黑箱模型也可简化为灰箱模型来研究.

3. 数学建模的概念

数学建模就是用数学语言描述实际现象的过程. 这里的实际现象既包涵具体的自然现象，如自由落体现象，也包涵抽象的现象，如顾客对某种商品所取的价值倾向. 这里的描述不但包括对外在形态，内在机制的描述，也包括预测、试验和解释实际现象等内容.

我们也可以这样直观地理解这个概念：数学建模是一个让纯粹数学家（指只懂数学不懂数学在实际中的应用的数学家）变成物理学家、生物学家、经济学家甚至心理学家等的过程.

4. 数学建模的方法

数学建模是一种数学思考方法，是运用数学的语言和方法，通过抽象、简化，建立能近似刻画并解决实际问题的一种强有力的数学手段，常用的数学建模方法如下所述.

(1) 有机理分析法. 有机理分析法是从基本的物理定律以及系统的结构数据来推导出数学模型的方法.

1) 比例分析法——建立变量之间函数关系的最基本、最常用的方法.

2) 代数方法——求解离散问题（离散的数据、符号或图形等）的主要方法.

3) 逻辑方法——数学理论研究的重要方法，用以解决社会学和经济学等领域的实际问题，在决策论、对策论等学科中得到广泛应用.

4) 常微分方程法——解决两个变量之间的变化规律，关键是建立"瞬时变化率"的表达式.

5) 偏微分方程法——解决因变量与两个以上自变量之间的变化规律.

(2) 数据分析法. 数据分析法是利用大量的观测数据，借助统计方法建立数学模型的方法.

1) 回归分析法——用于对函数 $f(x)$ 的一组观测值 $[x_i, f(x_i)](i=1, 2, 3, \cdots, n)$ 确定函数的表达式，由于处理的是静态的独立数据，又称为数理统计方法.

2) 时间序列法——处理的是动态的相关数据，又称为过程统计方法.

(3) 仿真和其他方法.

1) 计算机仿真（模拟）——实质上是统计估计方法，等效于抽样试验.

• 离散系统仿真——有一组状态变量.

• 连续系统仿真——有解析表达式或系统结构图.

2）因子试验法——在系统上作局部试验，再根据实验结构进行不断分析修改，求得所需的模型结构.

3）人工实现法——基于对系统过去行为的了解和对未来希望达到的目标，并考虑系统有关因素的可能变化，人为地组成一个系统.

5. 数学建模的步骤

1）模型准备. 首先要了解问题的实际背景，明确建模目的，搜集必需的各种信息，尽量弄清对象的特征，用数学语言来描述问题.

2）模型假设. 根据对象的特征和建模目的，对问题进行必要的、合理的简化，用精确的语言作出假设是建模至关重要的一步. 如果对问题的所有因素一概考虑，无疑是一种有勇气但方法欠佳的行为，所以高超的建模者能充分发挥想象力、洞察力和判断力，善于辨别主次，而且为了使处理方法简单，应尽量使问题线性化、均匀化.

3）模型建立. 根据所作的假设分析对象的因果关系，利用对象的内在规律和适当的数学工具，构造各个量间的等式关系或其他数学结构. 这时，我们便会进入一个广阔的应用数学天地，这里在高数、概率"老人"的膝下，有许多可爱的"孩子们"，如，图论、排队论、线性规划、对策论等. 不过我们应当牢记，建立数学模型是为了让更多的人明了并能加以应用，因此工具愈简单愈有价值.

4）模型求解. 可以采用解方程、画图形、证明定理、逻辑运算、数值运算等各种传统的和近代的数学方法，特别是计算机技术进行模型求解. 一道实际问题的解决往往需要纷繁的计算，许多时候还要将系统运行情况用计算机模拟出来，因此编程和熟悉数学软件包能力便举足轻重.

5）模型分析. 对模型解答进行数学上的分析. 能否对模型结果作出细致精确的分析，决定了模型能否达到更高的档次. 还要记住，不论那种情况都需进行误差分析、数据稳定性分析.

6）模型检验. 将模型分析结果与实际情形进行比较，以此来验证模型的准确性、合理性和适用性. 如果模型与实际较吻合，则要对计算结果给出其实际含义并进行解释. 如果模型与实际吻合较差，则应该修改假设，再次重复建模过程.

（7）模型应用. 应用方式因问题的性质和建模的目的而异.

注意 对于问题已知、条件比较明确的实际问题，我们在建立数学模型时，可以根据自己的需要来简化数学建模步骤，可以将问题分析、模型假设、模型建立或模型求解等放在一起来考虑，不必特意写出标准步骤.

7.1.3 典型问题讲解

1. 人、狗、鸡、米过河问题

（1）模型准备（即问题陈述）。某人要带狗、鸡、米过河，但小船除需要人划外，最多只能载一物过河，而当人不在场时，狗会咬鸡、鸡会吃米，问此人应如何过河才能将狗、鸡、米都安全地带过河？

（2）模型假设.

1）假设当人不场时，狗会咬鸡，鸡会吃米，而狗不会吃米.

2）设初始时刻，人、狗、鸡、米都在的河的这一边称作此岸，而另一边称作彼岸.

3）设 $S_i = (A_i,\ B_i,\ C_i,\ D_i)$ （$i = 0,\ 1,\ 2,\ \cdots$；$A_i,\ B_i,\ C_i,\ D_i$ 的取值为 0 或者 1）为第 i 次此岸的状态变量，$u_{k=}(a_k,\ b_k,\ c_k,\ d_k)$（$k = 0,\ 1,\ 2,\ \cdots$；$a_k,\ a_k,\ c_k,\ d_k$ 的取值为 0 或者 1）为第 k 次的决策变量，设 $V_j = (A_j,\ B_j,\ C_j,\ D_j)$（$j = 0,\ 1,\ 2,\ \cdots$；$A_j,\ B_j,\ C_j,\ D_j$ 的取值为 0 或者 1）为第 j 次彼岸的状态变量.

（3）模型建立. 我们研究此问题的目的不在于找出答案，而是要通过建立合适的数学模型，设计出一种算法，利用计算机对其进行求解，得出我们所需的答案.

初始时刻人、狗、鸡、米在此岸，可视为初始状态；每次过河我们称作决策变量，过河后河两岸的状态都发生改变；全部过河后，人、狗、鸡、米都到了彼岸，可视为最终状态，这是一个状态转移问题，解决此问题的关键在于如何将每个安全状态通过相应安全过河的决策转换至下一个安全状态用数学语言进行描述，并用适当的工具进行处理.

我们用 $S_i = (A_i,\ B_i,\ C_i,\ D_i)$ 和 $V_j = (A_j,\ B_j,\ C_j,\ D_j)$ 这样四维向量来表示状态变量，向量的各个分量依次表示人、狗、鸡、米的状态，某物存在用 1 表示，不存在就用 0 表示. 例如 (0, 1, 0, 1) 表示人和鸡不存在于该状态，狗和米存在于该状态. 此岸的初始状态向量为 $S_0 = (1,\ 1,\ 1,\ 1)$，彼岸的最终状态向量为 $V_N = (1,\ 1,\ 1,\ 1)$. $u_k = (a_k,\ b_k,\ c_k,\ d_k)$ 为四维决策向量，分量 $a_k = 1$，在某一决策中，$b_k,\ c_k,\ d_k$ 中至多有一个取值为 1.

根据题意，并非所有的状态都是可取的. 例如，$S_m = (0,\ 0,\ 1,\ 1)$ 状态表示只要鸡和米在此岸，鸡就会吃米，所以此状态不能取，本问题中此岸与彼岸的状态变量和决策变量的可能取值分别如下：

此岸的状态变量：
$$S = \left\{ \begin{matrix} (1,\ 1,\ 1,\ 1),\ (1,\ 1,\ 1,\ 0),\ (1,\ 1,\ 0,\ 1),\ (1,\ 0,\ 1,\ 1),\ (1,\ 0,\ 1,\ 0) \\ (0,\ 0,\ 0,\ 0),\ (0,\ 0,\ 0,\ 1),\ (0,\ 0,\ 1,\ 0),\ (0,\ 1,\ 0,\ 0),\ (0,\ 1,\ 0,\ 1) \end{matrix} \right\}$$

彼岸的状态变量：
$$V = \left\{ \begin{matrix} (1,\ 1,\ 1,\ 1),\ (1,\ 1,\ 1,\ 0),\ (1,\ 1,\ 0,\ 1),\ (1,\ 0,\ 1,\ 1),\ (1,\ 0,\ 1,\ 0) \\ (0,\ 0,\ 0,\ 0),\ (0,\ 0,\ 0,\ 1),\ (0,\ 0,\ 1,\ 0),\ (0,\ 1,\ 0,\ 0),\ (0,\ 1,\ 0,\ 1) \end{matrix} \right\}$$

决策变量：
$$U = \{ (1,\ 0,\ 0,\ 0),\ (1,\ 0,\ 0,\ 1),\ (1,\ 0,\ 1,\ 0),\ (1,\ 1,\ 0,\ 0) \}$$

事物从一种状态进入另一种可取状态可以由此状态向量和相应的决策向量通过加减法运算来完成，因此建立相应的数学模型如下：
$$\begin{cases} S_i - u_{i+1} = S_{i+1}, \\ V_i + u_{i+1} = V_{i+1}, \end{cases} (S_i \in S,\ u_i \in U,\ V_i \in V,\ i = 0,\ 2,\ 4,\ 6,\ \cdots),$$
$$\begin{cases} V_i - u_{i+1} = V_{i+1} \\ S_i + u_{i+1} = S_{i+1}, \end{cases} (S_i \in S,\ u_i \in U,\ V_i \in V,\ i = 1,\ 3,\ 5,\ 7,\ \cdots).$$

（4）模型求解. 这里用笔算的方法简单介绍求解过程.

第一次渡河：
$$\begin{cases} S_0(1,\ 1,\ 1,\ 1) - u_1(1,\ 0,\ 1,\ 0) = S_1(0,\ 1,\ 0,\ 1), \\ V_0(0,\ 0,\ 0,\ 0) + u_1(1,\ 0,\ 1,\ 0) = V_1(1,\ 0,\ 1,\ 0), \end{cases} (S_i \in S, u_i \in U, V_i \in V,),$$

第二次渡河：

$$\begin{cases} V_1(1,\,0,\,1,\,0) - u_2(1,\,0,\,0,\,0) = V_2(0,\,0,\,1,\,0), \\ S_1(0,\,1,\,0,\,1) + u_2(1,\,0,\,0,\,0) = S_2(1,\,1,\,0,\,1), \end{cases} \quad (S_i \in S,\ u_i \in U,\ V_i \in V,\ ),$$

……

按照此方法可继续进行下去，直至彼岸出现终止状态向量 $V_N = (1,\,1,\,1,\,1)$.

于是求得渡河方案：①人带鸡到彼岸；②人独自回到此岸；③人带狗（或米）到彼岸；④人带鸡回到此岸；⑤人带米（或狗）到彼岸；⑥人独自回此岸；⑦人带鸡到彼岸. 这样就全部过河.

（5）模型分析与应用. 人、狗、鸡、米过河问题只是一个数学游戏，但经过我们引入一系列严格定义和运算，用数学语言对其进行描述，最终将其"翻译"成一个数学问题（状态转移问题）. 这一过程，是数学建模中一个重要环节，由于这里规定运算很容易在计算上实现，这样就把一个数学游戏转化成了一个可以在计算机上进行计算的数学问题（即数学建模）.

2. 物体冷却过程的数学模型

将某物体放置于空气中，在时刻 $t = 0$ 时，测得它的温度为 $u_0 = 150\ ℃$，10 min 后测量得温度为 $u_1 = 100\ ℃$，试求决定此物体的温度 u 和时间 t 的关系. 并计算 20 min 后物体的温度.

（1）模型准备（即问题陈述）. 将某物体放置于空气中，因与空气之间存在温度差，物体的温度会随着时间的变化而变化，试确定物体温度的变化规律.

（2）模型假设.

1）假设热量总是从温度高的物体向温度低的物体传导.

2）假设物体温度的变化只与该介质的温度有关，与周围风速等其他因素无关.

3）假设物体温度的变化率与这物体的温度和其所在介质温度之差成正比.

4）假设介质的温度不受物体温度的影响，恒温在 $u_\alpha = 24\ ℃$.

5）假设在 t 时刻物体的温度为 $u = u(t)$.

（3）模型建立. 物体在 t 时刻的温度为 $u = u(t)$，则在该时刻物体温度的变化速度为 $\dfrac{\mathrm{d}u}{\mathrm{d}t}$. 由于热量总是从温度高的物体向温度低的物体传导，而 $u_0 > u_\alpha$，所以温差 $u_0 - u_\alpha$ 恒为正；又因物体的温度将随时间流逝而逐渐冷却，故温度变化速度 $\dfrac{\mathrm{d}u}{\mathrm{d}t}$ 恒为负，因此由牛顿冷却定律得

$$\frac{\mathrm{d}u}{\mathrm{d}t} = -K(u - u_\alpha). \tag{7-2}$$

其中 $K > 0$ 是比例常数. 式（7-2）就是物体冷却过程的数学模型.

（4）模型求解. 为了确定物体温度 $u(t)$ 和时间 t 的关系，我们要从式（7-2）中解出 $u(t)$. 注意到 u_α 是常数，且 $u - u_\alpha > 0$，可将式（7-2）改写为

$$\begin{cases} \dfrac{\mathrm{d}(u - u_\alpha)}{u - u_\alpha} = -K\mathrm{d}t, \\ u(0) = u_0. \end{cases}$$

解微分方程得 $\ln(u - u_\alpha) = -Kt + C_1$，则
$$u - u_\alpha = e^{-Kt + C_1} = Ce^{-Kt},$$
即 $u = u_\alpha + Ce^{-Kt}$．

将初始条件 $t = 0$，$u = u_0$ 代入上式得
$$C = u_0 - u_\alpha,$$
即 $u = u_\alpha + (u_0 - u_\alpha) e^{-Kt}$．

又根据条件，当 $t = 10$ 时，$u = u_1$，代入上式得
$$u_1 = u_\alpha + (u_0 - u_\alpha) e^{-10K},$$
$$K = \frac{1}{10}\ln \frac{u_0 - u_\alpha}{u_1 - u_\alpha},$$
将 $u_0 = 150$，$u_1 = 100$，$u_\alpha = 24$ 代入得到
$$K = \frac{1}{10}\ln \frac{150 - 24}{100 - 24} = \frac{1}{10}\ln 1.66 = 0.051.$$
从而得 $u = 24 + 126e^{-0.051t}$．

（5）模型分析．

当 $t = 20$ 时，$u = 69.4350$，经过 2 h 后，即当 $t = 120$ 时，$u = 24.2770$，当 $t = 180$ 时，$u = 24.0130$，这时一般的仪器已测不出物体的温度与空气温度的差别，我们可以认为这时冷却过程基本结束．

习题 7.1

1.（公平的席位分配）三个系共有学生 200 名（甲系 100 名，乙系 60 名，丙系 40 名），代表会议共 20 席，按比例分配，三个系分别为 10、6、4 席．

（1）现因学生转系，三系人数分别为 103 名、63 名、34 名，问 20 席如何分配？

（2）若增加为 21 席，又如何分配席位？

2.（录像机计数器的用途）经试验，一盘标明 180 min 的录像带从头录到尾，用时 184 min，计数器读数从 0000 变到 6061．在一次使用中录像带已经录过大半，计数器读数为 4450，问剩下的一段还能否录下 1 h 的节目？

§7.2　初等数学模型

现实世界中有很多问题，它的机理较简单，用静态、线性或逻辑等方法即可建立模型，使用初等数学方法即可求解，我们称之为初等数学模型．本节主要介绍有关自然数、比例关系、状态转移及量纲分析等建模例子，这些问题所用到的分析处理方法能帮助读者开拓思路，提高分析、解决实际问题的能力．

7.2.1　关联函数问题

函数是描述客观事物变化规律的数学概念，利用函数的有关知识（定义域、值域、性态、图形）分析、研究客观事物的发展变化规律，解决相关的实际问题，这就是函数

的应用.

例1（蔬菜农药清洗问题） 用水清洗蔬菜上的残留农药，显然，用水越多洗掉的农药量越多，但总还有农药残留在蔬菜上. 设用 x 单位量的水清洗一次以后，蔬菜上残留的农药与本次清洗前残留的农药量之比为函数 $f(x)$，故可设 $f(x) = \dfrac{1}{1 + x^2}$. 现有 a 单位量的水，可以清洗一次，也可以把水平均分成 2 份后清洗两次，试问：哪种方案清洗后蔬菜上残留的农药量比较少？说明理由.

解 a 单位量的水，清洗一次后，残留的农药量为

$$W_1 = f(a) \cdot f(0) = \frac{1}{1 + a^2},$$

其中 $f(0) = 1$，表示没有用水洗时蔬菜上的农药量保持原样，设为 1.

把 a 单位量的水平均分为成 2 份后清洗两次，残留的农药量为

$$W_2 = \left[f\left(\frac{a}{2}\right) \cdot f(0) \right] \cdot f\left(\frac{a}{2}\right) = f^2\left(\frac{a}{2}\right) = \left[\frac{1}{1 + \left(\dfrac{a}{2}\right)^2} \right]^2 = \frac{16}{(4 + a^2)^2}.$$

由于 $W_1 - W_2 = \dfrac{1}{1 + a^2} - \dfrac{1}{(4 + a^2)^2} = \dfrac{a^2(a^2 - 8)}{(1 + a^2)(4 + a^2)^2}$，因此，当 $a > 2\sqrt{2}$ 时，$W_1 > W_2$，即清洗两次后残留的农药量较少；当 $a = 2\sqrt{2}$ 时，$W_1 = W_2$，即两种清洗方式效果相同；当 $0 < a < 2\sqrt{2}$ 时，$W_1 < W_2$，即清洗一次后残留的农药量较少.

评析 本例是一个被数学化的问题，就是说从题意出发已经假定了一个数学模型，即 $f(x) = \dfrac{1}{1 + x^2}$，这种假定的数学模型是本例的关键也是本例的难点. 对函数 $f(x)$ 为什么能作这样的假定，本例并没有作说明. 尽管如此，$f(x)$ 是符合"用水越多，洗掉的农药量也越多，但总还有农药量残留在蔬菜上"这一段话的，即 $f(x)$ 在 $[0, +\infty)$ 上单调递减，且 $0 < f(x) \leqslant 1$. 可见对实际问题中生活语言的接受、交换、理解、处理、转译也体现一种数学能力，即善于将生活语言转化为数学语言（数学符号或解析式）. 本例是我们生活中天天要遇到的问题，贴近生活，读者能感受真切，可使我们感悟数学的实用价值.

例2（"非典"治疗问题） 某种抗生素药有治疗"非典"的作用，该药液注入人体后每毫升血液中的含药量（μg）与时间 t（h）之间的关系近似地满足图 7-1 所示的折线.

（1）求出注入药液后，每毫升血液中含药量 y 与时间 t 之间的函数关系及自变量的取值范围；

（2）据临床观察，每毫升血液中含药量不少于 4μg 时，控制某种疾病是有效的，如果病人按规定的剂量注射该药液后，那么这一次注射的药液经过多长时间后控制病情开始有效？这个有效时间有多长？

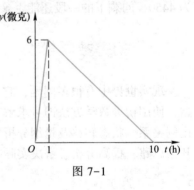

图 7-1

（3）假若某病人一天中第一次注射药液是在 6 点钟，问怎样安排此人从 6：00—20：00 注射药液的时间，才能使病人的治疗效果最好？

解　（1）每毫升血液中含药量 y 和时间 t 之间的函数关系为如下的分段函数：

$$y = \begin{cases} 6t, & 0 \leqslant t \leqslant 1, \\ -\dfrac{2}{3}(t-10), & 1 < t \leqslant 10. \end{cases}$$

（2）在 $y = 6t$ 中，令 $y = 4$，即 $4 = 6t$，得 $t = \dfrac{2}{3}$，由此可知注射药液后经过 $\dfrac{2}{3}$ h 控制病情开始有效.

在 $y = -\dfrac{2}{3}(t-10)$ 中，令 $y = 4$，即 $4 = -\dfrac{2}{3}(t-10)$，得 $t = 4$，$4 - \dfrac{2}{3} = 3\dfrac{1}{3}$，故控制病情的有效时间为 $3\dfrac{1}{3}$ h.

（3）由（2）知注射药液后经过 $\dfrac{2}{3}$ h 开始有效控制病情，控制病情的有效时间为 $3\dfrac{1}{3}$h，可见从注射开始到控制失效的时间是 4 h，因此应如下安排注射时间：第一次注射时间是 6：00，第二次注射时间是 10：00，第三次注射时间是 14：00，第四次注射时间是 18：00，即在 6：00—20：00 之间注射药液四次治疗效果最好，如图 7-2 所示.

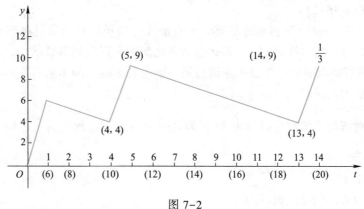

图 7-2

评析　图形作为一种数学语言体现了一种重要的数学应用思想. 本例的关键在于读懂图形所代表的含义，将图形数学语言转译为符号数学语言，即把"形"转化为"数"，得到在不同时段内血液中含药量 y 与时间 t 的函数关系（分段函数），有了这个函数关系后，根据有效药量（不少于 4 μg）就可计算出注射时间.

例 3（交通路口的黄绿灯问题） 已知某十字路口宽 45 m，交通路口附近最大限速为 45 km/h，设汽车启动和刹车的加速度均为 5 m/s²，试问：

（1）绿灯持续时间最小要设置多长才能保证在绿灯期间有 10 辆汽车通过交通白线？

（2）黄灯持续时间最小要设置多长才最安全？

解　（1）针对绿灯情况，我们作如下假设：

（a）车辆在路口作匀速直线运动或匀加速直线运动；（b）车辆径直前行，不拐弯；（c）绿灯亮前，车辆在白线前已排成长队；（d）每辆车长 $L = 5$ m，车辆之间间隔 $\Delta L = 2$ m；（e）司机反应时间为 $\Delta t = 1$ s，第 1 辆车的司机看到绿灯的反应时间为 Δt，第 n 辆

车的司机看到第 $n-1$ 辆车启动的反应时间为 Δt.

那么，以车辆前进方向可作一数轴，原点为白线，车辆的位置如图7-3所示. 由题意可知，汽车限速为 $v_0 = 45\ \text{km/h} = 12.5\ \text{m/s}$，加速度 $a = 5\ \text{m/s}^2$，则

$$v = \begin{cases} 5t, & t \leqslant 2.5, \\ 12.5, & t > 2.5; \end{cases}$$

$$s = \begin{cases} 2.5t^2, & t \leqslant 2.5, \\ 12.5(t-2.5) + 2.5, & t > 2.5. \end{cases}$$

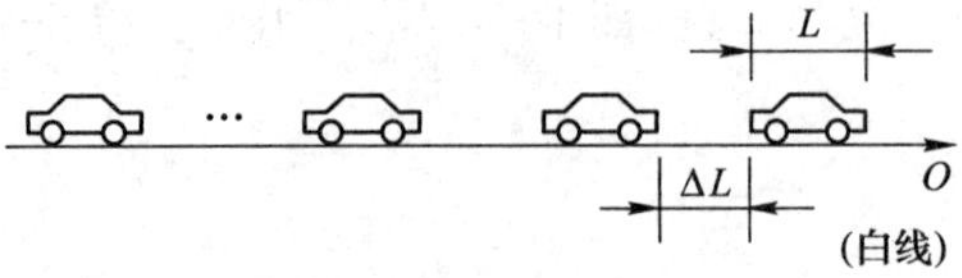

图 7-3

第 n 辆车的运行时间为总时间间隔 $- n\Delta t$，第 n 辆车的起始位置为 $-(L + \Delta L)(n-1)$，设时间间隔为 T，则

$$2.5^3 + 12.5(T - n \cdot \Delta t - 2.5) \geqslant (n-1)(L + \Delta L)\ ,$$

当 $n = 10$ 时，$T \geqslant 16.29\ \text{s}$.

（2）注意到第一辆应该刹车的车应满足的条件是当司机看到黄灯亮时便立即采取刹车措施，也刚好在交通白线处停住. 那么这辆车之前的车都应当继续前行，之后的车应当刹车. 因此，黄灯持续时间应当是汽车通过第一辆应刹车的车刹车后行进的距离再加上十字路口的宽度所需的时间.

设司机看到黄灯后的反应时间为 Δt，最高限速为 v_0，加速度为 a，则 $t = \dfrac{v_0}{|a|}$，$s_1 = v_0 t - \dfrac{1}{2}at^2 = \dfrac{v_0^2}{2|a|}$，$s_2 = v_0 \cdot \Delta t$.

路面宽度为 L，则持续时间为

$$T = \frac{s_1 + s_2 + L}{v_0} = \Delta t + \frac{v_0}{2|a|} + \frac{L}{v_0}\ ,$$

将 $a = -5\ \text{m/s}^2$，$v_0 = 12.5\ \text{m/s}$，$L = 45\ \text{m}$，$\Delta t = 0.35\ \text{s}$ 代入上式，得 $T = 5.2\ \text{s}$.

评析 本例用到分段函数、解不等式、二次函数等一些基本的数学知识，怎样运用这些知识却并不简单. 因为实际问题通常是复杂的，受各种因素干扰和制约，所以解题之前就作了很多假设，这些假设是合理的、必要的. 没有这些假设我们无法把实际问题数学化，也就是说无法把非数学化问题变成数学化问题. 在合理的假设条件下，对交通路口的交通情况及各司机的反应时间作了详细分析，根据题设条件画出直观图，所有这些准备工作为解决问题打下了很好的基础. 整个解题过程合情合理，可理解、可接受、可信服、可读性强. 此问题很有实际意义.

例4（居民用水量和付款方式问题） 已知某市居民户用水收费方法是，水费＝基本费＋超额费＋损耗费. 当每月每户用水量不超过最低限量 $a\ \text{m}^3$ 时，只需付基本费（8元）和损耗费，超过部分每立方米付 b 元的超额费，已知每月每户的定额损耗费 c 不超过5元.

试根据表 7-1（某户一月、二月、三月的用水量和费用）求 a、b、c，并分析各个月的付款方式.

表 7-1 用水量和费用

月份	用水量/m³	水费/元
一月份	9	9
二月份	15	19
三月份	22	33

解 设每月用水量为 x m³，水费为 y 元，则

$$y = \begin{cases} 8 + c, & 0 < x \leq a, \quad (1) \\ 8 + c + b(x - a), & x > a \quad (2) \end{cases}$$

由题意知，$0 < c \leq 5$，故 $8 + c \leq 13$.

由表 7-1 知，二、三月份的水费均大于 13 元，故用水量 15 m³、22 m³ 均大于最低限量 a m³，将 $x = 15$、$x = 22$ 分别代入（2）式，得

$$\begin{cases} 19 = 8 + b(15 - a) + c, \\ 33 = 8 + b(22 - a) + c, \end{cases}$$

解得

$$b = 2, \ 2a = c + 19. \quad (3)$$

再分析一月份用水量是否超过最低限量，为此，不妨设 $9 > a$，将 $x = 9$ 代入（2）式，得

$$9 = 2(9 - a) + 8 + c,$$

可见，$2a = c + 17$ 与（3）式矛盾.

故 $9 \leq a$，则一月份的付款方式应选（1）式，可知 $8 + c = 9$，故 $c = 1$，代入（3）式得 $a = 10$.

综上，可知 $a = 10$，$b = 2$，$c = 1$. 显然二、三月份付款方式应选（2）式.

评析 本例是分段函数的应用问题. 很多实际问题只能用分段函数去表示，分段函数是解决实际问题的有力工具. 在某种条件下可通过分段去讨论某些参数，例如本例在 $0 < c \leq 5$ 这个已知条件下得出 $8 + c = 13$ 这个关键条件，然后求出 a、b、c，可得某市自来水公司对居民用水的收费数学模型，即前面的分段函数.

7.2.2 关联数列问题

数列是对变量的一种数量描述，它反映了变量的数值变化规律. 现实世界中很多实际问题都可以抽象为数列来进行研究. 对数列的通项、前 n 项的和、项数进行讨论，就能解决与数列有关的实际问题. 特别是在经营状况分析、投资风险研究、还贷期限预测等方面可发挥不可替代的作用.

例 5（购物分期付款问题） 某人用分期付款方式购买一件家用电器，价格为 1150 元，购买当天先付 150 元，以后每月这一天都交付 50 元，并加付欠款利息，月利率为 1%. 若以交付 150 元以后的第一个月作为开始表示分期付款的第一个月，问分期付款的第 10 个月该交付多少钱？全部货款付清后，买这件家用电器实际花费了多少钱？

解 购买当天付 150 元后，余欠款 1000 元，由题意分 20 次付清．由于每月这一天都必须交 50 元，外加所欠余款利息，这样每月这一天交付欠款的数额顺月构成一个等差数列．

设每月这一天交付欠款的数额顺次为 a_1，a_2，…，a_{20}．

则 $a_1 = 50 + 1000 \times 1\% = 60$（元），

$a_2 = 50 + (1000 - 50) \times 1\% = 59.5$（元），

$a_3 = 50 + (1000 - 2 \times 50) \times 1\% = 59$（元），

$$\vdots$$

$a_{10} = 50 + (1000 - 9 \times 50) \times 1\% = 55.5$（元），

$$\vdots$$

$a_{20} = 50 + (1000 - 19 \times 50) \times 1\% = 50.5$（元）．

显然，$\{a_n\}$ 是以 60 为首项，-0.5 为等差数列的公差，根据等差数列求和公式有

$$S_{20} = \frac{60 + [60 + (20 - 1)(-0.5)]}{2} \times 20 = 1105 \text{（元）}.$$

实际花费：$150 + 1105 = 1255$（元）．

评析 显然，实际花费比 1150 元多．从商家角度来看，时隔一年零八个月以后，由 1150 元得利润 105 元，应该说是划算的．而顾客一时没有足够的钱，采取分期付款方式也并不很吃亏，多付的 105 元能从 1150 元的一年零八个月的银行利息中挣回来吗？如果能，就得失相当；如果不能，则用分期付款方式划得来．购买商品房多数人采取分期付款方式，具体付款合同是否划算，应该仿此例算算细账．

例 6（借贷公司选择问题） 大家知道大额贷款等额偿还的问题是这样的：设贷款总额为 A，按复利计算每月等额偿还，月利率为 r，偿还期为 N 年，则每月偿还金额为

$$x = \frac{A (1 + r)^{12N} \cdot r}{(1 + r)^{12N} - 1}. \tag{7-3}$$

刘某欲向甲借贷公司贷款 40 万元用于购房，商定按复利计算每月等额偿还，月利率为 0.01，30 年还清，按式（7-3）计算，每月应偿还 4114.45 元．而乙借贷公司向刘某拉生意，说若向乙公司贷款，每月仍还那么多，只要 25 年就可还清，并可取整优惠，即每月还整数 4114 元，但要附上两个条件：一是每半月偿还一次，每次还 2057 元；二是预付三个月偿还金，即在借款时要扣除 $4114 \times 3 = 12342$ 元．

试解答以下三个问题：

（1）乙公司较甲公司对刘某是让利了还是多赚了？并估算让利了多少或多赚了多少？

（2）试估算乙公司对刘某的贷款方法中实际的半月利率是多少？

（3）如果半月利率定为 0.005，每半月还 2057 元，则借款 $400000 - 12342 = 387658$ 元，按式（7-3）贷款期 N 应为多少年？

解（1）一月利率与半月利率并不"等价"：按复利计算，一元钱存一个月，则一个月得利息是 0.01 元；而按半月计算，半月利率是 0.005，则一月后所得利息为 $(1 + 0.005)^2 - 1 = 0.010025$ 元，可见这两种利率不是"等价"的．

比较"让"与"赚"，应该在同样的贷款期内，同样的偿还期（都是一月一还，半月

一还，$\dfrac{1}{m}$ 月一还等) 的条件下进行比较.

刘某向乙公司借款，实际借款 $400000 - 4114 \times 3 = 387658$ 元，按半月利率 0.005 计算，25 年还清，则每半月应偿还

$$F(0.005) = \frac{387658 \times (1.005)^{600} \times 0.005}{(1.005)^{600} - 1} \approx 2040.65 \,(元).$$

而乙公司要求半月偿还 2057 元，比应偿还额还多 $2057 - 2040.65 = 16.35$（元），故 25 年多还

$$16.35 \times 600 = 9810 \,(元).$$

显然，与甲公司的利率比较，乙公司多赚刘某 9810 元.

（2）设乙公司贷款方法的实际半月利率为 r_0，则

$$F(r_0) = \frac{387658 \times (1 + r_0)^{600} \times r_0}{(1 + r_0)^{600} - 1} = 2057.$$

解方程求 r_0 是比较复杂的. 可用试算逼近的方法估值，见表 7-2，可见函数 $F(r_0)$ 是单调增加的，但在估算的范围内近似于线性，因此可断定 $r_0 \approx 0.00504751$.

表 7-2 试算逼近的方法估值

r_0	$F(r_0)$	$F(r_0)$ 的增值
0.0051	2075.11	
0.0049	2006.35	
0.005051	2058.20	
0.005050	2057.86	0.34
0.005049	2057.51	0.35
0.005048	2057.17	0.34
0.005047	2056.82	0.35

（3）根据式（7-3），有

$$2057 = \frac{387658 \times (1.005)^k \times 0.005}{(1.005)^k - 1}$$

其中 $k = 24N$，将这个关于 k 的方程变形为

$$(2057 - 387658 \times 0.005)(1.005)^k = 2057,$$

即 $(1.005)^k = \dfrac{2057}{118.71} = 17.3279$，解得 $k = \dfrac{\lg 17.3279}{\lg 1.005} = 571.889$，即 $24N = 571.889$，$N = 23.829$.

就是说贷款期为 23 年零 10 个月.

评析 贷款买房是大事，须慎重且应进行比较，俗话说"货买三家不吃亏". 乙公司的诱惑之言实为赚钱的圈套，不要轻信诱惑，应该仔细算计算计. 本例的月偿还金公式（7-3）值得研究，（2）中关于 r_0 的方程求解值得探讨，是否有其他方法呢？

例 7（债务、投资、利润问题）某大桥由投资联合体出资 25 亿，通车后政府将在 10 年内每年返回投资总额的 9.7%，该联合体拥有 25 年的经营权，对过往的各种车辆平均每

辆收费 30 元（估计日流量 1 万辆，一年按 365 天计算）.

（1）如果投资的 70% 是向银行贷款，年利率为 5%（以复利计算），并商议从通车第一年末开始等额偿还贷款和利息，那么投资联合体在通车后第几年可还清银行的全部债务？

（2）还清债务后过几年可收回全部投资？

（3）大桥拱顶将建造观光平台，桥东将建造世界上最高的摩天轮，估计每年获利 1000 万元，试问投资联合体在拥有经营期内获得的总利润是多少？

解　（1）贷款资金为 $25 \times 70\% = 17.5$（亿元），通车后年收过桥费为 $1 \times 30 \times 365 = 10950$（万元）$= 1.095$（亿元），政府每年回报 $25 \times 9.7\% = 2.425$（亿元）.

设通车后第 n 年可还清银行的全部债务，则

$$(1.095 + 2.425)\left[1 + (1 + 5\%) + (1 + 5\%)^2 + \cdots + (1 + 5\%)^{n-1}\right]$$
$$\geq 17.5(1 + 5\%)^{n+1},$$

化简得 $1.05^n \geq 1.353$，$n \geq \dfrac{\lg 1.353}{\lg 1.05}$，$n \geq 6.2$，故通车第 7 年后可还清银行的全部债务.

（2）设 7 年后又过 x 年可收回全部投资，则

$$(1.095 + 2.425)x \geq 25 - 17.5,$$

解得 $x \geq 2.13$，可知还需要 3 年可收回全部投资.

（3）7 年实际应还本利和为

$$17.5 \times (1 + 5\%)^7 = 24.62 \text{（亿元）};$$

自筹资金为

$$25 - 25 \times 70\% = 7.5 \text{（亿元）}.$$

收入：10 年政府回报为 $10 \times 25 \times 9.7\% = 24.25$（亿元）；

25 年过桥费收入共计为 $25 \times 1.095 = 27.375$（亿元）；

25 年文化设施收入为 $25 \times 0.1 = 2.5$（亿元）.

因此总利润为 $24.25 + 27.375 + 2.5 - 24.62 - 7.5 = 22.005$（亿元）.

故利润为 22.005 亿元.

评析　在市场经济中，投资是常事，但投资也有风险，因此必须进行仔细的测算. 本例在测算中用到复利公式、等额还贷、等比数列及对数运算等知识，整个测算过程合情合理，既照顾了投资者利益，又收到了最大的社会效益.

例 8（毕业生的求职应聘问题）在一次人才招聘会上，有甲、乙两家公司分别开出他们的工资标准：甲公司允诺第一年月工资收入为 1500 元，以后每年月工资比上一年月工资增加 230 元；乙公司允诺第一年月工资收入为 2000 元，以后每年月工资在上一年的月工资的基础上递增 5%. 设某人年初被甲、乙两家公司同时录取，试问：

（1）若该人分别在甲公司或乙公司连续工作 n 年，则他在第 n 年的月工资收入分别是多少？

（2）该人打算连续在一家公司工作 10 年，仅以工资收入总量较多作为应聘标准（不计其他因素），该人应该选择哪家公司？为什么？

（3）在甲公司工作比在乙公司工作的月工资收入最多可以多多少？（精确到 1 元）说明理由.

解　(1) 此人在甲、乙公司第 n 年的月工资收入分别为（x 为甲公司，b 为乙公司）
$$a_n = 1500 + 230(n - 1)，b_n = 2000(1 + 5\%)^{n-1}(n \in \mathbf{N}_+).$$

(2) 若该人在甲公司连续工作 10 年，则他的工资收入总量为
$$S_n = 12(a_1 + a_2 + \cdots + a_{10}) = 304200（元），$$
若该人在乙公司连续工作 10 年，则他的工资收入总量为
$$S_n = 12(a_1 + a_2 + \cdots + a_{10}) = 301869（元），$$
因为在甲公司收入总量高，该人应该选择甲公司.

(3) 问题等价于求 $c_n = a_n - b_n = 1270 + 230n - 2000 \times 1.05^{n-1}$ 的最大值.

当 $n \geq 2$ 时，$c_n - c_{n-1} = 230 - 100 \times 1.05^{n-1}$. 当 $c_n - c_{n-1} > 0$，即 $230 - 100 \times 1.05^{n-1} > 0$ 时，得 $n < 19.1$. 因此，当 $2 \leq n \leq 19$ 时，$c_{n-1} < c_n$；当 $n \geq 20$ 时，$c_n < c_{n-1}$. 所以 c_{19} 是数列 $\{c_n\}$ 的最大值，$c_{19} = a_{19} - b_{19} = 826.76 \approx 827（元）$.

这就是说，在甲公司工作比在乙公司工作的月工资收入最多可以多 827 元.

评析　本例的关键在建立第 n 年的工资收入与工作年数 n 的函数关系，有了这个函数关系，相关问题就可得到圆满解决. 解答问题 (3) 时要学会将问题转化，即求第 n 年的收入差 $c_n = 1270 + 230n - 2000 \times 1.05^{n-1}$ 的最大值. 在求 c_n 的最大值时要从 $c_n > c_{n-1}$ 和 $c_n < c_{n-1}$ 来确定一个年限区间 $[2, 19]$，在这个区间之内和之外讨论数列 $\{c_n\}$ 的单调性，从而得月工资收入差最大的第 19 年，连续工作超过 20 年，情形刚好相反，在乙公司的第 n 年收入高于甲公司.

7.2.3　关联几何问题

例 9（降雨量测算问题）　降雨量是指水平地面单位面积上所积雨水的深度. 现用上口直径为 32 cm，底面直径为 24 cm，深为 35 cm 的圆台形水桶来测量降雨量. 如果在一次降雨过程中，此桶中的雨水深为桶深的四分之一，求此次降雨的降雨量为多少 mm?

解　如图 7-4 所示，圆台形水桶的水深为 $O_1O_2 = \dfrac{35}{4}$ cm，而在 $\mathrm{Rt}\triangle A_1A_2B_1$ 和 $\mathrm{Rt}\triangle AA_2B$ 中，有

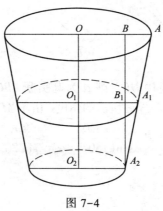

图 7-4

$$\dfrac{A_1B_1}{A_2B_1} = \dfrac{AB}{A_2B}，AB = \dfrac{32 - 24}{2} = 4，A_2B_1 = O_1O_2 = \dfrac{35}{4}，A_2B = 35，故$$

$$A_1 B_1 = \frac{AB \cdot A_2 B_1}{A_2 B} = \frac{4 \times \frac{35}{4}}{35} = 1 (\text{cm}),$$

水面半径 $O_1 A_1 = 12 + 1 = 13 (\text{cm})$，故桶中雨的体积（圆台）为

$$V = \frac{1}{3}\pi (12^2 + 12 \times 13 + 13^2) \times \frac{35}{4} = \frac{16415}{12}\pi (\text{cm}^3),$$

水桶上口的面积为 $S = \pi \times 16^2 = 256\pi (\text{cm}^2)$，设每 $1\ \text{cm}^2$ 的降雨量为 x，则

$$x = \frac{V}{S} = \frac{16415}{12}\pi \times \frac{1}{256\pi} \approx 5.3 (\text{cm}) = 53 (\text{mm}),$$

即此次降雨量为 53 mm.

评析 要求降雨量必须要明确降雨量的概念，即求单位面积上所降雨水的深度，而单位面积的降水深度是通过等积求解来解决的. 这就是本例求解思路. 本题用到的数学知识较为简单，即三角形相似及圆台体积的一些知识，但这些知识是如何被应用的，却是要认真研究分析的.

为什么把降雨量定义为用盛得的雨水的体积除以桶口面积，而不是除以水面面积呢? 其实在降雨过程中，雨水"落入"水桶口里，盛得雨水体积与桶口的大小有关，而与桶本身的形状是无关的. 这种解释客观地说明了降雨量定义的合理性.

例 10（遮阴棚搭建问题） 一遮阴棚为 $\triangle ABC$，其中 $AC = 3$，$BC = 4$，$AB = 5$，如图 7-5 所示. A、B 是地面上南北方向的两个定点，正西方向射出的太阳光线与地面成 $30°$ 角. 试问：遮阴棚与地面所成的角度为多少度时，才能保证遮阴面 ABD 的面积最大?

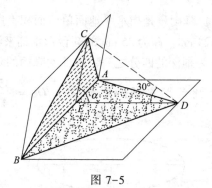

图 7-5

解 过点 C 作 $CE \perp AB$，连接 DE，则 α 为遮阴棚 ABC 与地面所成二面角的平面角. $\angle CDE = 30°$，即正面太阳光线与地面所成的角度. 由于 $AC = 3$，$BC = 4$，$AB = 5$，所以 $\triangle ABC$ 是直角三角形. 在 $\triangle CED$ 中，$\dfrac{ED}{\sin(150° - \alpha)} = \dfrac{CE}{\sin 30°}$，$ED = 2CE\sin(150° - \alpha)$，在 $\text{Rt}\triangle ABC$ 和 $\text{Rt}\triangle ACE$ 中，有

$$\frac{CE}{BC} = \frac{AC}{AB}, \quad CE = \frac{AC \cdot BC}{AB} = \frac{3 \times 4}{5} = \frac{12}{5}.$$

遮阴面 ABD 的面积为

$$S_{\triangle ABD} = \frac{1}{2} \cdot AB \cdot ED = \frac{1}{2} \cdot AB \cdot 2CE\sin(150° - \alpha)$$

$$= \frac{1}{2} \times 5 \times 2 \times \frac{12}{5}\sin(150° - \alpha) = 12\sin(150° - \alpha).$$

因为 $\sin(150° - \alpha)$ 的最大值是 1，故 $S_{\triangle ABD}$ 的最大值为 12，此时有 $150° - \alpha = 90°$，即 $\alpha = 60°$ 时，遮阴面 ABD 的面积最大.

评析 这是一道与立体几何有关的应用问题，关键在应用二面角的平面角概念，同时还要正确标出正西太阳光线与地面成 30° 角的角度所在的位置，即要有空间概念，能画出直观的图来. 本题虽然简单，但切合生活实际，有一定的实际意义.

例 11 （航线选择问题） 从北京（近似为北纬 40°，东经 120°）飞往南非的约翰内斯堡（近似为南纬 30°，东经 30°）有两条航线可供选择，如图 7-6 所示.

甲航空线：从北京向西飞到土耳其首都安卡拉（近似为北纬 40°，东经 30°），然后飞到目的地.

乙航空线：从北京向南飞到澳大利亚的珀斯（近似为南纬 30°，东经 120°），然后向西飞到目的地.

假如飞行航线走的都是球面距离，请问哪一条航线较（设地球半径为 R）短?

解 设 A 为北京，B 为约翰内斯堡，C 为安卡拉，D 为珀斯. 则甲航程为 A、C 两地的球面距离 d_{AC} 与 C、B 两地间的球面距离 d_{CB} 之和；乙航程是 A、D 两地间的球面距离 d_{AD} 与 D、B 两地间的球面距离 d_{DB} 之和. 即

$$S_{甲} = d_{AC} + d_{CB} , \quad S_{乙} = d_{AD} + d_{DB} .$$

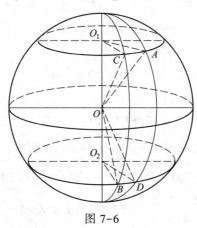

图 7-6

由于向南飞是沿着经度线的飞行，而经度线是地球的大圆线，所以 $d_{AD} = d_{CB}$，故只要比较 d_{AC}、d_{DB} 就可以了.

把地球看成一个球面，它的弦 $AC = \sqrt{2}R\cos 40°$，$DB = \sqrt{2}R\cos 30°$（$\angle AO_1C = \angle DO_2B = 120° - 30° = 90°$）.

因为 $\cos 40° < \cos 30°$，所以 $AC < DB$.

对于同一个球来说，较长的弦对应的球面距离也较大，故有 $d_{AC} < d_{DB}$，这说明两条航线中甲航线较短.

评析 本问题需把数学知识应用在地理方面，故需要理解经度、纬度的概念，也需要明确球面距离概念，还需要会求球面的弦长. 只有掌握了这些知识，才能正确无误地求

解. 由本例推知：同纬度上的两点（如 A、C 与 D、B），在经度不变的情况下（如 C、B 与 A、D），当纬度越高时，其球面距离越小，或两点距离越小.

7.2.4 关联解析几何问题

将"数"与"形"结合起来研究问题是解析几何的基本方法. 用解析几何解决实际问题的关键：要建立适当合理的坐标系，将实际问题中给定的条件正确地描绘在坐标系内，设动点 (x, y)，求出动点的轨迹方程是解决问题的基础和依据. 利用已知条件，对动点轨迹进行讨论研究，一定会解决实际问题.

例 12（台风预报问题） 在气象台 A 的正东方向 $300\ \text{km}$ 处有一台风中心，该台风中心正以每小时 $40\ \text{km}$ 的速度向西北方向移动. 离台风中心 $250\ \text{km}$ 以内的地方都将受其影响. 问：大约经过多少时间，气象台所在地将受到该台风的影响？影响的持续时间有多久？

解 如图 7-7 所示，以气象台 A 为坐标原点、正东方向为 x 轴正向建立平面直角坐标系. 以时间 t 为参数，建立台风中心 B 的参数方程为

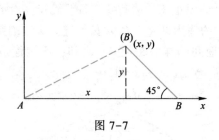

图 7-7

$$\begin{cases} x = 300 - 40 \times \dfrac{\sqrt{2}}{2}t, \\ y = 40 \times \dfrac{\sqrt{2}}{2}t. \end{cases}$$

根据题意，当 $|AB| \le 250$ 时，气象台 A 将受台风影响，即有

$$\sqrt{\left(300 - 20\sqrt{2}t\right)^2 + \left(20\sqrt{2}t\right)^2} \le 250.$$

解得 $\dfrac{15\sqrt{2} - 5\sqrt{7}}{4} \le t \le \dfrac{15\sqrt{2} + 5\sqrt{7}}{4}$，即 $1.99 \le t \le 8.61$.

由上面的不等式可知，气象台 A 所在地大约经过 $2\ \text{h}$ 后受到台风影响，影响的持续时间大约是 $6.6\ \text{h}$.

评析 坐标法是解决实际问题的一种十分有效的数学方法. 由于台风的移动是在平面中进行的，因此应该建立平面直角系来解决问题. 台风中心 B 的移动是随时间 t 而变化的，就是说 B 在移动过程中位置坐标为 $(x(t), y(t))$，因此得台风中心 B 的位置关于时间 t 的参数方程. 再利用两点的距离公式和受影响的范围条件建立不等式 $\sqrt{\left(300 - 20\sqrt{2}t\right)^2 + \left(20\sqrt{2}t\right)^2} \le 250$，这是本题最关键的一个不等式，它起源于参数方程，没有这个不等式，本例的问题是没有办法解决的. 解这个不等式不是很难，但有一定的计算量，一定要细心. 对于求得的 t 的变化范围要作出合理解释.

例 13（路灯杆高度问题） 路灯杆底座和一栋房子的楼梯口相距 $14\ \text{m}$，路灯杆与房子

正中间有一个半径为 3 m 的半球形（$x^2 + y^2 = 9$，$y \geqslant 0$）建筑物. 问：路灯应装多高才能照到房子的楼梯口？

解　如图 7-8 所示，取半球的球心为坐标原点建立坐标系. 过楼梯口 Q 作圆 O 的切线 l，切点为 B，路灯 $P(-7, h)$，楼梯口 $Q\,(7, 0)$，切线 l：$y = k(x - 7)$，即 $kx - y - 7k = 0$，这里 $k < 0$. 圆心 O 到切线 l 的距离 $|OB| = \dfrac{|-7k|}{\sqrt{k^2 + 1}} = 3$，解得 $k^2 = \dfrac{9}{40}$，$k = -\dfrac{3}{2\sqrt{10}}$，故得切线 l 的方程为 $y = -\dfrac{3}{2\sqrt{10}}x + \dfrac{21}{2\sqrt{10}}$. 为了使路灯能照到楼梯口 Q，路灯 $P(-7, h)$ 不能位于直线 l 的下方，即要求 $h \geqslant -\dfrac{3}{2\sqrt{10}} \times (-7) + \dfrac{21}{2\sqrt{10}} = \dfrac{21}{\sqrt{10}}$（m）. 就是说，路灯的最低高度为 $\dfrac{21}{\sqrt{10}}$ m 时才能照亮房子的楼梯口.

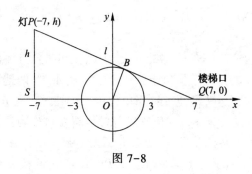

图 7-8

评析　这是一个实际问题，路灯杆太矮不能照亮楼梯口，太高要造成浪费，其高度只要能照亮楼梯口就行. 此题求解的关键在于建立合适的坐标系：以过路灯杆底座 S 和楼梯口 Q 的直线为 x 轴，过线段 SQ 的中点 O 的直线为 y 轴建立坐标系，并以 O 为圆心、3 为半径画圆，然后过楼梯 Q 作圆的切线，过 S 作 x 轴的垂线并与切线交于 P，则线段 SP 就是路灯杆的最小高度. 本例利用数形结合的方法，借助于解析几何，求出切线 QP 的方程 $y = -\dfrac{3}{2\sqrt{10}}x + \dfrac{21}{2\sqrt{10}}$，再以 $x = -7$ 代入得到 $y = \dfrac{21}{\sqrt{10}}$（m），就是路灯杆的最小高度. 解题思路清晰，方法合理得当，使人信服.

例 14（**异地购物问题**）　相距 10 km 的 A、B 两地出售同一价格的巨型冷柜，在 A、B 两地周围的单位从两地之一购得冷柜运回家的费用如下：从 A 地运回每千米运费是从 B 地运回每千米运费的 3 倍. 问在 A、B 两地周围的单位在何地购买最划算.

解　由于冷柜的价格相同，所谓最划算实际上就是运费最低. 设从 B 地购买每千米运费为 a，则从 A 地购买每千米运费为 $3a$. 取 AB 所在直线为 x 轴，线段 AB 的中垂线为 y 轴建立直角坐标系，如图 7-9 所示，可知 $A(-5, 0)$，$B(5, 0)$. 设动点 $P(x, y)$ 为单位所在地.

则单位从 A 地购买冷柜的运费为

$$W_A = 3a\sqrt{(x + 5)^2 + y^2}.$$

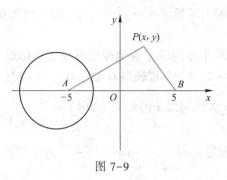

图 7-9

单位从 B 地购买冷柜的运费为

$$W_B = a\sqrt{(x-5)^2 + y^2}.$$

为了达到最划算的目的，显然要比较 W_A、W_B 的大小. 因此，不妨设 $W_A \geqslant W_B$，即

$$3a\sqrt{(x+5)^2 + y^2} \geqslant a\sqrt{(x-5)^2 + y^2}.$$

化简得 $(x + 6.25)^2 + y^2 \geqslant 3.75^2$.

可以验证圆 $(x + 6.25)^2 + y^2 = 3.75^2$ 上的点 $P(x, y)$ 到点 A 的距离等于点 $P(x, y)$ 到点 B 距离的三分之一，就是说单位位于圆周上时，从 A、B 两地购买的运费相同；当单位位于圆内时，在 A 地购买运费最便宜；当单位位于圆外时，在 B 地购买运费最便宜.

评析 数学的应用真是无处不在. 同货同价时所谓在何处购买最划算，实际上就是比较运费问题. 本问题的求解特点就是合理地建立坐标系，画出图形，利用坐标法建立在 A、B 两地购买的运费 $W_A(W_B)$ 关于单位所在地 $P(x, y)$ 的函数关系. 在假定 $W_A \geqslant W_B$ 时，得到圆 $(x + 6.25)^2 + y^2 = 3.75^2$. 显然购货单位在圆周上、圆内、圆外时运费是不同的. 从图示和解题过程来看，本例求得的结论是完全正确的.

例 15（"神舟"五号载人飞船变轨问题）"神舟"五号载人飞船运行期间，首先在近地点 200 km、远地点 350 km 的椭圆轨道上飞行，然后变轨在地球上空 343 km 的圆形轨道上飞行，共绕地球飞行 14 圈.

（1）求飞船的椭圆轨道的标准方程及在同一坐标系中的圆形轨道的方程；

（2）将飞船全程运行轨迹近似地当作圆，求飞船行驶的距离（以千米为单位）.

解 先假定地球是球体，取地球半径 $r = 6371$ km；地心在椭圆轨道的一个焦点上.

（1）如图 7-10 所示，取椭圆半长轴为 a，半短轴为 b，半焦距为 c，以椭圆中心为原点，分别以长轴和短轴为 x 轴和 y 轴，建立直角坐标系，地心在 x 轴的正半轴上.

已知 $AB = 200$，$CD = 350$，故有

$$a = \frac{2r + 350 + 200}{2} = 6646, \quad c = (350 + r) - a = 350 + 6371 - 6646 = 75,$$

$$b = \sqrt{a^2 - c^2} = 6645.58,$$

则椭圆轨道的方程为 $\dfrac{x^2}{6646^2} + \dfrac{y^2}{6645.58^2} = 1$.

变轨后圆形轨道的方程为 $(x - 75)^2 + y^2 = (r + 343)^2$，即 $(x - 75)^2 + y^2 = 6714^2$.

（2）取 $\pi = 3.14$，圆周长为 $2\pi(r + 343) = 42163.92$，所以飞行的距离为 $42163.92 \times$

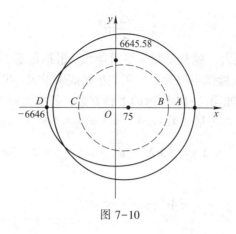

图 7-10

14 = 590294.88 km.

评析　本例求解关键在于深刻理解题意，根据题意正确合理地建立坐标系，画出运行轨道的图形，再根据题意和图形建立轨道的方程．这里用到了椭圆的基本知识，同时还需要有空间想象力来建立变轨后的圆形轨道的方程．通过分析及假定并利用数形结合方法很好地解决了实际问题．这里的假定是十分重要且合理的，否则问题就要复杂多了．

7.2.5　关联函数最值问题

在实际生活及工作中经常会遇到"用料最省""成本最低""利润最大"等问题，这类问题就是求函数的最值问题．求实际问题最值的步骤：①分析题意，画出图形；②建立目标函数（通常是二次函数）；③求目标函数的最值，这里求目标函数的最值通常是用初等方法（主要是利用均值不等式）来解决的．

例 16　（**圆锥体积的下料方案问题**）从 $a \times 2a$ 的矩形铁皮中剪出一个圆（可由两个半圆拼成）和一个半圆（可由两个 1/4 圆拼成），焊成一个圆锥（不计焊缝），试设计使圆锥体积尽可能大的下料方案．

解　由题设可知，圆锥侧面是由剪下的半圆组成的，圆锥的底圆是由剪下的圆组成的，那么圆锥的轴截面是正三角形．如图 7-11 所示，设剪出的一个作侧面的半圆的半径为 R，另一个作底面圆的半径为 r，那么有 $R = 2r$，圆锥体积为

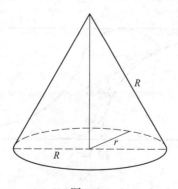

图 7-11

$$V = \frac{\sqrt{3}}{3}\pi r^3.$$

显然，要使 V 尽可能大，就只要使 r 尽可能大. 根据题意，在矩形铁皮上画出试验图，如图 7-12 所示. 从试验图可以看出，我们扩张底圆半径 r 来求下料方案.

扩张底圆半径 r，得如图 7-13 所示的下料方案，其中底圆半径 r 与铁皮宽 a 有如下的关系（利用面积关系建立等量关系）：

$$\frac{(r+a)a}{2} \times 2 + \sqrt{(3r)^2 - a^2} \times a \times \frac{1}{2} \times 2 = 2a \times a,$$

化简为

$$4r^2 + ar - a^2 = 0,$$

解得

$$r = \frac{-a \pm \sqrt{a^2 + 16a^2}}{8} = \frac{-a \pm \sqrt{17}a}{8},$$

舍去负值，得 $r = \frac{\sqrt{17} - 1}{8}a$.

此种方案为 $r = \frac{\sqrt{17} - 1}{8}a \approx 0.39a$，$R = 2r$.

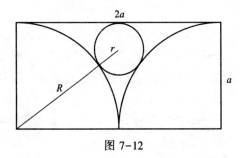
图 7-12

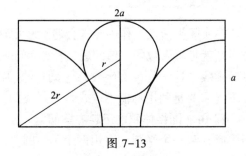
图 7-13

由于铁皮宽为 a，所以圆锥底圆半径 r 可以继续扩张，只要 $r < \frac{a}{2}$ 就行. 图 7-14 是 $R = 2r$，$\frac{5a}{12} < r < \frac{a}{2}$ 的下料方案，这是一种较好的方案.

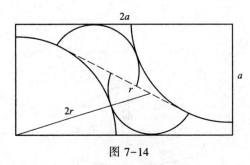
图 7-14

评析 这是一个开放性的应用问题，在理解题意后，可发现能选择的下料方案比较多，每一种下料都对应着不同的圆锥体积．比较何种方案最好，当然是看哪个圆锥体积最大．值得注意的是，有些好的下料方案在求 r 时，要解高次方程有一定的困难．V 随 r 的扩张而增大，但 r 不能超过 $\dfrac{a}{2}$，可见 V 的最大值是存在的，且不超过 $\dfrac{\sqrt{3}}{24}\pi a^3$．或者当 r 趋近 $\dfrac{a}{2}$ 时，V 趋近于 $\dfrac{\sqrt{3}}{27}\pi a^3$．

例 17　（**隧道内车流量、车速与行车安全问题**）有一隧道既是交通拥堵地段，又是事故易发地段，为了保证安全，交通部门规定，隧道内的车距 d 正比于车速 v（km/h）的平方与自身长（m）的积，且车距不得小于半个车身长．假定车身长约为 l，当车速为 60km/h 时，车距为 1.44 个车身长．问：在交通繁忙时，应规定怎样的车速可使隧道的车流量最大．

解　依题意 $d = kv^2 l$，因为 $1.44l = k \cdot 60^2 \cdot l$，所以 $k = \dfrac{1}{2500}$，那么

$$d = \begin{cases} \dfrac{1}{2}l, & v \leq 25\sqrt{2}, \\ \dfrac{1}{2500}v^2 l, & v > 25\sqrt{2}, \end{cases}$$

故得

$$\text{车流量 } Q = \dfrac{v}{d+l} = \begin{cases} \dfrac{2v}{3l}, & v \leq 25\sqrt{2}, \\ \dfrac{v}{l}(^1 + v^2) - 1, & v > 25\sqrt{2} \end{cases},$$

当 $v \leq 25\sqrt{2}$ 时，$\theta < \dfrac{50\sqrt{2}}{3l}$，

当 $v > 25\sqrt{2}$ 时，$\dfrac{1}{\theta} = \dfrac{l(v^2 + 2500)}{2500v} = l\left(\dfrac{v}{2500} + \dfrac{1}{v}\right) \geq \dfrac{l}{50}$，

又 $\theta > 0, l > 0$，那么 $\theta \leq \dfrac{50}{l}$，当 $v = 50$ 时取等号，故车速为 50km/h 时，车流量最大．

评析　这是已经数学化（$d = kv^2 l$）了的应用问题，要利用车速 v 取值范围建立车距 d 的分段函数．在这个分段函数的基础上，建立车流量 Q 关于车距 d 的分段函数，再讨论 Q 的最大值．这个题对解决交通拥堵问题有参考作用．

习题 7.2

1. （**寻找手机问题**）某人丢了手机后，立即报告了相距 $10a$ m 的两个派出所，拾手机者使用手机时，A、B 两个派出所的监听仪器听到手机发声的时间差为 6 s，且 B 处的声强是 A 处声强的 4 倍（设声速为 a m/s，声强与距离的平方成反比），试确定持手机者的位置．

2. （**花圃中心喷水笼头的安装问题**）某单位有一个边长为 8 m 的正方形花圃，花圃

紧靠一条人行道. 花圃正中间装有一个自动旋转喷水器, 夏日喷水时, 水流洒过路面, 行人躲避不及. 这是什么原因呢? 能否使水流不洒向路面呢?

3. (点球射门的位置问题) 在足球比赛中经常出现罚点球的现象, 身高 1.80 m 的守门员站在球门中央防守, 罚点球者在距球门中心 O 点 10 m 远的点 S 射球, 问: 罚点球者将球射到球门的哪个位置才能使命中率最高?

4. (帐篷搭建问题) 某仓库拟用 12 根 a m 的钢管及定量的防水布在露天以钢管为棱搭建若干个棱锥形帐篷临时储物, 问: 如何搭建才能使容积最大?

5. (企业生产的月利润计算问题) 某企业从一月起生产一种产品, 其市场价 ρ 为每吨 1 万元, 其生产成本由两部分组成, 一部分是每个月固定不变的 (即固定成本 F); 另一部分随产量而变化 (即可变成本 $v = \rho Q$, Q 为产量). 假设固定成本 $F = 210$ 万元, 一月份产量 $Q_1 = 400$ t, 可变成本 $v_1 = 100$ 万元, 并设产量以每月 1.2% 的比率增长.

(1) 求该企业在第二年末的月利润 (注: 利润 = 总产值 - 总成本, 计算结果保留两位小数). 并问从什么时候起, 企业的月利润可超过 230 万元?

(2) 如果该企业从第二年末开始以每个月当月利润的 60% 进行短期投资, 投资的下个月即可获得一次性回报, 回报率为 2%, 那么, 企业的月利润在什么时候便可超过 230 万元?

6. (船只横渡河流的轨迹问题) 有一条宽为 10 km 的东西流向的河, 一只船从南岸点 A 出发, 在垂直北岸的方向上以 10 km/h 的速度行驶, 同时河水向东流, 流速是 $\frac{1}{2}d$/h, d 是船与岸边的距离. 求

(1) 船到达北岸的位置;

(2) 船实际航行的轨迹.

7. (商场保安的最少安排问题) 设某商场有 m 行、n 列个通道, 如图 7-15 所示, 为了防止丢失商品, 需要安排保安看守. 每个保安只能看守其前方和左右方, 共 3 个方向. 问: 至少需要多少个保安, 才能看守所有通道?

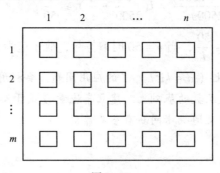

图 7-15

§7.3 高等数学模型

1. 椅子能否放稳
将一把椅子放在不平整的地面上, 请问能否放稳, 试建立数学模型来解释该现象.

（1）问题分析. 椅子到底有几只脚，椅子脚以什么几何图形分布，椅子脚到底是不是一样长，地面分布有没有什么规律等，都是我们需要了解的，如果这些都不明确，这个模型建立就缺乏根基.

（2）模型假设.

1）假设椅子有四只脚，椅子脚呈正方形分布；

2）地面高度连续变化，沿任何方向都不会出现间断（没有像台阶那样的情况），即地面可视为数学上的连续曲面；

3）椅子长度一致，地面相对平坦，使椅子在任意位置至少三只脚同时着地.

（3）模型建立（用数学语言把椅子位置和四只脚着地的关系表示出来）.

1）椅子位置. 利用正方形（椅脚连线）的对称性，用 θ（对角线与 x 轴的夹角）表示椅子位置，如图 7-16 所示.

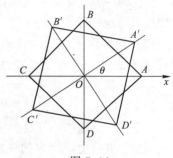

图 7-16

2）四只脚着地. 椅脚与地面距离为零，距离是关于 θ 的函数.

为研究方便，我们将 A 与 C 两脚与地面距离之和记作 $f(\theta)$；B 与 D 脚与地面距离之和记作 $g(\theta)$. 因为椅子四只脚呈正方形，所以 AC 垂直于 BD.

3）因地面为连续曲面，所以 $f(\theta)$、$g(\theta)$ 是连续函数.

4）因椅子在任意位置至少三只脚同时着地，所以对任意 θ，$f(\theta)$、$g(\theta)$ 至少一个为 0.

5）转化为数学问题，即，已知 $f(\theta)$，$g(\theta)$ 是连续函数，对任意 θ，$f(\theta) \cdot g(\theta) = 0$；且 $g(0) = 0$，$f(0) > 0$. 求证：存在 θ_0，使 $f(\theta_0) = g(\theta_0) = 0$.

（4）模型求解. 将椅子旋转 90°，对角线 AC 和 BD 互换. 由 $g(0) = 0$，$f(0) > 0$，知 $f(\pi/2) = 0$，$g(\pi/2) > 0$. 令 $h(\theta) = f(\theta) - g(\theta)$，则 $h(0) > 0$ 和 $h(\pi/2) < 0$.

由 f、g 的连续性知 h 为连续函数，根据连续函数的基本性质（零点存在性定理）知，必存在 θ_0，使 $h(\theta_0) = 0$，即 $f(\theta_0) = g(\theta_0)$.

因为 $f(\theta) \cdot g(\theta) = 0$，所以 $f(\theta_0) = g(\theta_0) = 0$.

（5）模型分析（分析解题各环节特点及解的相合度）.

1）考虑地面是连续的曲面比较合理，如果地面不连续的话，那这个题就存在各种随机现象，不好求解.

2）考虑椅子有四只脚，符合日常生活.

3）θ、$f(\theta)$、$g(\theta)$ 设定的比较合理，也非常关键.

4）这个模型的巧妙之处在于用一元变量 θ 表示椅子位置，用 θ 的两个函数表示椅子四只脚与地面的距离.

2. 核军备竞赛

假设有两个搞核军备竞赛的国家，在什么情况下双方的核军备竞赛才不会无限扩张而存在暂时的平衡状态，在这种平衡状态下双方拥有最少的核武器数量是多大，这个数量受哪些因素影响，当一方采取诸如加强防御、提高武器精度、发展多弹头等措施时，平衡状态会发生什么变化?

本案例将介绍一个定性的模型,在给核威慑战略做出一些合理、简化的假设下,对双方核武器的数量给以图形(结合式子)的描述,粗略地回答上述问题.

(1)模型假设.以双方的(战略)核导弹数量为对象,描述双方核军备的大小,假定双方采取如下同样的核威慑战略:

1)认为对方可能发起所谓的第一次核打击,即倾其全部核导弹攻击己方的核导弹基地;

2)己方在经受第一次核打击后,应保存有足够的核导弹,给对方的工业、交通中心等目标以毁灭性的打击.

在任何一方实施第一次核打击时,假定一枚核导弹只能攻击对方一个核导弹基地,且摧毁这个基地的可能性是常数,它由一方的攻击精度和另一方的防御能力所决定.

(2)模型建立.记 $y = f(x)$ 为甲方拥有 x 枚核导弹时,乙方采取核威慑战略所需的最小核导弹数,$x = g(y)$ 为乙方拥有 y 枚核导弹时,甲方采取核威慑战略所需的最小核导弹数,不妨让我们看看曲线 $y = f(x)$ 应该具有什么性质.

当 $x = 0$ 时,$y = y_0$,y_0 是甲方在实施第一次核打击后已经没有核导弹时,乙方为毁灭甲方的工业、交通中心等目标所需的核导弹数,以下简称乙方的威慑值;当 x 增加时 y 应随之增加,并且由于甲方的一枚核导弹最多只能摧毁乙方的一个核导弹基地,所以 $y = f(x)$ 不会超过直线

$$y = y_0 + x. \tag{1}$$

这样,曲线 $y = f(x)$ 应在图 7-17 所示的范围内,可以猜想它的大致形状如图 7-18 所示.

曲线 $x = g(y)$ 应有类似的性质($y = 0$ 时,$x = x_0$,$x = g(y)$ 不超过直线 $x = x_0 + y$),图 7-18 中将两条曲线画在一起,可以知道它们会相交于一点,记交点为 $P(x_m, y_m)$,我们讨论点 P 的含义.

根据 $y = f(x)$ 的定义,当 $y \geqslant f(x)$ 时乙方是安全的(在核威慑战略意义下),不妨称该区域为乙方安全区,曲线 $y = f(x)$ 为(临界情况下的)乙安全线,类似地,$x \geqslant g(y)$ 的区域为甲方安全区,$x = g(y)$ 为甲安全线,两个安全的公共部分即为双方安全区,是核军备竞赛的稳定区域,而点 P 的坐标 x_m 和 y_m 则为稳定状态下甲、乙双方分别拥有的最小核导弹数,点 P 是平衡点.

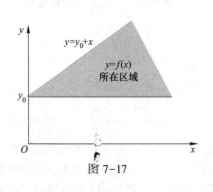

图 7-17

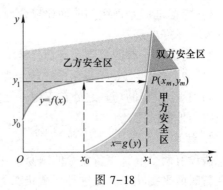

图 7-18

　　平衡点怎样达到呢？不妨假定甲方最初只有 x_0 枚导弹（威慑值），乙方为了自己的安全至少要拥有 y_1 枚导弹，见图 7-18，而甲方为了安全需要将导弹数量增加到 x_1，如此下去双方的导弹数量应分别趋向于 x_m、y_m.

　　（3）模型的精细化. 为了研究 x_m 和 y_m 的大小与哪些因素有关，这些因素改变时平衡点如何变动，我们尝试寻求 $y = f(x)$ 和 $x = g(y)$ 的具体形式.

　　若 $x < y$，当甲方以全部 x 枚导弹攻击乙方的 y 个核基地中的 x 个时，记每个基地未被摧毁的概率为 s，以下简称乙方的残存率，则乙方（平均）有 sx 个基地未被摧毁，且有 $y - x$ 个基地未被攻击，二者之和即为乙方经受第一次核打击后保存的核导弹数，应该就是图 7-19 中的威慑值 y_0，即 $y_0 = sx + y - x$，于是

$$y = y_0 + (1 - s)x. \tag{2}$$

由于 $0 < s < 1$，知直线（2）的斜率小于直线（1）的斜率，如图 7-19 所示.

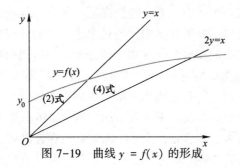

图 7-19　曲线 $y = f(x)$ 的形成

　　当 $x = y$，时显然有 $y_0 = sy$，所以有

$$y = \frac{y_0}{s}. \tag{3}$$

　　若 $y < x < 2y$，当甲方以全部 x 枚核导弹攻击乙方的 y 个核基地时，乙方的 $x - y$ 个基地将被攻击 2 次，其中 $s^2(x - y)$ 个未被摧毁，且有 $y - (x - y) = 2y - x$ 个被攻击 1 次，其中 $s(2y - x)$ 个未被摧毁，二者之和即为图 7-19 中的 y_0，即 $y_0 = s^2(x - y) + s(2y - x)$，于是

$$y = \frac{y_0}{s(2 - s)} + \frac{1 - s}{2 - s}x, \tag{4}$$

直线（4）的斜率小于直线（2）的斜率，如图 7-19 所示.

　　当 $x = 2y$ 时显然有 $y_0 = s^2 y$，所以有

$$y = \frac{y_0}{s^2}. \tag{5}$$

　　虽然上述过程可以继续下去，但是如果我们允许 x、y 取连续值，考察 $x = ay$，a 为大于零的任意实数，表示乙（临界）安全条件下甲、乙双方核导弹数量之比，那么由 $x = y$ 时（3）式和 $x = 2y$ 时的（5）式可以设想 $y = f(x)$ 的形式为

$$y = \frac{y_0}{s^a} = \frac{y_0}{s^{x/y}},\ 0 < s < 1, \tag{6}$$

它应该是图 7-19 中的光滑曲线，利用微积分的知识可以证明这是一条上凸的曲线.

　　$x = g(y)$ 有类似的形式，曲线是向右凸的，当然，其中的 s 应为甲方的残存率.

由此可知，这样两条曲线 $y=f(x)$ 和 $x=g(y)$ 必定相交，并且交点唯一.

进一步研究由（6）式表示的乙安全线 $y=f(x)$ 的性质：若威慑值 y_0 变大，则曲线整体上移，且变陡；若残存率 s 变大，则曲线变平.

甲安全线 $x=g(y)$ 有类似的性质，利用这些性质可以用上述模型解释核军备竞赛中平衡点 $P(x_m, y_m)$ 的变化.

3. 节水洗衣机

我国淡水资源有限，节约用水人人有责. 洗衣在家庭用水中占有相当大的份额，目前洗衣机已非常普及，节约洗衣机用水十分重要. 假设在放入衣物和洗涤剂后洗衣机的运行过程如下：加水—洗涤—脱水—加水—洗涤—脱水—加水—洗涤—脱水（称"加水—洗涤—脱水"为运行一轮）. 请为洗衣机设计一种程序（包括运行多少轮，每轮加水量等），使得在满足一定洗涤效果的条件下，总用水量最少.

（1）问题分析. 在实际生活中，衣服的洗涤是一个十分复杂的物理化学过程. 洗衣机的运行过程可以理解为洗涤剂溶解在水中，通过水进入衣物并与衣物中的污物结合，再经过一定时间的漂洗后，洗涤剂在水中与衣物中的分配比例达到相对均匀状态. 经过脱水去除了溶于水中的洗涤剂和洗涤剂与污物的结合物，之后再注入清水进入下一轮的洗涤过程，如此反复，最终使衣物中的有害物质逐渐减少到满意程度.

不论人工洗衣还是洗衣机洗衣，都存在节水问题. 显然，若用水量为零，则衣服肯定洗不净；若用水量为无穷大，则肯定浪费水. 因此必然存在刚好"洗净"衣物的"最少"用水量. 机器能够比人更精确地控制洗衣过程，所以提出"节水洗衣机"问题.

洗衣机立足于"溶污物—脱污水"这种基本原理，我们可以找出"节水洗衣机"问题的基本要点如下：

- 污物的溶解情况如何？这里将用"溶解特性"来描述；
- 每轮脱去污水后污物减少情况如何？这将由系统的动态方程表示；
- 如何设计由一系列"溶污物—脱污水"构成的节水洗衣程序？这将通过用水程序来反映，也是我们最终需要的结果.

（2）模型假设. 根据洗衣机运行过程的分析，结合实际情况作出以下合理的简化假设：

1）基本假设：

- 仅考虑离散的洗衣方案，即"加水—溶污物—脱污水"（以下称为"加水—洗涤—脱水"）三个环节是分离的，这三个环节构成一个洗衣周期，称为"一轮"；
- 每轮用水量不能低于 L，否则洗衣机无法转动，用水量不能高于 H，否则会溢出，设 $L<H$；
- 每轮的洗涤时间是足够的，以便衣物上的污物充分溶入水中，从而使每轮所用的水被充分利用；
- 每轮的脱水时间是足够的，以使污水脱出，即让衣物所含的污水量达到一个低限，设这个低限是一个大于 0 的常数 C，设 $C<L$；
- 除首轮外，每轮的"用水量"包括该轮加水量和衣物中上轮脱水后残留的水量，即残留水被自然地利用了；
- 假设放入洗衣机的衣物质量是相等的，即忽略衣物质量差异对用水量的影响.

2）变量定义：

• 设共进行 n 轮"加水—洗涤—脱水"的过程，依次为第 0 轮，第 1 轮，…，第 $n-1$ 轮；

• 第 k 轮用水量为 $u_k(k = 0, 1, 2, \cdots, n-1)$；

• 衣物上的初始污物量为 x_0，在第 k 轮脱水后仍吸附在衣物上的污物量为 $x_{k+1}(k = 0, 1, 2, \cdots, n-1)$.

上述模型假设涉及的符号及其具体意义见表 7-3.

表 7-3　表示符号及其意义

表示符号	具体意义
u_k	第 k 轮用水量
x_k	第 k 轮脱水后仍在衣物上的污物量
L	洗衣机每轮用水量下限
H	洗衣机每轮用水量上限
C	每次脱水完毕后衣物上残留的污水量
Q	衣物上污物浸泡在水中的溶解率
n	洗衣轮数

（3）模型建立.

1）建立模型. 第 k 轮洗涤之后和脱水之前，第 $k-1$ 轮脱水之后的污物量 x_k 已成为两部分：

$$x_k = p_k + q_k, \ k = 0, 1, 2, \cdots, n-1,$$

其中 p_k 表示已溶入水中的污物量，q_k 表示尚未溶入水中的污物量. p_k 与第 k 轮用水量 u_k 有关，总的规律是 u_k 越大 p_k 越大，且当 $u_k = L$ 时 p_k 最小（$P_R = 0$ 时，因为此时洗衣机处于转动临界点，有可能无法转动，该轮洗衣无效）；当 $u_k = H$ 时，p_k 最大（$P_R = Qx_k$，$0 < Q < 1$，其中 Q 称为"溶解率"）. 因此简单地选用线性关系表示这种溶解特性，则有

$$p_k = Qx_k \frac{u_k - L}{H - L}.$$

在第 k 轮脱水之后，衣物上污物量为 $q_k = x_k - p_k$，污水量为 C，其中污水量 C 中所含污物量为（p_k / u_k）C. 于是第 k 轮完成之后衣物上的污物总量为

$$x_{k+1} = (x_k - p_k) + C \frac{p_k}{u_k},$$

将前面的 p_k 的式子代入上式并整理后得系统动态方程：

$$x_{k+1} = x_k \left[1 - Q\left(1 - \frac{C}{u_k}\right) \frac{u_k - L}{H - L} \right], \ k = 0, 1, 2, \cdots, n-1.$$

2）优化模型. 由于 x_n 是洗衣全过程结束后衣服上最终残留的污物量，而 x_0 是初始污物量，故 x_n / x_0 反映了洗净效果，由系统动态方程得

$$\frac{x_n}{x_0} = \prod_{k=0}^{n-1} \left[1 - Q\left(1 - \frac{C}{u_k}\right) \frac{u_k - L}{H - L} \right].$$

又总用水量为 $\sum\limits_{k=0}^{n-1} u_k$ ，于是可得优化模型为

$$\min \sum_{k=0}^{n-1} u_k,$$

$$\text{s. t.} \prod_{k=0}^{n-1} \left[1 - Q\left(1 - \frac{C}{u_k}\right)\frac{u_k - L}{H - L} \right] \leqslant \varepsilon, \ 0 < \varepsilon < 1,$$

$$L \leqslant u_k \leqslant H(k = 0, 1, 2, \cdots, n - 1),$$

其中 ε 代表对洗净效果的要求. 若令

$$v_k = \frac{u_k - L}{H - L},$$

则

$$u_k = (H - L)v_k + L,$$

于是优化模型化为更简洁的形式：

$$\min \sum_{k=0}^{n-1} v_k,$$

$$s. t. \prod_{k=0}^{n-1} \left(1 - Qv_k + \frac{Qv_k}{Av_K + B} \right) \leqslant \varepsilon, \ 0 < \varepsilon < 1,$$

$$0 \leqslant v_k \leqslant 1, \ k = 0, 1, 2, \cdots, n - 1,$$

其中 $A = \dfrac{H - L}{C} = B\left(\dfrac{H}{L} - 1\right)$ ，$B = \dfrac{L}{C}$.

（4）模型分析与求解.

1）求解分析. 定义函数

$$r(t) = 1 - Qt + \frac{Qt}{At + B}, \ 0 \leqslant t \leqslant 1.$$

易知

$$r'(t) = Q\left[\frac{B}{(At + B)^2} - 1 \right] < 0, \ 0 \leqslant t \leqslant 1.$$

可见 $r(t)$ 是区间 $[0, 1]$ 上的单调减少函数，所以

$$r_{\min} = r(1) = 1 - Q + \frac{QC}{H} \in (0, 1).$$

第 k 轮的洗净效果为

$$\frac{x_{k+1}}{x_k} = r(v_k), \ k = 0, 1, 2, \cdots, n - 1.$$

由此不难得出 n 轮洗完后的洗净效果最多可达到 $\left[1 - Q + \dfrac{QC}{H} \right]^n$.

给定洗净效果的要求 ε ，则应有

$$\left[1 - Q + \frac{QC}{H} \right]^n \leqslant \varepsilon,$$

于是有

$$n \geqslant \frac{\lg \varepsilon}{\lg \left(1 - Q + \dfrac{QC}{H}\right)}.$$

设 N_0 为满足上式的最小整数，则最少洗衣轮数即为 N_0.

2）算法分析. 可采用非线性规划算法，对 $n = N_0$，N_{0+1}，N_{0+2}，…，N（凭常识洗衣的轮数不应太多，比如取 $N = 10$ 已足够）进行枚举求解，然后选出最好的结果. 其中 N_0 是满足洗衣次数的最小整数.

3）结果验证. 对某款洗衣机的参数进行查询，有 $C = 1$，$H = 5$. 假设衣物上污物的溶解率 $Q = 0.5$，则对于衣物洁净要求 $\varepsilon = 0.05$，有 $n \geqslant 2.4882$，即 $N_0 = 3$，于是该洗衣机的总用水量随洗衣次数变化见表7-4.

表7-4　总用水量随洗衣次数变化

次数 n/轮	总用水量 u_k/L
3	75
4	81
5	89
6	101

即对于一个特定的衣物洁净度，该洗衣机最佳的洗衣次数为 3. 可见对于不同洗衣机的不同的参数值，洗衣机的节水程度均有差异.

4. 香烟过滤嘴的作用

尽管科学家们对于吸烟的危害提出了许多无可辩驳的证据，不少国家的政府和有关部门也一直致力于减少或禁止吸烟，但是仍有不少人不愿放弃对香烟的嗜好，香烟制造商既要满足瘾君子的需要，又要顺应减少吸烟危害的潮流，还要获取丰厚的利润，于是普遍地在香烟上安装了过滤嘴. 过滤嘴的作用到底有多大？与使用的材料和过滤嘴的长度有什么关系？要从定量角度回答这些问题，就要建立一个描述吸烟过程的数学模型，分析人体吸入的毒物数量与哪些因素有关，以及它们之间的数量表达式.

（1）问题分析.

1）吸烟时毒物被吸入人体的过程大致是这样的：毒物基本上均匀地分布在烟草中，吸烟时点燃处的烟草大部分化为烟雾，毒物由烟雾携带着一部分直接进入空气，另一部分沿香烟穿行，在穿行过程中又部分地被未点燃的烟草和过滤嘴吸收而沉积下来，剩下的进入人体. 被烟草吸收而沉积下来的那部分毒物，当香烟燃烧到那里的时候又通过烟雾部分进入空气，部分沿香烟穿行，这个过程一直继续到香烟燃烧至过滤嘴处为止，于是我们看到，原来分布在烟草中的毒物除了进入空气和过滤嘴吸收的一部分外，剩下的全都被人体吸入.

2）实际吸入过程非常复杂并且因人而异：点燃处毒物随烟雾进入空气和沿香烟穿行的数量比例，与吸烟的方式、环境等多因素有关；烟雾穿过香烟的速度随着吸烟动作的变化而不断地改变；过滤嘴和烟草对毒物的吸收作用也会随烟雾穿行速度等因素的影响而有所变化. 如果要考虑类似上面这些复杂情况，将使我们寸步难行. 为了能建立一个初步的模型，可以设想一个机器人在典型的环境下吸烟，它吸烟的动作、方式及外部环境在整个过程中不变，于是可以认为毒物随烟雾进入空气和沿香烟穿行的数量比例、香烟穿行的速度、过滤嘴和烟草对毒物的吸收率等在吸烟过程中都是常数.

（2）模型假设. 基于上述分析，对模型作如下假设：

1）香烟与过滤嘴的长度分别是 l_1 和 l_2，香烟总长度 $l = l_1 + l_2$，毒物 M（单位：mg）均匀分布在烟草中，密度为 $\omega_0 = M/l_1$；

2）点燃处毒物随烟雾进入空气和沿香烟穿行的数量比例是 $a' : a$，$a' + a = 1$；

3）未点燃的烟草和过滤嘴对随烟雾穿行的毒物的吸收率（单位时间内毒物被吸收的比例）分别是常数 b 和 β；

4）烟雾随香烟穿行的速度是常数 v，香烟燃烧速度是常数 u，且 $v \gg u$.

一支香烟被吸完后毒物进入人体的总量（不考虑从空气的烟雾中吸入的）记作 Q，在建立模型以得到 Q 的数量表达式之前，我们先根据常识分析一下 Q 应与哪些因素有关，采取什么办法可以降低 Q.

首先，提高过滤嘴吸收率 β、增加过滤嘴长度 l_2、减少烟草中毒物的初始含量 M，显然可以降低吸入毒物量 Q. 其次，当毒物随烟雾沿香烟穿行的比例 a 和烟雾速度 v 减小时，预料 Q 也会降低. 至于在假设条件中涉及的其他因素，如烟草对毒物的吸收率 b、烟草长度 l_1、香烟燃烧速度 u 对 Q 的影响就不容易估计了.

下面通过建模对这些定性分析和提出的问题作出定量的验证和回答.

（3）模型建立. 设 $t = 0$ 时在 $x = 0$ 处点燃香烟，坐标系如图 7-20 所示. 吸入毒物量 Q 由毒物穿过香烟的流量确定，后者又与毒物在烟草中的密度有关，为研究这些关系，定义以下两个基本函数.

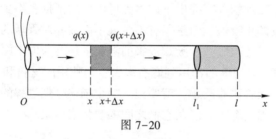

图 7-20

毒物流量 $q(x, t)$：表示在时刻 t 单位时间内通过香烟截面 x 处（$0 \leq x \leq l$）的毒物量.

毒物密度 $w(x, t)$：表示在时刻 t 截面 x 处单位长度烟草中毒物含量（$0 \leq x \leq l_1$）. 由假设有 $w(x, 0) = w_0$.

如果知道了 $q(x, t)$，吸入毒物量 Q 就是 $x = l$ 处的流量在吸一支烟时间内的总和. 注意到关于烟草长度和香烟燃烧速度的假设，我们得到

$$Q = \int_0^T q(l, t)\,\mathrm{d}t, \quad T = l_1/u. \tag{7-4}$$

下面分 4 步计算 Q.

1）求 $t = 0$ 瞬间由烟雾携带的毒物单位时间内通过 x 处的数量 $q(x, 0)$.

由假设 4）中关于 $v \gg u$ 的假设，可以认为香烟点燃处 $x = 0$ 静止不动.

为简单起见，记 $q(x, 0) = q(x)$，考察 $(x, x + \Delta x)$ 一段香烟（图 7-20），毒物通过

x 和 $x + \Delta x$ 处的流量分别是 $q(x)$ 和 $q(x + \Delta x)$，根据守恒定律，这两个流量之差应该等于这一段未点燃的烟草或过滤嘴对毒物的吸收量，于是由假设 2) 和 4) 有

$$q(x) - q(x + \Delta x) = \begin{cases} bq(x)\Delta\tau, \ 0 \leqslant x \leqslant l_1, \\ \beta q(x)\Delta\tau, \ l_1 < x \leqslant l, \end{cases}$$

其中 $\Delta\tau$ 是烟雾穿过 Δx 所需的时间，$\Delta\tau = \dfrac{\Delta x}{v}$. 令 $\Delta\tau \to 0$，得到微分方程：

$$\frac{\mathrm{d}q}{\mathrm{d}x} = \begin{cases} -\dfrac{b}{v}q(x), \ 0 \leqslant x \leqslant l_1, \\ -\dfrac{\beta}{v}q(x), \ l_1 < x \leqslant l. \end{cases} \tag{7-5}$$

在 $x = 0$ 处点燃的烟草单位时间内放出毒物量记作 H_0，根据假设 1)、3)、4) 可以写出方程 (2) 的初始条件为

$$q(0) = aH_0, \ H_0 = uw_0 \tag{7-6}$$

求式 (7-5) 和式 (7-6) 时，先解 $q(x)(0 \leqslant x \leqslant l_1)$，再利用 $q(x)$ 在 $x = l_1$ 处的连续性确定 $q(x)(l_1 < x \leqslant l)$. 其结果为

$$q(x) = \begin{cases} aH_0 \, \mathrm{e}^{-\frac{bx}{v}}, & 0 \leqslant x \leqslant l_1, \\ aH_0 \, \mathrm{e}^{-\frac{bl_1}{v}} \mathrm{e}^{-\frac{\beta(x-l_1)}{v}}, & l_1 < x \leqslant l. \end{cases} \tag{7-7}$$

2) 在香烟燃烧过程的任何时刻 t，求毒物单位时间内通过 $x = l$ 的数量 $q(l, t)$. 因为在时刻 t 香烟燃至 $x = ut$ 处，记此时点燃的烟草单位时间放出的毒物量为 $H(t)$，则

$$H(t) = uw(ut, t), \tag{7-8}$$

根据与第 1) 步完全相同的分析和计算，可得

$$q(x, t) = \begin{cases} aH(t) \, \mathrm{e}^{-\frac{b(x-ut)}{v}}, & ut \leqslant x \leqslant l_1, \\ aH(t) \, \mathrm{e}^{-\frac{b(l_1-ut)}{v}} \mathrm{e}^{-\frac{\beta(x-l_1)}{v}}, & l_1 < x \leqslant l. \end{cases} \tag{7-9}$$

实际上，在式 (7-7) 中将坐标原点平移至 $x = ut$ 处即可得到式 (7-9). 由式 (7-8) 和式 (7-9) 能够直接写出

$$q(l, t) = auw(ut, t) \, \mathrm{e}^{-\frac{b(l_1-ut)}{v}} \mathrm{e}^{-\frac{\beta l_2}{v}} \tag{7-10}$$

3) 确定 $w(ut, t)$. 因为在吸烟过程中未点燃的烟草不断地吸收烟雾中的毒物，所以毒物在烟草中的密度 $w(x, t)$ 由初始值 w_0 逐渐增加. 考察烟草截面 x 处 Δt 时间内毒物密度的增量 $w(x, t + \Delta t) - w(x, t)$，根据守恒定律，它应该等于单位长度烟雾中的毒物被吸收的部分，按照假设 2)、4)，有

$$w(x, t + \Delta t) - w(x, t) = b \frac{q(x, t)}{v}\Delta t.$$

令 $\Delta t \to 0$，并将式 (7-8) 和式 (7-9) 代入上式得

$$\begin{cases} \dfrac{\partial w}{\partial t} = \dfrac{abu}{v}w(ut, t) \, \mathrm{e}^{-\frac{b(x-ut)}{v}}, \\ w(x, 0) = w_0. \end{cases} \tag{7-11}$$

方程 (7-11) 的解为

$$\begin{cases} w(x,\ t)=w_0\left[1+\dfrac{a}{a'}\,\mathrm{e}^{-\frac{bx}{v}}(\mathrm{e}^{\frac{but}{v}}-\mathrm{e}^{\frac{abut}{v}})\right], \\[3mm] w(ut,\ t)=\dfrac{w_0}{a'}(1-a\mathrm{e}^{-\frac{a'but}{v}}) \end{cases} \tag{7-12}$$

其中 $a'=1-a$.

4）计算 Q. 将式（7-12）代入式（7-10），得

$$q(l,\ t)=\dfrac{auw_0}{a'}\,\mathrm{e}^{-\frac{bl_1}{v}}\,\mathrm{e}^{-\frac{\beta l_2}{v}}(\mathrm{e}^{-\frac{but}{v}}-\mathrm{e}^{-\frac{abut}{v}}). \tag{7-13}$$

最后将式（7-13）代入式（7-4），作积分得到

$$Q=\int_0^{\frac{l_1}{u}}q(l,\ t)\,\mathrm{d}t=\dfrac{aw_0 v}{a'b}\,\mathrm{e}^{-\frac{\beta l_2}{v}}(1-\mathrm{e}^{-\frac{a'bl_1}{v}}). \tag{7-14}$$

为便于下面的分析，将上式化作

$$Q=aM\mathrm{e}^{-\frac{\beta l_2}{v}}\varphi(r). \tag{7-15}$$

其中 $r=\dfrac{a'bl_1}{v}$，$\varphi(r)=\dfrac{1-\mathrm{e}^{-r}}{r}$.

式（7-15）是我们得到的最终结果，表示了吸入毒物量 Q 与 a、M、β、l_2、v、b、l_1 等诸因素之间的数量关系.

（4）结果分析.

1）Q 与烟草含毒物量 M、毒物随烟雾沿香烟穿行比例 a 成正比. 设想将毒物 M 集中在 $x=l$ 处，则吸入量为 aM.

2）因子 $\mathrm{e}^{-\frac{\beta l_2}{v}}$ 体现了过滤嘴减少毒物进入人体的作用，提高过滤嘴吸收率 β 和增加长度 l_2 能够对 Q 起到负指数衰减的效果，并且 β 和 l_2 在数量上增加一定比例时起的作用相同. 降低烟雾穿行速度 v 也可减少 Q. 设想将毒物 M 集中在 $x=l_1$ 处，利用上述建模方法不难证明，吸入毒物量为 $aM\mathrm{e}^{-\frac{\beta l_2}{v}}$.

3）因子 $\varphi(r)$ 表示的是由于未点燃烟草对毒物的吸收而起到的减少 Q 的作用. 虽然被吸收的毒物还要被点燃，随烟雾沿香烟穿行而部分地进行入体，但是因为烟草中毒物密度 $w(x,\ t)$ 越来越高，所以按照固定比例跑到空气中的毒物增多，相应地减少了进入人体的毒物量.

根据实际资料，$r=\dfrac{a'bl_1}{v}\ll 1$，在式（7-15）的 $\varphi(r)$ 中的 e^{-r} 取泰勒展开式的前 3 项，可得 $\varphi(r)\approx 1-\dfrac{r}{2}$，于是式（7-15）为

$$Q\approx aM\mathrm{e}^{-\frac{\beta l_2}{v}}\left(1-\dfrac{a'bl_1}{2v}\right). \tag{7-16}$$

可知，提高烟草吸收率 b 和增加长度 l_1（毒物量 M 不变）对减少 Q 的作用是线性的，与 β 和 l_2 的负指数衰减作用相比，效果要小得多.

4）为了更清楚地了解过滤嘴的作用，不妨比较两支香烟，一支是上述模型讨论的香

烟模型，另一支长度为 l，不带过滤嘴，参数 w_0、b、a、v 与第一支相同，并且吸到 $x = l_1$ 处扔掉.

吸第一支烟和第二支烟进入人体的毒物量分别记作 Q_1 和 Q_2，Q_1 当然可由 (7-14) 式给出，Q_2 也不必重新计算，只需把第二支烟设想成吸收率为 b（与烟草相同）的假设过滤嘴香烟就行了，这样由式（7-14）可得

$$Q_2 = \frac{aw_0v}{a'b}\, \mathrm{e}^{-\frac{bl_2}{v}}(1 - \mathrm{e}^{-\frac{a'bl_1}{v}}). \tag{7-17}$$

与式（7-14）给出的 Q_1 相比，我们得到

$$\frac{Q_1}{Q_2} = \mathrm{e}^{-\frac{(\beta-b)l_2}{v}}. \tag{7-18}$$

所以只要 $\beta > b$，就有 $Q_1 < Q_2$，过滤嘴是起作用的. 并且，提高吸收率之差 $\beta - b$ 与加长过滤嘴长度 l_2 对于降低比例 Q_1/Q_2 的效果相同. 不过提高 β 需要研制新材料，将更困难一些.

习题 7.3

1. 在香烟过滤嘴模型中：

（1）设 $M = 800\ \mathrm{mg}$，$l_1 = 80\ \mathrm{mm}$，$l_2 = 20\ \mathrm{mm}$，$b = 0.02\ \mathrm{s}^{-1}$，$\beta = 0.08\ \mathrm{s}^{-1}$，$a = 0.3$，$v = 50\ \mathrm{mm/s}$，求 Q 和 $\dfrac{Q_1}{Q_2}$；

（2）若有一支不带过滤嘴的香烟，参数同（1），比较全部吸完和只吸到 l_1 处的情况下，进入人体毒物量的区别.

2. （森林火灾问题）某森林发生火灾，接到报警后，消防站立即派出消防队员进行灭火，但具体派多少队员呢？派出的队员越多，森林的损失越小，但救援的开支会越大；反之森林的损失会加大. 所以需要综合考虑森林损失费和救援费与消防队员人数之间的关系.

本章小结

一、主要内容

本章内容主要包括数学模型与数学建模概述、初等数学模型和高等数学模型.

二、重点与难点

重点：数学模型与数学建模的概念、数学模型的分类、数学建模的方法、数学建模的步骤、初等数学模型及高等数学模型.

难点：用初等数学建立数学模型的方法与技巧，用高等数学建立数学模型的方法与技巧.

三、学习指导

1. 数学模型：是针对现实世界的某一特定对象，为了一个特定的目的，根据特定的内在规律，作出必要的简化和假设，运用适当的数学工具，采用形式化语言，概括或近似地表述出来的一种数学结构式.

2. 数学模型的分类：

（1）按模型的应用领域，可分为生物数学模型、医学数学模型、地质数学模型、数量经济学模型、数学社会学模型、数学物理学模型；

（2）按是否考虑随机因素，可分为确定性模型和随机性模型；

（3）按是否考虑模型的变化，可分为静态模型和动态模型；

（4）按应用离散方法或连续方法，可分为离散模型和连续模型；

（5）按建立模型的数学知识，可分为几何模型、微分方程模型、图论模型、规划论模型、马氏链模型；

（6）按人们对事物发展过程的了解程度，可分为：①白箱模型，指那些内部规律比较清楚的模型，如力学、热学、电学以及相关的工程技术问题；②灰箱模型，指那些内部规律尚不十分清楚，在建立和改善模型方面还有许多工作要做的问题，如气象学、生态学、经济学等领域的模型；③黑箱模型，指那些其内部规律还很少为人们所知的现象，如生命科学、社会科学等方面的问题，但由于因素众多、关系复杂，黑箱模型也可简化为灰箱模型来研究.

3. 数学建模：用数学语言描述实际现象的过程. 这里的实际现象既包涵具体的自然现象，如自由落体现象，也包涵抽象的现象，如顾客对某种商品所取的价值倾向. 这里的描述不但包括对外在形态、内在机制的描述，也包括预测、试验和解释实际现象等内容.

4. 数学建模方法：数学建模是一种数学思考方法，是运用数学的语言和方法，通过抽象、简化，建立能近似刻画并解决实际问题的一种强有力的数学手段，常用的数学建模方法如下所述。

（1）有机理分析法：从基本的物理定律以及系统的结构数据来推导出数学模型的方法.

1）比例分析法——建立变量之间函数关系的最基本、最常用的方法.

2）代数方法——求解离散问题（离散的数据、符号或图形等）的主要方法.

3）逻辑方法——数学理论研究的重要方法，用以解决社会学和经济学等领域的实际问题，在决策论、对策论等学科中得到广泛应用.

4）常微分方程法——解决两个变量之间的变化规律，关键是建立"瞬时变化率"的表达式.

5）偏微分方程法——解决因变量与两个以上自变量之间的变化规律.

（2）数据分析法：利用大量的观测数据，借助统计方法建立数学模型的方法.

1）回归分析法——用于对函数 $f(x)$ 的一组观测值 $[x_i, f(x_i)]$（$i = 1, 2, 3, \cdots, n$），确定函数的表达式，由于处理的是静态的独立数据，又称为数理统计方法.

2）时间序列法——处理的是动态的相关数据，又称为过程统计方法.

（3）仿真和其他方法.

1）计算机仿真（模拟）——实质上是统计估计方法，等效于抽样试验.

2）因子试验法——在系统上作局部试验，再根据实验结构进行不断分析修改，求得所需的模型结构.

3）人工实现法——基于对系统过去行为的了解和对未来希望达到的目标，并考虑到系统有关因素的可能变化，人为地组成一个系统.

5. 数学建模的步骤.

（1）模型准备. 首先要了解问题的实际背景，明确建模目的，搜集必需的各种信息，尽量弄清对象的特征，用数学语言来描述问题.

（2）模型假设. 根据对象的特征和建模目的，对问题进行必要的、合理的简化，用精确的语言作出假设是建模至关重要的一步. 如果对问题的所有因素一概考虑，无疑是一种有勇气但方法欠佳的行为，所以高超的建模者能充分发挥想象力、洞察力和判断力，善于辨别主次，而且为了使处理方法简单，应尽量使问题线性化、均匀化.

（3）模型建立. 根据所作的假设分析对象的因果关系，利用对象的内在规律和适当的数学工具，构造各个量间的等式关系或其他数学结构. 这时，我们便会进入一个广阔的应用数学天地，这里在高数、概率"老人"的膝下，有许多可爱的"孩子们"，如，图论、排队论、线性规划、对策论等. 不过我们应当牢记，建立数学模型是为了让更多的人明了并能加以应用，因此工具愈简单愈有价值.

（4）模型求解. 可以采用解方程、画图形、证明定理、逻辑运算、数值运算等各种传统的和近代的数学方法，特别是计算机技术进行模型求解. 一道实际问题的解决往往需要纷繁的计算，许多时候还要将系统运行情况用计算机模拟出来，因此编程和熟悉数学软件包能力便举足轻重.

（5）模型分析. 对模型解答进行数学上的分析. 能否对模型结果作出细致精确的分析，决定了你的模型能否达到更高的档次. 还要记住，不论那种情况都需进行误差分析，数据稳定性分析.

（6）模型检验. 将模型分析结果与实际情形进行比较，以此来验证模型的准确性、合理性和适用性. 如果模型与实际较吻合，则要对计算结果给出其实际含义并进行解释. 如果模型与实际吻合较差，则应该修改假设，再次重复建模过程.

（7）模型应用应用方式因问题的性质和建模的目的而异.

注意：对于问题已知、条件比较明确的实际问题，我们在建立数学模型时，可以根据自己的需要来简化数学建模步骤，可以将问题分析、模型假设、模型建立或模型求解等放在一起来考虑，不必特意写出标准步骤.

测试题七

1. 某学校共 1000 名学生，235 人住在 A 宿舍，333 人住在 B 宿舍，432 人住在 C 宿舍. 学生们要组织一个 10 人的委员会，试用合理的方法分配各宿舍的委员数.（15 分）

2. 一饲养场每天投入 5 元资金用于饲料、设备、人力，估计可使一头 80 kg 重的生猪每天增加 2 kg. 目前生猪出售的市场价格为每千克 8 元，但是预测每天会降低 0.1 元，问

该饲养场应该什么时候出售生猪可以获得最大利润．（15分）

3. 一奶制品加工厂用牛奶生产 A1、A2 两种奶制品，1 桶牛奶可以在设备甲上用 12 h 加工成 3 kg A1，或者在设备乙上用 8 小时加工成 4 kg A2．根据市场需求，生产的 A1、A2 全部能售出，且每千克 A1 获利 24 元，每千克 A2 获利 16 元．现在加工厂每天能得到 50 桶牛奶的供应，每天工人总的劳动时间为 480 h，并且设备甲每天至多能加工 100 kg A1，设备乙的加工能力没有限制．

(1) 试为该厂制订一个生产计划，使每天获利最大．

(2) 33 元可买到 1 桶牛奶，买吗？若买，每天最多买多少？

(3) 可聘用临时工人，付出的工资最多是每小时多少元？

(4) A1 的获利增加到 30 元/kg，是否应改变生产计划？（20分）

加工每桶牛奶的信息表如下：

产品	A1	A2
所需时间	12 h	8 h
产量	3 kg	4 kg
获利	24 元/kg	16 元/kg

4. 在冷却过程中，物体的温度在任何时刻变化的速率大致正比于它的温度与周围介质温度之差，这一结论称为牛顿冷却定律，该定律同样用于加热过程．一个煮硬了的鸡蛋有 98 ℃，将它放在 18 ℃的水池里，5 min 后，鸡蛋的温度为 38 ℃，假定没有感到水变热，问鸡蛋要达到 20 ℃，还需多长时间？（20分）

5. 报童每天清晨从报社购进报纸然后零售，晚上将没有卖完的报纸退回．设每份报纸的购进价为 b 元，零售价为 a 元，退回价为 c 元，应该自然地假设 a>b>c．这就是说，报童售出一份报纸赚（a-b）元，退回一份报纸赔（b-c）元．报童如果每天购进的报纸太少，不够卖的，会少赚钱；如果购进太多，卖不完，将要赔钱．请你为报童筹划一下，他应该如何确定每天购进报纸的数量，以获得最大的收入．（20分）

6. 谈谈你对数学建模的认识，你认为数学建模过程中哪些步骤是关键的．（10分）

测试题七答案

参 考 文 献

[1] 屈宏香. 应用数学[M]. 北京：中国铁道出版社，2001.

[2] 黄晓津. 高等数学[M]. 长沙：湖南教育出版社，2007.

[3] 同济大学数学系. 高等数学[M]. 6版. 北京：高等教育出版社，2007.

[4] 郭欣红，姜晓艳. 经济数学[M]. 北京：人民邮电出版社，2010.

[5] 姜启源，谢金星，叶俊. 数学模型[M]. 5版. 北京：高等教育出版社，2018.

[6] 雷功炎. 数学模型讲义[M]. 北京：北京大学出版社，1999.

[7] 苏金明，王永利. MATLAB实用指南[M]. 北京：电子工业出版社，2002.